量子力学入门

——量子力学在量子通信与量子计算中的应用

Quantum Mechanics for Beginners

with Applications to Quantum Communication and Quantum Computing

[美] M. Suhail Zubairy 著

高 洵 陈 卓 江周熹 等译

電子工業出版社

Publishing House of Electronics Industry

北京 • BEIJING

内 容 简 介

量子力学是研究物质世界微观粒子运动规律的物理学分支，主要研究原子、分子、凝聚态物质，以及原子核和基本粒子的结构、性质的基础理论。全书分为五部分：第一部分介绍一些基本的数学工具，如复数、矢量分析、概率论，以及粒子和波的经典描述；第二部分介绍量子力学的基本概念，如波粒二象性、互补性、海森堡不确定性关系、量子干涉和纠缠、不可克隆定理，以及量子力学的基础问题，如延迟选择量子擦除、薛定谔的猫、EPR悖论和贝尔定理；第三部分介绍量子力学在量子通信安全、量子隐形态、反事实通信中的应用；第四部分介绍量子力学在量子计算中的应用；第五部分介绍薛定谔方程与牛顿动力学的关系及其在势箱内的粒子和氢原子应用。

本书可作为本科阶段量子力学或量子信息学课程的教材，也可作为量子力学初学者的自学图书。

版权贸易合同登记号　图字：01-2020-6109

图书在版编目（CIP）数据

量子力学入门：量子力学在量子通信与量子计算中的应用/（美）M.苏海尔·祖拜里（M. Suhail Zubairy）著；高洵等译. —北京：电子工业出版社，2023.1

书名原文：Quantum Mechanics for Beginners, With Applications to Quantum Communication and Quantum Computing

ISBN 978-7-121-44717-4

Ⅰ. ①量…　Ⅱ. ①M…　②高…　Ⅲ. ①量子力学－高等学校－教材　Ⅳ. ①O413.1

中国版本图书馆 CIP 数据核字（2022）第 241153 号

责任编辑：谭海平

印　　刷：三河市良远印务有限公司

装　　订：三河市良远印务有限公司

出版发行：电子工业出版社

北京市海淀区万寿路 173 信箱　　邮编：100036

开　　本：787×1092　1/16　　印张：19.5　　字数：367.5 千字

版　　次：2023 年 1 月第 1 版

印　　次：2023 年 1 月第 1 次印刷

定　　价：79.00 元

凡所购买电子工业出版社图书有缺损问题，请向购买书店调换。若书店售缺，请与本社发行部联系，联系及邮购电话：（010）88254888，88258888。

质量投诉请发邮件至 zlts@phei.com.cn，盗版侵权举报请发邮件至 dbqq@phei.com.cn。

本书咨询联系方式：（010）88254552，tan02@phei.com.cn。

译 者 序

量子纠缠、测不准原理、不确定性关系……量子力学中的这些概念听起来神秘而遥远，而用起来足以引发人类社会的又一次科技革命。量子计算机的运算速度将快到无与伦比，让传统保密通信毫无隐私可言；而量子通信有办法保证绝对安全。要深入了解这些应用和背后的原理与机制，就要学习量子力学。

不同于以往从枯燥得让你望而却步的概念开始的写法，本书从量子力学发展史说起，用一些以往经典力学无法解释的实验现象举例，让你站在当年那些伟大的物理学家的高度，思考如何用量子力学的原理和方法揭示这些现象背后的秘密。你会读到爱因斯坦对量子力学理论的愤怒，感受到玻尔面对质疑时的紧张和成功捍卫量子力学新理论时的喜悦……这些崇高而令人敬畏的伟大物理学家仿佛就在你面前论战，而你早已不知不觉地入了门，还理解了量子力学的基本观点和基础知识。

本书系统地介绍了量子力学的基础知识、基本问题及其在量子通信和量子计算中的应用。第 1 章介绍量子力学发展简史，由浅入深提出了一系列问题，值得在深入阅读本书前品味。随后，读者可以直接跳到第二部分，有数学工具或物理基础知识方面的疑惑时再回到第一部分寻找答案。本书第三部分、第四部分和第五部分分别介绍了量子通信、量子计算和薛定谔方程，内容相互独立，读者具备第二部分的量子力学基础后，即可根据个人兴趣直接阅读相应的章节。

本书作者 Zubairy 教授于 1978 年毕业于美国罗切斯特大学，后在 Emil Wolf 教授（光物理学先驱，美国罗切斯特大学教授）的指导下获得博士学位，2000 年加入美国得克萨斯农工大学，目前任该校物理与天文学系特聘教授、Munnerlyn-Heep 量子光学讲席教授，获 Wills E. Lamb 激光科学与量子光学奖、亚历山大・冯・洪堡研究奖、伊斯兰国家组织杰出物理学家奖、Abdus Salam 物理学奖、伊朗国际花剌子模奖、巴基斯坦 Hilal-e-Imtiaz 和 Sitara-e-Imtiaz 勋章等。Zubairy 教授是巴基斯坦科学院院士、美国物理学会会士和美国光学学会会士。本书是他写给量子力学初学者的力作。

本书内容丰富，深入浅出，既适合作为高等学校通识课和专业基础课教材，又适合具有高中数学和物理水平且对量子力学感兴趣的读者自学。

本书的前言和第 1 章由高洵翻译，第 2 章由高洵、王隆祥翻译，第 3 章和第 4 章由陈康翻译，第 5 章、第 7 章、第 9 章、第 11 章和第 12 章由陈卓翻译，第 6 章、第 8 章和第 10 章由江周熹翻译，第 13 章、第 14 章和第 15 章由孙邦、胡骞翻译，第 16 章和第 17 章由陈傲杰翻译。

全书由高淘统稿和审阅。

由于水平有限，书中错漏之处在所难免，敬请读者批评指正。谨在此致以衷心的感谢。

译者于武昌珞珈山

2022 年 11 月

前　言

量子力学的定律大约形成于一百年前，取代了牛顿和麦克斯韦的经典定律。从那时起，量子力学就成功地解释了许多观测和系统。尽管量子力学的定律在预测和解释很多已知物理现象方面的成功令人震惊，但它仍然很神秘，波粒二象性、互补性、测量的概率性、量子干涉和量子纠缠等概念仍然是热点问题。量子力学之所以成为一门引人入胜的学科，不仅因为它在解释很多已知现象方面取得的非凡成功，而且因为即使是在如今，只了解它的一些基本假设就能产生惊人的新想法和新设备。例如，仅仅了解互补原理就可构建绝对安全的通信系统，了解单光子分束器就可设计非常反直觉的、传输信道不需要粒子的通信协议，了解量子纠缠就可设计新的量子计算算法。因此，具备物理和数学基础知识后，不仅能学会量子力学基础，而且能学会一些难以置信的应用，如量子通信和量子计算。

那么能不能让只学过少量物理和数学知识的人学会量子力学的基本概念与应用呢？2018 年秋，我为得克萨斯农工大学的新生开设了一门量子力学课程。这些刚从高中毕业的学生在上力学和电磁学课程之前就上了这门课。本书是根据这门课的讲义编写的，旨在让只有高中物理和数学背景的人通过阅读本书学会量子力学。

本书打破了“认为量子力学是一门数学艰深、高度抽象的学科，不会高等数学就不能入门”的传统观念。除了介绍薛定谔方程的最后一章，阅读本书只需要代数知识。全书尽量从非常简单的想法出发，用入门级数学工具得出一些惊人的结果。我们希望本书的每一章都能得到非常反直觉的和有趣的结果。本书可作为本科阶段量子力学或量子信息学课程的教材。对那些不熟悉这门学科但想了解量子力学基础及其在量子通信和量子计算等领域的国内外研究进展的人来说，本书也有益、有趣、浅显易懂。

本书分为五部分。第一部分介绍一些基本的数学工具，如复数、矢量分析、概率论，以及粒子和波的经典描述。第二部分介绍量子力学的基本概念，如波粒二象性、互补性、海森堡不确定性关系、量子干涉和纠缠、不可克隆定理，以及量子力学的基础问题，如延迟选择量子擦除、薛定谔的猫、EPR 悖论和贝尔定理。第三部分介绍量子力学在量子通信安全、量子隐形态、反事实通信中的应用。第四部分介绍量子力学在量子计算中的应用。第五部分介绍薛定谔方程与牛顿动力学的关系及其在势箱内的粒子和氢原子应用。

为了引导感兴趣的读者阅读相关的书籍和论文，每章末尾列出了简短的参考书目，还为学生布置了习题。

衷心感谢大家在本书编写过程中给予我的支持和鼓励。首先，感谢 Marlan Scully 的友谊和卓有成效的合作。对本书贡献最大的是 David Lee，他首先提出了这一想法且在本书编写过程中一直是热情的支持者和灵感来源。感谢系主任 Peter McIntyre，他为新生讲授了一门前所未有的量子力学课程，他的热情支持对本书至关重要。Robert Brick 和 Wenchao Ge 阅读了书中的部分内容并给予了坦率但非常有帮助的评论。还要感谢 Jiru Liu 和 Chaofan Zhou 帮忙校对稿件。特别感谢牛津大学出版社的 Sonke Adlung、Harriet Konishi 和 SPi Global 公司的 Cheryl Brant 在出版过程中提供的帮助。

最后，感谢家人 Sarah、Neo、Sahar、Shani、Raheel 和 Reema 的支持，感谢我的妻子 Parveen，在本书的写作过程中及我这一生的大小事情中，她都给予了我毫无保留的支持。

M. Suhail Zubairy

于得克萨斯农工大学

目　录

第四部分 量子计算

第五部分 薛定谔方程

第 1 章　关于本书

常识的产生得基于对周围世界的观察。支配这个世界的法则似乎是完全确定的。如果在物体上施加一个力，那么不论施加哪种类型的力，都可以非常准确地预测其响应。对我们来说，光是波，球是粒子，这毫无疑问是正确的。光不能表现得像粒子，球不能表现得像波。这似乎就是我们生活的世界。解释这类行为的物理定律已在 20 世纪初之前的几个世纪中阐明，并且成了经典物理学的核心。

20 世纪初人们发现，这些定律只适用于大物体和强光。对于电子、原子和微弱光信号这样的小物体，经典物理学的定律不再适用。例如，光的行为既像波又像粒子。类似地，原子也可以既表现为粒子又表现为波。很快，人们就意识到需要一套新的定律来解释与原子和分子有关的观察结果。阐明可以解释当时所有已知观察结果的理论大约花了 25 年时间。这个理论被称为**量子力学**。量子力学是物理学的基本理论，而经典力学是考虑宏观物体时的近似。本书介绍量子力学及其一些有趣的应用。

量子力学是人类历史上最成功的两个理论之一，另一个理论是爱因斯坦的**相对论**。这一非凡论断的理由是，在近 100 年过去后，没有发现任何物理现象违反量子力学的预测。尽管测量的精度有了巨大的提升，如时间的测量精度可达百亿亿分之一秒，距离的测量精度可达万亿分之一米，温度的测量精度可达百万分之一开尔文，质量的测量精度可达十亿分之一克，但是情况仍然如此。我们可以看到和操纵单个原子，并将气体冷却到原子和分子失去其特性的程度。我们可以进行由单个“光子”组成的光的实验，甚至可以操纵单个“光子”与单个原子相互作用。在所有这些实验中，结果与经典物理学的预测大不相同，但它们与量子力学的预测非常一致。

本章首先简要介绍经典力学是如何演变为量子力学的，接下来概览量子力学的基本知识及其应用。随后的章节将以尽可能完整和尽可能低数学要求的方式来讨论这些主题。除最后一章外，全书都只需要具备代数知识。所需的数学工具大多在第 2 章中讨论。

1.1 从经典力学到量子力学

现代科学可以追溯到1543年，这一年尼古拉·哥白尼出版了《天体运行论》，提出了太阳系的**日心说模型**，模型说明太阳处于静止状态，包括地球在内的所有行星则都围绕它旋转，这取代了长期以来地球静止且位于宇宙中心的托勒密**地心说模型**。如果没有万有引力定律的知识，那么很难相信地球如何一边围绕太阳运动一边仍然保持包括人类在内的所有地表物体的稳定。人们对一个剥夺地球在太阳系中心地位的模型的敌意如此之大，以致哥白尼直到其生命的尽头都无法发表日心说。据传，哥白尼在生命的最后一天才收到他刚刚出版的新书《革命》，还没来得及亲眼见到他的著作揭开人类历史新时代就去世了。哥白尼之后，约翰内斯·开普勒（1571—1631）和伽利略·伽利莱（1564—1642）在日心说框架内研究了行星的运动。

艾萨克·牛顿（1642—1727）是科学史上的下一个标志性人物。他的《原理》奠定了经典力学的基础。他的万有引力定律是科学定律本质的一个很好的例子——这条定律同等适用于所有物体，无论大小。他在数学方面的贡献，特别是他与威廉·莱布尼茨共同发现的微积分，为后来物理学和许多其他科学分支的几乎所有重大发现提供了至关重要的工具，在塑造接下来几个世纪的物理学方面发挥了关键作用。第3章讨论的牛顿运动定律是经典力学的基石，它们提供了进行科学预测的物理和数学工具。如果我们知道作用在一个物体上的所有力，并且知道粒子在初始时刻的位置和速度，就可以追踪粒子在随后所有时间内的轨迹。

牛顿认为光由粒子组成，但无法解释干涉和衍射等现象。相反，托马斯·杨（1773—1829）和奥古斯丁·让·菲涅尔（1788—1827）的工作明确揭示光由波组成（见第4章）。杨的双缝实验不仅在揭示牛顿所提出的光的微粒说方面具有决定性作用，而且如第8章所述，直到20世纪，它还对理解光和物质的本质发挥着至关重要的作用。詹姆斯·克拉克·麦克斯韦（1831—1879）最后完成了光由电波和磁波组成的经典图景，这是他努力统一两种已知自然力——电力和磁力的所得出的了不起的成果。

这是19世纪末的情况。1900年，一位杰出的英国科学家开尔文勋爵在给英国科学促进会的演讲中说：“现在物理学没有什么新发现，剩下的是越来越精确的测量。”力学、电磁学、热力学，当然，还有光学等经典理论，都已经牢牢占据一席之地，感觉自然的基本定律已经被完全掌握也理所当然。

到了20世纪初，仍然有少数未解决的问题无法由现有理论解释。为了解决这些问题，量子力学诞生了。取代牛顿和麦克斯韦经典力学的量子力学的发展主要发生在两个不同的时代。

第一个时代始于 1899 年 12 月，当时，马克斯·普朗克引入了**能量量子化**的概念来解释物体热辐射的频谱，这个问题近 40 年一直没有解决。同一时代另外两位英雄人物是阿尔伯特·爱因斯坦和尼尔斯·玻尔。1905 年，爱因斯坦用普朗克的假说解释了一些当时已有理论无法解释的关于光照射金属时电子发射的观察结果。在此过程中，如第 6 章所述，爱因斯坦引入了**光量子**的概念，后来光量子被称为**光子**。从某种意义上说，这是回到牛顿的光的微粒说来解释某种现象。普朗克量子化假说的另一个惊人成功出现在 1913 年，当时尼尔斯·玻尔用这些想法描述了一个原子模型，该模型可以解释氢原子发射的离散频谱。

这些基于普朗克量子化假说来解释未解决现象的成功尝试，促使人们认识到当试图理解原子层面的现象时，牛顿、杨和麦克斯韦等人提出的旧的经典理论可能不再奏效。普朗克、爱因斯坦和玻尔可以用一些涉及能量量子化的假设来解释以往不能解释的现象，而这些假设并不基于经典理论。尽管取得了这些成功，但没有任何理论可以统一解释所有现象。1913 年至 1925 年是前所未有的危机时期。由于在微观层面解释新出现的结果面临困难，所以显然需要一套成熟的理论来取代牛顿力学。

第二个时代始于 1925 年夏天，当时 24 岁的沃纳·海森堡在阐明量子理论方面迈出了与以往彻底决裂的一大步。1926 年 1 月，薛定谔独立建立了量子理论，写下了一个动力学方程，即**薛定谔方程**。后来证明，海森堡和薛定谔的理论是量子力学的两个不同但完全等效的方程。薛定谔方程与牛顿方程 $F = ma$ 和麦克斯韦电磁场方程组一样，是物理学中最著名的方程组之一，将在本书的最后一章中介绍。

由海森堡和薛定谔（以及其他创始人，包括马克斯·波恩、帕斯卡尔·乔丹、保罗·狄拉克和沃尔夫冈·泡利）提出的量子力学不仅可以解释微观和宏观层面的所有已知现象，而且可以预测能通过实验观察到的新现象。尽管新理论取得了这么多惊人的成功，但是这套理论的基本概念还是成了研究热点。人们发现，在单个原子、电子或光子层面，量子力学做出了惊人的预测，与以往完美解释宏观物体运动规律的牛顿力学的结果大相径庭。这令人难以置信的一面就连量子力学的创始人也始料不及。事实上，尽管在解释和预测新现象方面取得了巨大成功，量子力学的基本概念仍然引发了人们的激烈争论，其中的一些问题将在本书的后续章节中讨论。图 1.1 所示为量子力学创始人的合影。

量子理论形成阶段的主要里程碑包括：

- 1899 年：马克斯·普朗克首次引入了量子概念解释黑体辐射。

- 1905 年：阿尔伯特·爱因斯坦通过将光视为由粒子组成而解释了光电效应。
- 1913 年：尼尔斯·玻尔基于量子假设提出了原子的行星模型。
- 1924 年：路易斯·德布罗意假设粒子的行为类似于波。
- 1925 年：沃纳·海森堡发明了量子力学。
- 1926 年：埃尔温·薛定谔提出了薛定谔波动方程。
- 1927 年：马克斯·波恩给出了量子力学的概率性质。
- 1927 年：沃纳·海森堡推导出了海森堡不确定性关系。
- 1927 年：尼尔斯·玻尔阐明了互补原则。
- 1928 年：保罗·狄拉克统一了光的波粒描述。

图 1.1 1927 年索尔维会议上所拍摄的物理学史上最著名的照片之一。量子力学几乎所有创始人都出席了这次会议，29 位与会者中有 17 人已经或将成为诺贝尔奖获得者。**后排：** 奥古斯特·皮卡德、埃米尔·亨里奥特、保罗·埃伦费斯特、爱德华·赫尔岑、泰奥菲尔·德·唐德、埃尔温·薛定谔、尤勒斯－埃米尔·费斯哈费尔特、沃尔夫冈·泡利、沃纳·海森堡、拉尔夫·福勒、莱昂·布里渊。**中排：** 彼得·德拜、马丁·克努森、威廉·劳伦斯·布拉格、亨德里克·安东尼·克莱默斯、保罗·狄拉克、亚瑟·康普顿、路易斯·德布罗意、马克斯·伯恩、尼尔斯·玻尔。**前排：** 欧文·朗缪尔、马克斯·普朗克、居里夫人、亨德里克·洛伦兹、阿尔伯特·爱因斯坦、保罗·朗之万、查尔斯－欧仁·居耶、查尔斯·汤姆森·里斯·威尔孙，欧文·理查森。照片由比利时布鲁塞尔索尔维国际物理研究所的邦雅曼·库普里拍摄

奠定量子力学基础的时代跨越近 30 年（从 1900 年到 1930 年），这可能是科学史上最引人注目的时代。一种思考和研究物理学的全新方式出现了。基于量子力学预测和观察到了新的效应与现象，催生了许多新的研究领域。正如 17 世纪、18 世纪和 19

世纪经典力学的发展迎来工业革命那样，对量子力学定律的理解引发了技术大发展。如果不了解量子力学的定律，就不可能有电子工业、通信革命、计算机技术、能源、纳米技术设备、激光以及其他众多的产品与成果。如果我们还生活在 19 世纪的经典物理学时代，那么这个世界在很多方面仍会相当老套和简单。

1.2　本书概要

本书有两个目标。一是随着 20 世纪初的那些量子力学创始人一起，讨论量子力学基础和量子理论的定律；二是讨论这些想法在现在以及不断发展的量子通信与量子计算领域中的一些新应用。下面列出了一些问题，这些问题在经典物理学的框架内显得很奇怪，甚至很疯狂。本书将尽可能用简单的数学来讨论和回答这些问题。这些问题的本质及其在量子力学背景下的答案会让你明白本书写了什么。不过，有言在先，对于初学者，本节提到的某些术语和表达可能会因为全新而难以理解。但不要担心，本节只是列出它们，后续章节将对它们进行解释。

1．光能表现得像粒子吗

对光的本质的研究始于 17 世纪。起初，牛顿提出了一个理论，他假设光由小粒子组成。如本书第 4 章介绍的那样，这个理论后来被完全推翻——托马斯·杨的干涉研究和奥古斯丁·菲涅尔的衍射研究表明光的行为像波。然而，阿尔伯特·爱因斯坦 1905 年在解释光电效应（见第 6 章）时表明，只有将光视为由称为**光子**的能量子组成才能解释这种效应的实验结果。于是，这一百多年始终被如下的矛盾现象萦绕：*光在某些实验中表现得像波，而在另一些实验中表现得像粒子*。1923 年，亚瑟·康普顿进行了一个里程碑式的实验，表明只有将光视为由有明确动量的粒子（一个粒子概念）组成，才能解释电子对光的散射的结果。康普顿效应将在本书的第 7 章中讨论。

2．电子能表现得像波一样吗

在爱因斯坦表明光可以表现得像粒子一样近 20 年后，路易斯·德布罗意假设反之亦然：*粒子也可以表现得像波一样*。如本书第 7 章所述，他的预测在电子衍射实验中被证实。乔治·汤姆孙、克林顿·戴维孙和雷斯特·革末分别独立完成的实验结果只能用德布罗意猜想来解释。1961 年，克劳斯·约恩松的一个具有里程碑意义的实验表明，杨用电子（而非光）进行的双缝实验会导致干涉条纹，而这是波的标志。这个惊人的实验及其在量子力学基础研究中的作用将在本书的第 8 章中讨论。

3．延迟选择和量子擦除

对双缝实验的进一步分析表明，还有更矛盾的地方。若能以某种方式获得双缝实验中光子或电子通过哪条缝这一信息，则干涉条纹就会消失，粒子性就会显现出来。约翰·惠勒认为，光子（或电子）并非产生之初就选择了表现为粒子或波，而是在穿过双缝后，再由是否被观测到经过了哪条缝来延迟选择表现为粒子或波（并形成干涉条纹）。1982 年，马朗·斯库利和凯·德吕尔进一步提出了一种巧妙但非常违反直觉的量子擦除概念，即可以在光子通过狭缝并在屏幕上被检测到之后，再“擦除”路径信息并恢复干涉图案。所有这些以及更多的内容将在第 8 章中讨论。

4．气体中的原子和分子能失去个体性合而为一吗

在气体中，原子和分子是向各个方向随机运动、偶尔相互碰撞的微小粒子。这是自 19 世纪起热力学定律所描绘的气体。这幅画面相当准确地描述了日常生活中气体的特性，如压力和温度。然而，纳特·玻色和阿尔伯特·爱因斯坦 1925 年的研究表明，当气体冷却到非常低的温度（几乎为纳开尔文数量级）时，原子就会失去粒子性而表现得像波（德布罗意波），即失去原来的个体性，变成一大块。这是一种新的物质状态（非固体、非液体、非气体），我们称之为**玻色－爱因斯坦凝聚态**。本书的第 7 章介绍 1995 年（上述预测后约 70 年）通过实验观察到的这一奇特效应。

5．可以用任意的精度测量位置和速度吗

根据牛顿力学定律，如果知道作用在一个物体上的所有力，基本上就能精确预测它的位置和速度，测量精度仅受制于测量仪器的质量。抛出一个球，就能确切地预测它在任意时刻的位置和速度，这样一来就能追踪球的轨迹。但真的是这样吗？海森堡于 1927 年指出，无论测得多么精准，都不可能像想象中那样准确地测量一对互补变量，如位置和动量。测量这两个量不可避免地存在不确定性，这些不确定性的乘积大于最小值，非常小但总归不是零。这种不确定性关系称为**海森堡不确定性关系**，将在第 7 章“推导”，是量子力学的基本原理之一。海森堡想出这一惊人的结果时，还是尼尔斯·玻尔的研究助理。玻尔也提出了自己的互补原理：*如果能精确测量两个可观测量之一意味着测量另一个量的所有可能结果概率相等，那么它们互补*。根据玻尔互补原理，不可能在一次实验中同时看到粒子性和波动性。这一原理将在第 8 章中结合杨氏双缝实验进行讨论。

6．我们能肯定地预测任何事情吗

波粒二象性的一大后果是量子力学中没有决定论。用牛顿力学可以稳稳地预测抛

出的球撞到墙上的哪个位置。但是，对电子就不能这样说——量子力学只能算出它在给定的点撞击屏幕的概率，但是不能预测它一定会撞到哪里。即使已在某个位置检测到了电子，除了一些非常特殊的情况，用量子力学也不能确定电子所运动的轨迹。在量子力学中，电子这类粒子未被描述为沿着一定轨迹运动的点状物，而用边传播、边扩散的波包或波函数来描述。波函数不代表真实物体，而（或者更确切地说是它的模的平方）代表在某个位置找到它的概率。量子力学的这种固有概率性质与经典力学截然不同，详细讨论将在本书不同章节的不同背景下展开，特别是第 9 章、第 10 章和第 17 章。

7. 爱因斯坦－玻尔辩论

量子理论发展史上的一件大事是发生在两位巨人——阿尔伯特·爱因斯坦和尼尔斯·玻尔之间的辩论。这两位巨人围绕量子力学的基本问题，通过会议报告、信件和研究论文展开了激烈的交锋。这场辩论对量子力学基础的相关讨论留下了持久的印记。爱因斯坦是量子力学的奠基人之一，以光电效应和光量子方面的工作著称（见第 6 章），但从不接受海森堡和薛定谔的理论所产生的最终结果，尤其难以忍受牛顿和麦克斯韦经典理论宝贵的确定性不复存在。他也不能接受玻尔的互补原理，因为那意味着波和粒子（如光和电子）互不兼容。他想了许多巧妙的思想实验来展示怎样在任何实验中同时看到粒子和波。玻尔却每次都为互补原理辩护，有时还会援引海森堡不确定性关系。本书的第 8 章和第 12 章将涉及这场辩论的方方面面。

8. 月球没人看就不存在吗？

这么问的可不是普通人，而是阿尔伯特·爱因斯坦。有两个基本原理简直是“公理”：**实在性**和**定域性**。实在性意味着即使没人看也在那里的物体才真实存在。用爱因斯坦的话说，即使没人看月球，也没人怀疑它存在，也就是说，它不会因为没人看而消失。定域性意味着没有任何信息跑得比真空中的光速还快。这意味着，如果两个物体相隔一段距离，连光都需要花 1 小时才能到，那么其中一个物体不管怎么了（毁了、裂了、转了等），1 小时内无论如何也不会以任何方式影响到另一个物体。量子力学最令人吃惊的一点是，它违反了所有只基于实在性和定域性这两个公理的理论，而令人瞩目的是实验结果与量子力学的预测一致。因此，实在性与定域性不能共存。第 12 章将讨论这一影响深远的惊人结果。

9. 完美克隆可能吗

常识表明，只要有手艺和原料，就能做出与随便什么东西一模一样的复制品。好木匠可以打造出与原件一模一样的复制品，譬如一把椅子。文档也能复制，复印件与原件看上去一模一样。然而，在微观层面还能做到这样吗？能造一台复印机来复制单个光子或电子吗？答案是不行。第 11 章研究量子力学的不可克隆定理。也许你现在就想知道，如果复制得一模一样做不到，那么做得最好能复制成什么样？这个问题的答案也在第 11 章中给出。

10．能实现《星际迷航》中的那种瞬时移动吗

换句话说，能让人在这里消失并在那里瞬时出现吗？这个梦想现在还遥不可及，但是已经能让原子或光子的确切状态在一个地方消灭并在另一个地方产生——通过在两地预制两个粒子的纠缠态来实现。通过联合测量并将测量结果从这里发送到那里，原子或光子的状态就能“瞬移”。量子隐形传态将在第 10 章中讨论。

11．能否绝对安全地通信并百分之百地检测到窃听者

相距很远的双方秘密通信千年难解，相关的研究领域被称为**密码学**，其原理是双方通过安全可靠的信道交换随机密钥，密钥只有彼此知道，完全将潜在的窃听者拒之门外，然后用密钥编码消息并从一方发送到另一方。即使有人截获了加密的消息，在不知道密钥的情况下也无法破译实际的消息，只有接收方才能用密钥解密。当今世界大家高度关心的安全问题是能否在谁都能用的公共信道交换密钥，如果有人想窃听，发送和接收双方知不知道。第 13 章将表明这个不可能完成的任务可以通过量子力学系统来实现，首先介绍目前公钥分发所用的 RSA（公钥加密）算法，然后介绍不仅能确保密钥通过公共信道绝对安全地分发，而且能百分之百地确保检测到窃听者的量子力学算法。

12．能否实现心灵沟通

交流信息通常需要交换携带信息的粒子和对象。在日常对话中，大气中的原子和分子是话语的载体（到了没有粒子的外太空，说话就听不见了）。现代光通信中信息的载体是光束或光子。双方能否在介质中不存在粒子的情况下通信？如果连这都可以，心灵沟通就能实现。2013 年，作者和同事发现还真的能在没有粒子的信道中通信。第 14 章中将介绍这个非常违反直觉的成果。

13．能否制造量子计算机

以往计算机使用半导体材料，这些材料的特性只能通过量子力学分析来理解。每台计算机的基本模块（如晶体管）是量子设备，而操作的基本处理单元（称为**位**或**比特**）是传统对象。每位可取两个可能的值：“0”或“1”。量子计算机的处理单元是**量子位**（或**量子比特**）。量子位具有高度非传统属性，可以同时处于“0”状态和“1”

状态。类似地，两个量子位可以以纠缠状态存在。在这种状态下，对一个量子位的操作可以影响另一个量子位，而无论它们彼此相距多远。与经典或传统计算机相比，量子计算机可以用远超想象的速度解决某些问题。第 15 章和第 16 章中将介绍量子计算的基础知识和应用前景。

14. 能否用几百万步分解大数

乘法很容易——能在相对很短的时间内将两个任意大的数相乘。相反，因数分解很难。分解质因数不是普通的数学问题，而是当今电子商务的核心（见第 13 章）。网购使用信用卡号和其他个人信息而不担心信息泄露的原因是分解质因数很难，可能要花几十年时间才能用当今最快的计算机分解 256 位数字［常用于通信安全 RSA（公钥加密）算法］。量子计算机可以通过几百万步解决这个问题，因此能在极短的时间内破解。第 16 章中将介绍因数分解算法，即秀尔算法。

15. 能否"大海捞针"

小时候你可能玩过押宝游戏。"宝"藏在 4 个盒子之一的下方，你要猜哪个盒子下藏了"宝"。幸运的话，一次就能猜中，这个概率只有 25%。有没有什么窍门能够每次都猜中？以往好像不可能。第 16 章中将介绍量子版押宝游戏，那时你会发现量子计算中真的有每次都能猜中的办法，甚至还能用于从未排序数据库（大海）中寻找标的（针），速度比以往想象的快得多。

16. 粒子能量不够也能穿过势垒吗

众所周知，能量充足才能跨越障碍。撑杆跳高运动员通过飞奔来积攒动能，至少要与障碍物高度所对应的势能相等，否则起跳动能不够就跳不过去。量子力学再次违反常识，如 1927 年弗里德里希 • 洪特发现的那样，电子这类微观粒子的能量即使低于跨越障碍所需的最小能量，也能"隧穿"过去，这种效应广泛用于晶体管和显微镜，将在第 17 章作为薛定谔方程的结果介绍。

17. 原子长什么样

19 世纪，人们认为原子是组成物质的基本单元，被视为不可分割的物体；后来，人们发现它由正电荷和负电荷组成，于是又认为负电荷嵌在正电荷的汪洋大海中。20 世纪初有了重大突破，出现了基于量子力学假设的原子模型，其中正电荷集中在称为**原子核**的原子的中心部分，电子以固定轨道围绕原子核旋转，就像行星围绕太阳旋转那样。这幅图景虽然在经典电磁理论中问题很大，但是至少很容易形象化。原子结构模型的这种演变将在第 6 章中介绍。我们对电子在原子内怎样分布的最终认识，随着成熟量子力学的出现得到了发展，而电子电荷在原子内分布的图景超乎想象。这幅图景将在最后一章介绍薛定谔方程及其对氢原子的解时讨论。

参考书目

[1] George Gamow, *Thirty Years that Shook Physics: The Story of Quantum Theory* (Dover Publications 1985).

[2] Steven Weinberg, *To Explain the World: The Discovery of Modern Science* (HarperCollins Publisher, New York 2015).

[3] R. J. Scully and M. O. Scully, *The Demon and the Quantum* (John-Wiley-VCH 2010).

[4] J. Baggott, *The Quantum Story: A History in 40 Moments* (Oxford University Press 2011).

[5] A. Rae, *Quantum Physics: A Beginner's Guide* (Oneworld 2005).

第一部分

入门知识

第2章　数学背景

数学是现代物理学的语言，它提供了解决物理问题的工具。科学，尤其是物理学的大部分进步，都要归功于代数和微积分的发现。为了使本书自成体系，本书中介绍了理解量子力学基础和应用所需的基础知识，其中最重要的是复数的定义与性质。量子力学的核心是波函数，它通常是一个复数。三角学和矢量分析几乎是研究物理现象所必备的知识。本章介绍这些内容，以满足后续章节的应用需求。为阐明量子力学的性质，贯穿本书的另一个主题是概率论。清晰地理解概率这一概念对于研究量子力学的预测和现象至关重要。概率论的内容很多，这里只介绍其中的主要内容，有了这些内容，就足以理解本书讨论的主题。

2.1　复数

常见的数字有两类。第一类是**整数**，如

$$\cdots,-3,-2,-1,0,1,2,3,\cdots \tag{2.1}$$

整数可以是正数和负数。第二类更普通，称为**实数**，如

$$\cdots,-45.346,-1.872,0.236,2.000,3.458,2.639,\cdots \tag{2.2}$$

整数包含于实数，是一些代数方程的解。例如，二次方程[①]

$$x^2-3x+2=0 \tag{2.3}$$

的解是

$$x=1,2 \tag{2.4}$$

可以验证 x 的这些值的确是方程（2.3）的解。将它们代入方程，可以发现其左边等于0。例如，

① 普通二次方程 $ax^2+bx+c=0$ 的解为 $x=\dfrac{-b\pm\sqrt{b^2-4ac}}{2a}$，其中 a,b 和 c 是任意实数或复数。

$$1^2 - 3\times 1 + 2 = 0 \tag{2.5}$$

类似地，二次方程

$$x^2 - 5x + 6 = 0 \tag{2.6}$$

的解是

$$x = 2, 3 \tag{2.7}$$

实数可以表示在一条直线上，如图 2.1 所示。我们可以在直线上选择一个点代表“0”。“0”右边的点都是正数，左边的点都是负数。

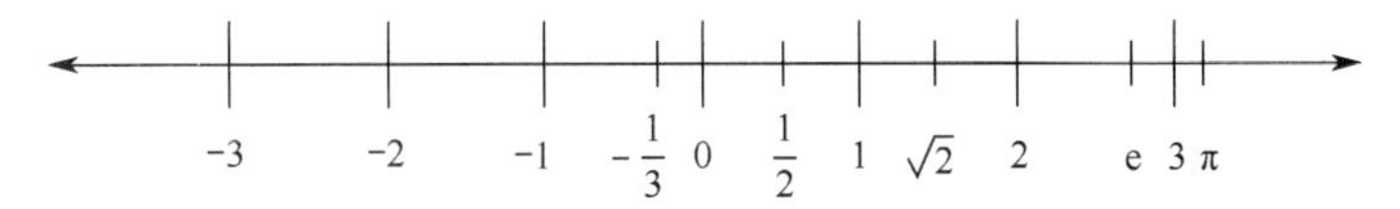

图 2.1　实数（包括正数和负数）表示在直线上［数 e 的定义见式（2.40）］

接下来考虑另一个简单的二次方程：

$$x^2 + 1 = 0 \tag{2.8}$$

这个方程的解是

$$x = \pm\sqrt{-1} \tag{2.9}$$

这些数既不是整数又不是实数，而是复数。实数 x 的平方 x^2 恒为正，即使 x 是负数。例如，$(-2.5)^2 = 6.25$，而虚数的平方是负数，如 $(\sqrt{-1})^2 = -1$。

二次方程

$$(x+1)^2 + 9 = 0 \tag{2.10}$$

的解是

$$x = -1 \pm 3\sqrt{-1} \tag{2.11}$$

这组解不是实数，形如 $a + \mathrm{i}b$，其中 a 和 b 是实数。将虚数记为

$$\mathrm{i} = \sqrt{-1} \tag{2.12}$$

包含实部 a 和虚部 $\mathrm{i}b$ 的数被称为**复数**。因此，方程 $(x+1)^2+9=0$ 的解可以记为 $x=-1\pm\mathrm{i}3$。

几何上，通过用横轴代表实部，用纵轴代表虚部，可以将一维直线的概念扩展到二维复平面上，如图 2.2 所示。复数 $a+\mathrm{i}b$ 可以用复平面上的点 (a,b) 来表示。实部为零的复数称为**纯虚数**，这些数字位于复平面的纵轴上。虚部为零的复数可视为实数，这些数字位于复平面的横轴上。

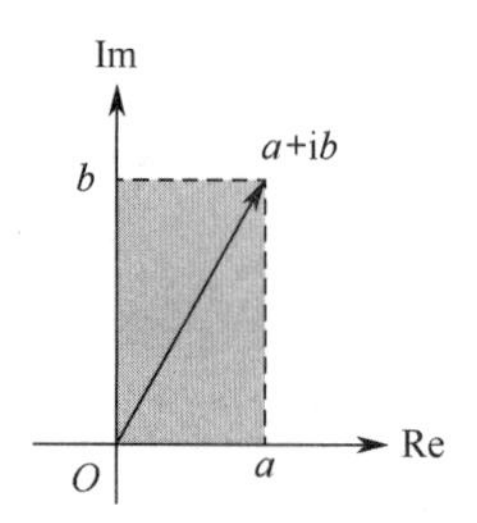

图 2.2　复数在复平面上的表示。x 分量为实部，y 分量为虚部

根据代数基本定理，所有单变量实系数或复系数的多项式方程都有复数形式的解。下面讨论复数的一些性质。

2.1.1　复共轭

复数

$$z=x+\mathrm{i}y \tag{2.13}$$

的共轭定义为

$$z^*=x-\mathrm{i}y \tag{2.14}$$

复共轭可以通过将 i 替换为 $-\mathrm{i}$ 来获得。复平面上 z 及其共轭 z^* 的几何表示如图 2.3 所示。复共轭 z^* 与 z 关于实轴对称。可以验证，共轭两次得到原来的复数：

$$(z^*)^*=z \tag{2.15}$$

复数 z 的实部和虚部可以通过其复共轭来表示：

$$x=\frac{1}{2}(z+z^*);\quad y=\frac{1}{2\mathrm{i}}(z-z^*) \tag{2.16}$$

当且仅当一个复数等于其自身的共轭，即 $z = z^*$ 时，这个复数是实数。

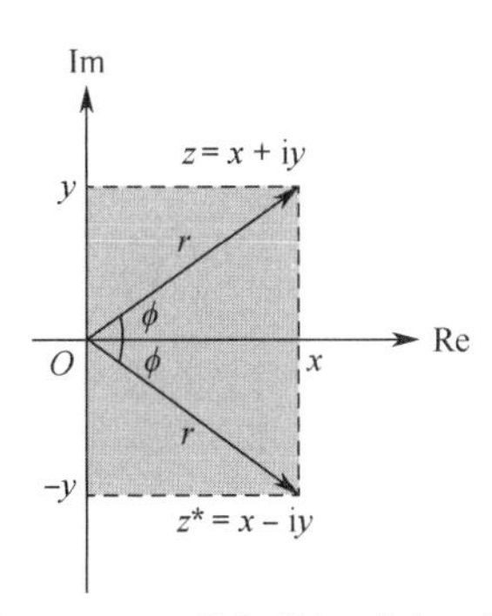

图 2.3　复数 $z = x + \mathrm{i}\,y$ 的复共轭 z^* 与 z 关于 x 轴对称

2.1.2　加法和减法

通过将加数的实部和虚部分别相加来做复数加法，即

$$(a + \mathrm{i}b) + (c + \mathrm{i}\,d) = (a + c) + \mathrm{i}(b + d) \tag{2.17}$$

这里，两个复数之和的实部是实部之和，虚部是虚部之和。同理，减法定义为

$$(a + \mathrm{i}b) - (c + \mathrm{i}\,d) = (a - c) + \mathrm{i}(b - d) \tag{2.18}$$

2.1.3　乘法和除法

两个复数的乘法定义如下：

$$(a + \mathrm{i}b)(c + \mathrm{i}\,d) = (ac - bd) + \mathrm{i}(bc + ad) \tag{2.19}$$

在推导这个方程时，用到了 $\mathrm{i}^2 = -1$。特别地，

$$(a + \mathrm{i}b)(a - \mathrm{i}b) = a^2 + b^2 \tag{2.20}$$

两个复数之比的实部和虚部可通过将分子和分母都乘以分母的复共轭来求得。这使得分母成为实数，分子成为两个复数的乘积，且可以分为实部和虚部。因此，

$$\frac{a + \mathrm{i}b}{c + \mathrm{i}d} = \frac{(a + \mathrm{i}b)}{(c + \mathrm{i}d)} \cdot \frac{(c - \mathrm{i}d)}{(c - \mathrm{i}d)} = \frac{(ac + bd)}{(c^2 + d^2)} + \mathrm{i}\frac{(bc - ad)}{(c^2 + d^2)} \tag{2.21}$$

2.1.4 模

复数 z 的模定义如下：

$$|z| = \sqrt{zz^*} = \sqrt{(x+\mathrm{i}\,y)(x-\mathrm{i}\,y)} = \sqrt{x^2+y^2} \tag{2.22}$$

它具有如下性质：

（1）$|z|$是实数。

（2）$|z| \geqslant 0$。

（3）当且仅当 $x = y = 0$ 时 $|z| = 0$。

2.2 三角学

直角三角形 ABC 如图 2.4 所示。根据勾股定理，有

$$a^2 + b^2 = c^2 \tag{2.23}$$

式中，a 是垂线，b 是底边，c 是斜边。

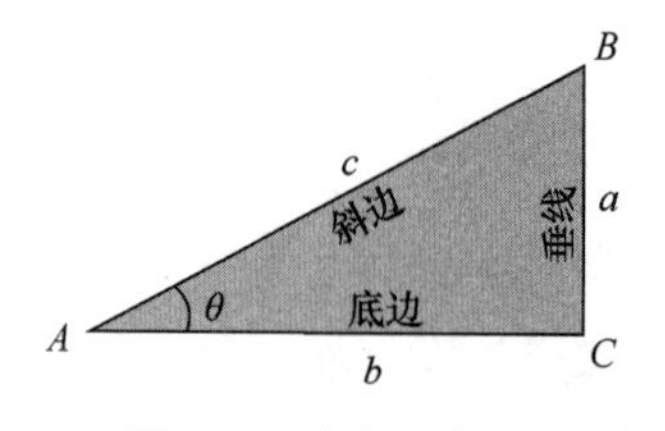

图 2.4 直角三角形

三角函数定义如下：

$$\sin\theta = \frac{垂线}{斜边} = \frac{a}{c} \tag{2.24}$$

$$\cos\theta = \frac{底边}{斜边} = \frac{b}{c} \tag{2.25}$$

$$\tan\theta = \frac{垂线}{底边} = \frac{a}{b} \tag{2.26}$$

可以证明

$$\sin^2\theta + \cos^2\theta = 1 \tag{2.27}$$

$$\tan\theta = \frac{\sin\theta}{\cos\theta} = \frac{a}{b} \tag{2.28}$$

一些有用的三角公式包括：

$$\sin(\theta_1 \pm \theta_2) = \sin\theta_1\cos\theta_2 \pm \cos\theta_1\sin\theta_2 \tag{2.29}$$

$$\cos(\theta_1 \pm \theta_2) = \cos\theta_1\cos\theta_2 \mp \sin\theta_1\sin\theta_2 \tag{2.30}$$

$$\tan(\theta_1 \pm \theta_2) = \frac{\tan\theta_1 \pm \tan\theta_2}{1 \mp \tan\theta_1\tan\theta_2} \tag{2.31}$$

$$\sin(2\theta) = 2\sin\theta\cos\theta \tag{2.32}$$

$$\cos(2\theta) = \cos^2\theta - \sin^2\theta \tag{2.33}$$

函数 $\sin\theta$ 和 $\cos\theta$ 是关于 θ 的振荡函数，如图 2.5 所示。然而，这些函数有级数展开

$$\sin\theta = \theta - \frac{\theta^3}{3!} + \frac{\theta^5}{5!} - \cdots \tag{2.34}$$

$$\cos\theta = 1 - \frac{\theta^2}{2!} + \frac{\theta^4}{4!} - \frac{\theta^6}{6!} + \cdots \tag{2.35}$$

式中，θ 的单位是弧度，且

$$n! = n(n-1)(n-2)\cdots 3\cdot 2\cdot 1 \tag{2.36}$$

例如，$3! = 3\cdot 2\cdot 1 = 6$；又如，$5! = 5\cdot 4\cdot 3\cdot 2\cdot 1 = 120$。

本书中经常遇到 $\theta \ll 1$ 的情况，其中 θ 的单位为弧度。此时，由级数展开式（2.34）和（2.35）易得

$$\sin\theta \approx \theta \tag{2.37}$$

$$\cos\theta \approx 1 - \frac{\theta^2}{2} \tag{2.38}$$

$$\tan\theta = \frac{\sin\theta}{\cos\theta} \approx \theta \tag{2.39}$$

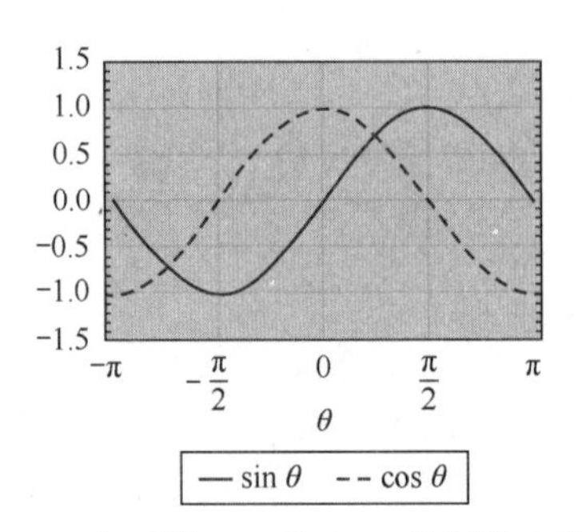

图 2.5 三角函数 sinθ 和 cosθ 绘制为 θ 的函数

可以验证级数展开式（2.34）和式（2.35）以及由式（2.37）、式（2.38）和式（2.39）分别定义的 $\sin\theta$、$\cos\theta$ 和 $\tan\theta$ 的小 θ 极限如表 2.1 所示。

表 2.1 一些三角函数的值（θ 的单位为弧度）

θ	$\sin\theta$	$\cos\theta$	$\tan\theta$
0.00	0.0000	1.0000	0.0000
0.01	0.0100	1.0000	0.0100
0.05	0.0500	0.9988	0.0500
0.10	0.0998	0.9950	0.1003
0.14	0.1395	0.9902	0.1409
1.05	0.8674	0.4976	1.7433
2.10	0.8632	−0.5048	−1.7098

接下来定义指数 e。它由以下级数定义：

$$\mathrm{e} = 1 + \frac{1}{1!} + \frac{1}{2!} + \frac{1}{3!} + \frac{1}{4!} + \cdots = 2.71828\cdots \tag{2.40}$$

可以看出

$$\mathrm{e}^x = 1 + x + \frac{x^2}{2!} + \frac{x^3}{3!} + \cdots \tag{2.41}$$

有时，e^x 表示为 $\exp x$（即 x 的指数的缩写）。对于两个数 x 和 y（不论是实数还是复数），e 有一条重要性质，即

$$\mathrm{e}^x \mathrm{e}^y = \mathrm{e}^{x+y} \tag{2.42}$$

上述性质可以通过将两个函数 e^x 和 e^y 分别表示为级数展开式，然后逐项相乘，最后合并齐次项来证明。

欧拉公式

$$e^{i\theta} = \cos\theta + i\sin\theta \tag{2.43}$$

很重要，它可通过对比式（2.41）、式（2.34）和式（2.35）中 $e^{i\theta}, \cos\theta$ 和 $\sin\theta$ 的级数展开式来证明。这里还应用了虚数 i 的性质，即 $i^2 = -1$。取共轭复数有

$$e^{-i\theta} = \cos\theta - i\sin\theta \tag{2.44}$$

将式（2.43）和式（2.44）相加减，可将 $\cos\theta$ 和 $\sin\theta$ 改写为

$$\cos\theta = \frac{e^{i\theta} + e^{-i\theta}}{2} \tag{2.45}$$

$$\sin\theta = \frac{e^{i\theta} - e^{-i\theta}}{2i} \tag{2.46}$$

欧拉公式的一个特例是

$$e^{i\pi} = -1 \tag{2.47}$$

这里用到了 $\cos\pi = -1$ 和 $\sin\pi = 0$。这个关系被当代著名理论物理学家之一理查德·费曼誉为“最重要的数学公式”，也称**欧拉恒等式**。例如，

$$e^{i3\pi/2} = e^{i\pi/2}e^{i\pi} = -e^{i\pi/2} = -\big(\cos(\pi/2) + i\sin(\pi/2)\big) = -i \tag{2.48}$$

$e^{i\theta}$ 的图形如图 2.6 所示。

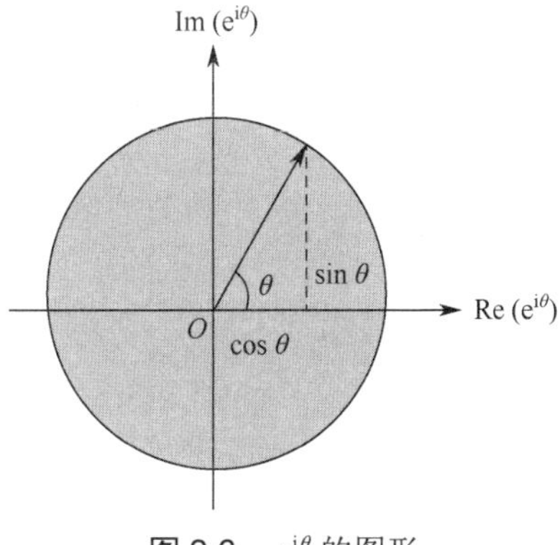

图 2.6　$e^{i\theta}$ 的图形

图中，$e^{i\theta}$ 是一个模为 1 的相量，它在复平面上旋转角度 θ。它在 x 轴上的投影表示实部，值为 $\cos\theta$；它在 y 轴上的投影表示虚部，值为 $\sin\theta$。于是有

$$e^{i\theta} = \cos\theta + i\sin\theta \tag{2.49}$$

由欧拉定理可以证明

$$(\cos\theta + i\sin\theta)^n = e^{in\theta} = \cos(n\theta) + i\sin(n\theta) \tag{2.50}$$

即**棣莫弗定理**。

利用这些关系式，可在极坐标系 (r,θ) 中以下列方式表示复数。

复数

$$z = x + iy \tag{2.51}$$

可以按如下方式转换到极坐标系中：

$$x = r\cos\theta;\quad y = r\sin\theta \tag{2.52}$$

于是有

$$z = r\cos\theta + ir\sin\theta = re^{i\theta} \tag{2.53}$$

极坐标 r 是 z 的模，即

$$|z| = \sqrt{zz^*} = \sqrt{re^{i\theta}re^{-i\theta}} = r \tag{2.54}$$

于是有

$$r = \sqrt{x^2 + y^2} \tag{2.55}$$

2.3 矢量和标量

物理量可分为两类，即标量和矢量。标量由数字（和单位）表示，如温度、体积和时间；矢量则由大小和方向表示，如位移、速度和力。标量用普通斜体表示，如温度 T、时间 t；矢量则用粗斜体表示，如速度 $\boldsymbol{v}$、力 $\boldsymbol{F}$。矢量的大小（模）表示为 $|\boldsymbol{A}|$ 或 A。矢量的模始终为正，它等于矢量的长度。

矢量的特性如下所示。

（1）矢量相等：大小和方向都相同的两个矢量相等。

（2）矢量移动：矢量可以平移而不受影响，即两个相同大小的平行矢量是相同的矢量。

（3）相反矢量：大小相同、相差180°（方向相反）的两个矢量相反，即

$$\boldsymbol{A} = -\boldsymbol{B};\quad \boldsymbol{A} + \boldsymbol{B} = \boldsymbol{A} + (-\boldsymbol{A}) = \boldsymbol{0} \tag{2.56}$$

2.3.1　矢量相加

矢量相加可以用几何法和代数法，首先介绍几何法。

用几何法相加矢量时，可以按比例作图。由于矢量平移而不改变自身，所以两个矢量 $\boldsymbol{A}$ 与 $\boldsymbol{B}$ 相加时，可以首先画矢量 $\boldsymbol{A}$，然后将矢量 $\boldsymbol{B}$ 平移过来，以 $\boldsymbol{A}$ 的末端为 $\boldsymbol{B}$ 的始端，首尾相连地画矢量 $\boldsymbol{B}$。和矢量 $\boldsymbol{R} = \boldsymbol{A} + \boldsymbol{B}$ 从矢量 $\boldsymbol{A}$ 的始端到矢量 $\boldsymbol{B}$ 的末端，如图 2.7 所示。这种求矢量的和的方法称为**三角形法**。两个矢量相加的和与顺序无关，即

$$\boldsymbol{A} + \boldsymbol{B} = \boldsymbol{B} + \boldsymbol{A} \tag{2.57}$$

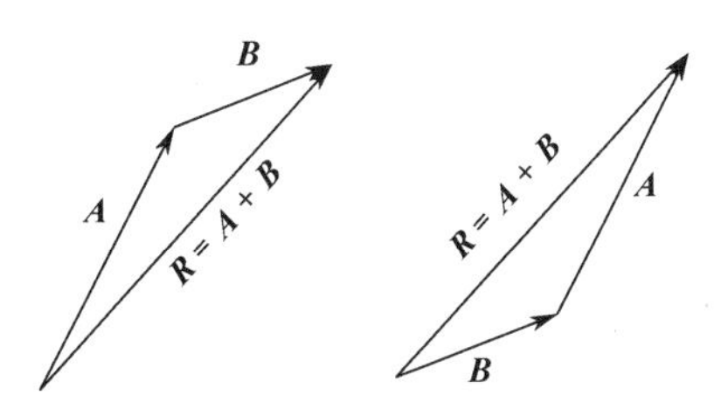

图 2.7　矢量 $\boldsymbol{A}$ 与 $\boldsymbol{B}$ 相加的几何法

同样的方法也适用于两个以上矢量的相加。例如，4 个矢量 $\boldsymbol{A}$, $\boldsymbol{B}$, $\boldsymbol{C}$ 与 $\boldsymbol{D}$ 相加的矢量和

$$\boldsymbol{R} = \boldsymbol{A} + \boldsymbol{B} + \boldsymbol{C} + \boldsymbol{D} \tag{2.58}$$

如图 2.8 所示。

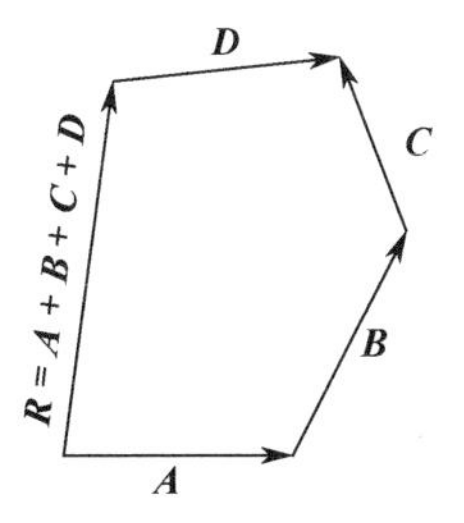

图 2.8　矢量 $\boldsymbol{A}, \boldsymbol{B}, \boldsymbol{C}$ 和 $\boldsymbol{D}$ 相加的几何法

矢量加法有时不方便使用几何法，这时可以使用更方便的代数法，即先把每个矢量的分量分别相加，再求和矢量的大小和方向。

在继续讨论这种方法以前，下面先了解如何获得矢量的分量。这里只考虑二维矢

量，显然它很容易推广到三维矢量。

在图 2.9 中，有一个模为A、与x轴的夹角为θ的矢量$\boldsymbol{A}$。注意，这里的坐标系（相互垂直的x轴和y轴的方向）完全是任意的，只要x轴和y轴相互垂直即可。如图 2.9 所示，矢量$\boldsymbol{A}$的x分量可由其末端向x轴作垂线得到。这个x分量A_x等于从原点到这条垂线与x轴的交点的距离，即$A\cos\theta$，关系式如下：

$$A_x = A\cos\theta \tag{2.59}$$

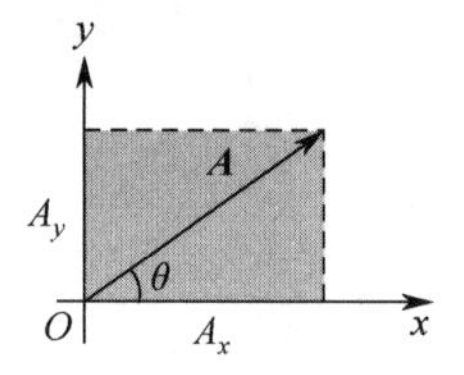

图 2.9　矢量$\boldsymbol{A}$被分解到x轴和y轴上

类似地，矢量$\boldsymbol{A}$的y分量A_y可由其末端向y轴作垂线得到。这个y分量等于从原点到这条垂线与y轴的交点的距离$A\sin\theta$，即

$$A_y = A\sin\theta \tag{2.60}$$

由式（2.23）和式（2.27）可知，矢量$\boldsymbol{A}$的模可用分量A_x和A_y表示为

$$A = \sqrt{{A_x}^2 + {A_y}^2} \tag{2.61}$$

由图 2.9［或由式（2.60）中的A_y除以式（2.59）中的A_x］可知

$$\tan\theta = \frac{A_y}{A_x} \tag{2.62}$$

式中，辐角θ等于

$$\theta = \arctan\left(\frac{A_y}{A_x}\right) \tag{2.63}$$

有了矢量分量的这些表示，就可以讨论求两个矢量的和的分量法。

2.3.2　分量法

使用这种方法求两个或更多矢量的和时，可将每个矢量的 x 分量和 y 分量代数相加。

考虑图 2.10 中的两个矢量 $\boldsymbol{A}$ 和 $\boldsymbol{B}$，它们可以分别分解为 x 分量和 y 分量：

$$\boldsymbol{A}=A_x\hat{\boldsymbol{x}}+A_y\hat{\boldsymbol{y}} \tag{2.64}$$

$$\boldsymbol{B}=B_x\hat{\boldsymbol{x}}+B_y\hat{\boldsymbol{y}} \tag{2.65}$$

式中，$\hat{\boldsymbol{x}}$ 和 $\hat{\boldsymbol{y}}$ 分别是 x 轴向和 y 轴向的单位矢量。这些模为 1 的单位矢量用于指明方向。xOy 平面上的任何矢量 $\boldsymbol{A}$（和 $\boldsymbol{B}$）都可以写成式（2.64）［和式（2.65）］的形式。

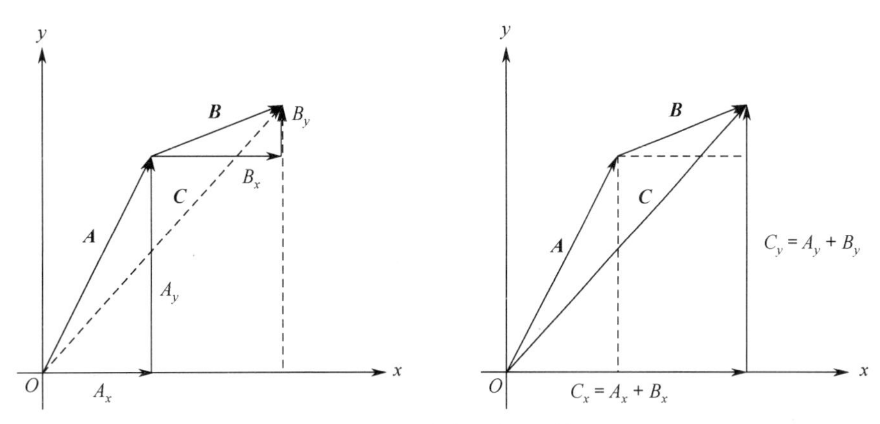

图 2.10　分量法求两个矢量的和

两个矢量的和是

$$\boldsymbol{A}+\boldsymbol{B}=(A_x\hat{\boldsymbol{x}}+A_y\hat{\boldsymbol{y}})+(B_x\hat{\boldsymbol{x}}+B_y\hat{\boldsymbol{y}})=(A_x+B_x)\hat{\boldsymbol{x}}+(A_y+B_y)\hat{\boldsymbol{y}} \tag{2.66}$$

所得矢量 $\boldsymbol{C}$ 可以写为

$$\boldsymbol{C}=\boldsymbol{A}+\boldsymbol{B}=(A_x+B_x)\hat{\boldsymbol{x}}+(A_y+B_y)\hat{\boldsymbol{y}} \tag{2.67}$$

矢量 $\boldsymbol{C}$ 的 x 分量和 y 分量分别为

$$C_x=A_x+B_x,\quad C_y=A_y+B_y \tag{2.68}$$

矢量 $\boldsymbol{C}$ 的模为

$$C=\sqrt{(A_x+B_x)^2+(A_y+B_y)^2} \tag{2.69}$$

2.3.3 两个矢量的标量积或点积

矢量 $\boldsymbol{A}$ 与 $\boldsymbol{B}$ 的标量积记为 $\boldsymbol{A}\cdot\boldsymbol{B}$，又称**点积**。

两个矢量的点积可视为一个矢量在另一个矢量方向上的投影，定义为

$$\boldsymbol{A}\cdot\boldsymbol{B}=AB\cos\theta \tag{2.70}$$

式中，θ 是 $\boldsymbol{A}$ 与 $\boldsymbol{B}$ 间的夹角，如图 2.11 所示。点积表示两个矢量平行的程度。例如，当两个矢量完全平行时，它们的点积达到最大值，这时 $\theta=0$，$\boldsymbol{A}\cdot\boldsymbol{B}=AB$。另一方面，如果两个矢量相互垂直，那么有 $\theta=\pi/2$，点积 $\boldsymbol{A}\cdot\boldsymbol{B}=0$。

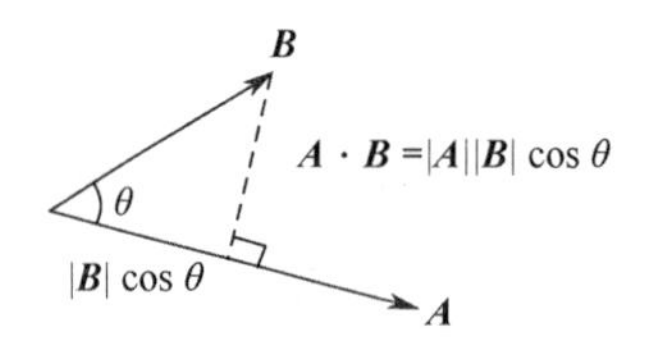

图 2.11 矢量 $\boldsymbol{A}$ 和 $\boldsymbol{B}$ 的点积

单位矢量 $\hat{\boldsymbol{x}}$ 和 $\hat{\boldsymbol{y}}$ 的点积表示为

$$\hat{\boldsymbol{x}}\cdot\hat{\boldsymbol{y}}=0;\ \ \hat{\boldsymbol{x}}\cdot\hat{\boldsymbol{x}}=1;\ \ \hat{\boldsymbol{y}}\cdot\hat{\boldsymbol{y}}=1 \tag{2.71}$$

因此，对于 $\boldsymbol{A}=A_x\hat{\boldsymbol{x}}+A_y\hat{\boldsymbol{y}}$，有

$$\boldsymbol{A}\cdot\hat{\boldsymbol{x}}=A\cos\theta=A_x \tag{2.72}$$

点积可用分量表示为

$$\boldsymbol{A}\cdot\boldsymbol{B}=(A_x\hat{\boldsymbol{x}}+A_y\hat{\boldsymbol{y}})\cdot(B_x\hat{\boldsymbol{x}}+B_y\hat{\boldsymbol{y}})=A_xB_x+A_yB_y \tag{2.73}$$

对于三维矢量，有

$$\boldsymbol{A}\cdot\boldsymbol{B}=A_xB_x+A_yB_y+A_zB_z \tag{2.74}$$

2.3.4 叉积

两个矢量的叉积记为

$$\boldsymbol{C} = \boldsymbol{A} \times \boldsymbol{B} \tag{2.75}$$

与点积不同，叉积是矢量，其模等于

$$|\boldsymbol{C}| = |\boldsymbol{A} \times \boldsymbol{B}| = AB\sin\theta \tag{2.76}$$

式中，θ 是两个矢量间的夹角中的较小角，叉积 $\boldsymbol{C}$ 的方向与包含矢量 $\boldsymbol{A}$ 与 $\boldsymbol{B}$ 的平面垂直，如图 2.12 所示。

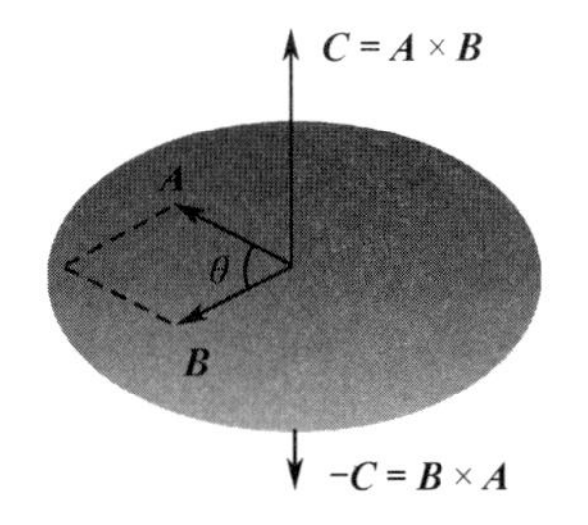

图 2.12 矢量 $\boldsymbol{A}$ 和 $\boldsymbol{B}$ 的叉积

叉积表示两个矢量的垂直程度：相互平行（$\theta = 0$）的两个矢量的叉积为 $\boldsymbol{0}$，相互垂直（$\theta = \pi/2$）的两个矢量的叉积达到最大。

笛卡儿单位矢量的叉积是

$$\hat{\boldsymbol{x}} \times \hat{\boldsymbol{y}} = \hat{\boldsymbol{z}}; \quad \hat{\boldsymbol{x}} \times \hat{\boldsymbol{z}} = -\hat{\boldsymbol{y}}; \quad \hat{\boldsymbol{y}} \times \hat{\boldsymbol{z}} = \hat{\boldsymbol{x}} \tag{2.77}$$

$$\hat{\boldsymbol{x}} \times \hat{\boldsymbol{x}} = \boldsymbol{0}; \quad \hat{\boldsymbol{y}} \times \hat{\boldsymbol{y}} = \boldsymbol{0}; \quad \hat{\boldsymbol{z}} \times \hat{\boldsymbol{z}} = \boldsymbol{0} \tag{2.78}$$

上述结果表明

$$\boldsymbol{A} \times \boldsymbol{B} = (A_y B_z - A_z B_y)\hat{\boldsymbol{x}} + (A_z B_x - A_x B_z)\hat{\boldsymbol{y}} + (A_x B_y - A_y B_x)\hat{\boldsymbol{z}} \tag{2.79}$$

2.4 概率论要点

下面首先形式化描述概率的一些简单性质，然后举例说明。

设 $\{a_1, a_2, \cdots, a_N\}$ 是事件 A 所有可能结果的集合，其中 a_i 发生的概率记为 $P(a_i)$。

永远不会发生的事件的概率是 0，肯定发生的事件的概率是 1。通常，概率 $P(a_i)$ 大于或等于 0 并且小于或等于 1。所有概率的和等于 1，即

$$\sum_{i=1}^{N} P(a_i) = P(a_1) + P(a_2) + \cdots + P(a_N) = 1 \tag{2.80}$$

对于单一的随机事件 A，集合 $\{P(a_1), P(a_2), \cdots, P(a_N)\}$ 完整地描述了各种情况可能发生的概率。

概率事件最简单的例子是抛硬币。可能的结果集合是{正面，反面}。公平地抛一次硬币，出现正面或反面的概率各半，即

$$P(\text{正面}) = P(\text{反面}) = 1/2 \tag{2.81}$$

显然有

$$P(\text{正面}) + P(\text{反面}) = 1 \tag{2.82}$$

有趣的是，在硬币落地以前，能对这次事件（抛这一次硬币）下确切结论吗？答案是不能。在抛出的硬币落地以前，还不能确切地知道结果。单次投掷的结果要么是正面，要么是反面。那么，$P(\text{正面}) = P(\text{反面}) = 1/2$ 又是什么意思呢？这些概率可以通过抛多次（如 N 次）硬币来确定。设抛出的硬币正面朝上的次数是 n_{H}，反面朝上的次数是 n_{T}。正面朝上的概率是

$$P(\text{正面}) = \frac{n_{\mathrm{H}}}{N} \tag{2.83}$$

类似地，有

$$P(\text{反面}) = \frac{n_{\mathrm{T}}}{N} \tag{2.84}$$

在只抛了几次的情况下，$P(\text{正面})$ 和 $P(\text{反面})$ 的值可能还很随机，然而随着抛掷次数的增加，$n_{\mathrm{H}} \approx n_{\mathrm{T}} = N/2$，且 $P(\text{正面})$ 和 $P(\text{反面})$ 都趋于 1/2，也可验证 $P(\text{正面}) + P(\text{反面}) = 1$。

再看复杂一些的例子。一个 200 人的班级在一次 10 分制测验中的成绩如表 2.2 所示。

表 2.2 200 名学生的分数分布

分 数	学生人数	概 率
1	04	$P(1)=04/200=0.02$
2	04	$P(2)=04/200=0.02$
3	04	$P(3)=04/200=0.02$
4	08	$P(4)=08/200=0.04$
5	12	$P(5)=12/200=0.06$
6	36	$P(6)=36/200=0.18$
7	52	$P(7)=52/200=0.26$
8	34	$P(8)=34/200=0.17$
9	28	$P(9)=28/200=0.14$
10	18	$P(10)=18/200=0.09$

在这个分布中，考很高分和很低分的学生人数相对较少，考 7 分的学生人数最多。学生考特定分数的概率可用同分人数除以总人数得到。例如，一名学生考 6 分的概率 $P(6)$ 可由 $36/200=0.18$ 算出。这些概率 $P(n)$ 写在表中的第 3 列。容易验证

$$\sum_{n=1}^{10} P(n)=P(1)+P(2)+\cdots+P(9)+P(10)=1 \tag{2.85}$$

它与式（2.80）一样表明所有可能结果的概率之和为 1。变量 n 的各阶矩（上例中学生的分数）定义为

$$\langle n^r\rangle=\sum_{n=1}^{n_{\max}} n^r P(n) \tag{2.86}$$

式中，$r=1,2,\cdots$，$n_{\max}$ 是变量 n 的最大值。有两个量很重要：**平均值（均值）**和**均方根偏差（方差）**。

平均值（均值）定义为

$$\langle n\rangle=\sum_{n=1}^{n_{\max}} nP(n) \tag{2.87}$$

例如，在上例中，全班的平均分是

$$
\begin{aligned}
\langle n\rangle &= \sum_{n=1}^{10} nP(n) = 1\times P(1) + 2\times P(2) + \cdots + 10\times P(10) \\
&= 1\times 0.02 + 2\times 0.02 + 3\times 0.02 + \cdots + 9\times 0.14 + 10\times 0.09 \\
&= 7
\end{aligned}
\tag{2.88}
$$

均值高表明很大一部分学生的分数高。因此，均值是衡量一个班的成绩有多好的指标。

第二个重要的量是方差（均方根偏差）或变化量Δn，它定义为

$$
\Delta n = \sqrt{\left\langle \left(n - \langle n\rangle\right)^2 \right\rangle} = \sqrt{\langle n\rangle^2 - \langle n^2\rangle}
\tag{2.89}
$$

式中，

$$
\langle n\rangle^2 = \sum_{n=1}^{n_{\max}} n^2 P(n)
\tag{2.90}
$$

在上例中，

$$
\begin{aligned}
\langle n\rangle^2 &= \sum_{n=1}^{10} n^2 P(n) \\
&= 1^2\times P(1) + 2^2\times P(2) + \cdots + 10^2\times P(10) \\
&= 1^2\times 0.02 + 2^2\times 0.02 + 3^2\times 0.02 + \cdots + 9^2\times 0.14 + 10^2\times 0.09 \\
&= 52.86
\end{aligned}
\tag{2.91}
$$

由式（2.88）和式（2.91）得

$$
\Delta n = \sqrt{\langle n\rangle^2 - \langle n^2\rangle} = \sqrt{(52.86 - 49)} = 1.96 \approx 2
\tag{2.92}
$$

均方根偏差或涨落是衡量分数分布的量。在上例中，大多数学生的分数在$\langle n\rangle - \Delta n$和$\langle n\rangle + \Delta n$之间，即 5 到 9 之间。可以验证，在 200 名学生中，有 162 名（81%）学生的分数属于这个范围。如果全班中的每名学生都得了 7 分，那么平均分仍然等于 7，但是均方根偏差为零。均方根偏差 Δn 是衡量概率分布宽度的标准。当我们讨论量子力学中的波动概念时，均方根偏差也是衡量不确定性的标准。

截至目前，我们只考虑了一个变量和相应的概率。下面我们考虑两个变量并引入联合概率的概念。设 A 和 B 是两个事件，其结果集合为$\{a_i\}$和$\{b_i\}$。这时，单个概率

分布 $P(a_i)$和 $P(b_i)$并不能提供全部信息。要得到准确的概率分布，还需要联合概率{$P(a_i, b_j)$}。$P(a_i, b_j)$的定义如下：事件 A 的值为 a_i 且事件 B 的值为 b_j 的联合概率。

首先考虑事件 A 和 B 相互独立的情况。此时，有

$$P(a_i,b_j)=P(a_i)P(b_j) \tag{2.93}$$

对于抛两枚硬币的情况，每枚硬币的结果都与另一枚硬币的结果无关。每枚硬币有 50%的概率得到正面或反面。对这两枚硬币，可能的事件集合包括{正面 $_1$ 正面 $_2$，正面 $_1$ 反面 $_2$，反面 $_1$ 正面 $_2$，反面 $_1$ 反面 $_2$}，即：两枚硬币都为正面；第 1 枚硬币为正面，第 2 枚为反面；第 1 枚硬币为反面，第 2 枚为正面；都为反面。由于两枚硬币相互独立，所以得到两个正面的联合概率是

$$P(正面_1，正面_2)=P(正面_1)P(正面_2)=\frac{1}{2}\times\frac{1}{2}=\frac{1}{4} \tag{2.94}$$

类似地，有

$$P(正面_1，反面_2)=P(正面_1)P(反面_2)=\frac{1}{2}\times\frac{1}{2}=\frac{1}{4} \tag{2.95}$$

$$P(反面_1，正面_2)=P(反面_1)P(正面_2)=\frac{1}{2}\times\frac{1}{2}=\frac{1}{4} \tag{2.96}$$

$$P(反面_1，反面_2)=P(反面_1)P(反面_2)=\frac{1}{2}\times\frac{1}{2}=\frac{1}{4} \tag{2.97}$$

所有联合概率的和为 1，例如

$$P(正面_1，正面_2)+P(正面_1，反面_2)+P(反面_1,正面_2)+P(反面_1,反面_2)=1 \tag{2.98}$$

接下来考虑事件 A 和 B 不相互独立而“相关”的情况。在这种情况下，

$$P(a_i,b_j)\neq P(a_i)P(b_j) \tag{2.99}$$

为了说明各种概率的关系，继续刚才的示例。共有 200 名学生的班级分数分布如表 2.3 所示。这次除了分数，还有另一个变量：性别。设 80 名学生是女生，120 名学生是男生，于是形成了有两个变量（即分数和性别）的概率分布。例如，可以问一名女生得 8 分的联合概率［记为 $P(8, G)$］是多少，或者问一名男生得 6 分的概率［记为 $P(6, B)$］是多少。

表 2.3　80 名女生和 120 名男生的分数分布

分　数	学生人数	概　率	女生人数	男生人数	联合概率
1	04	$P(1)=0.02$	2	2	$P(1,G)=0.01$; $P(1,B)=0.01$
2	04	$P(2)=0.02$	0	4	$P(2,G)=0.00$; $P(2,B)=0.02$
3	04	$P(3)=0.02$	4	0	$P(3,G)=0.02$; $P(3,B)=0.00$
4	08	$P(4)=0.04$	2	6	$P(4,G)=0.01$; $P(4,B)=0.03$
5	12	$P(5)=0.06$	4	8	$P(5,G)=0.02$; $P(5,B)=0.04$
6	36	$P(6)=0.18$	10	26	$P(6,G)=0.05$; $P(6,B)=0.13$
7	52	$P(7)=0.28$	18	34	$P(7,G)=0.09$; $P(7,B)=0.17$
8	34	$P(8)=0.17$	18	16	$P(8,G)=0.09$; $P(8,B)=0.08$
9	28	$P(9)=0.14$	14	14	$P(9,G)=0.07$; $P(9,B)=0.07$
10	18	$P(10)=0.09$	8	10	$P(10,G)=0.04$; $P(10,B)=0.05$

由表 2.3 可知 $P(8, G)$的计算方式如下。各种可能性共有 200 种（分数从 1 到 10 不等，学生是女生或男生）。在这 200 种可能性中，只有 18 种情况下学生是女生且分数是 8。因此，联合概率 $P(8, G)$可以表示为

$$P(8,G)=18/200=0.09$$

类似地，学生是男生且分数为 6 只有 26 种情况。因此，相应的联合概率为

$$P(6,B)=26/200=0.13$$

在表 2.3 中，可以得到所有的联合概率 $P(n, G)$和 $P(n, B)$。

现在，一名学生得 8 分的概率是

$$P(8)=0.17$$

而一名学生是女生的概率是

$$P(G)=80/200=0.40$$

显然，有 $P(8)P(G)=0.17\times 0.40=0.068$ 和 $P(8,G)=0.090$，因此

$$P(8,G)\neq P(8)P(G)$$

于是，对于相关的事件，联合事件发生的概率并不是单个事件概率的乘积。

一个重要的问题是怎样由联合概率 $P(a_i, b_j)$计算出单变量概率 $P(a_i)$和 $P(b_j)$。为了说明求解过程，下面还是来看学生测验分数的例子。假设我们想根据联合概率 $P(n, G)$和 $P(n, B)$求出一名学生得 8 分的概率 $P(8)$。因为不关心这名学生是女生还是男生，所以“一名学生”得 8 分的概率是一名女生得 8 分和一名男生得 8 分的联合概率之和，即

$$P(8) = P(8,G) + P(8,B)$$

这个方程可以由表 2.3 验证。

一般来说，单一事件的概率由以下公式给出：

$$P(a_i) = \sum_j P(a_i, b_j) \tag{2.100}$$

$$P(b_j) = \sum_i P(a_i, b_j) \tag{2.101}$$

习题

2.1　求 $z = \dfrac{2+3\mathrm{i}}{5-7\mathrm{i}}$ 和 z^2 的实部与虚部。

2.2　$3+4\mathrm{i}$ 及其复共轭相乘的结果是什么？$3+4\mathrm{i}$ 除以其复共轭的实部和虚部是多少？

2.3　在极坐标系中用 r 和 φ 表示复数 $z = 4+3\mathrm{i}$。

2.4　证明 $1+\mathrm{e}^{\mathrm{i}\frac{2\pi}{4}}+\mathrm{e}^{\mathrm{i}\frac{4\pi}{4}}+\mathrm{e}^{\mathrm{i}\frac{6\pi}{4}}=0$，$\mathrm{e}^{\mathrm{i}\frac{5\pi}{4}}+\mathrm{e}^{\mathrm{i}\frac{7\pi}{4}}+\mathrm{e}^{\mathrm{i}\frac{\pi}{4}}+\mathrm{e}^{\mathrm{i}\frac{3\pi}{4}}=0$，$\mathrm{e}^{\mathrm{i}\frac{6\pi}{4}}+\mathrm{e}^{\mathrm{i}\frac{2\pi}{4}}+\mathrm{e}^{\mathrm{i}\frac{6\pi}{4}}+\mathrm{e}^{\mathrm{i}\frac{2\pi}{4}}=0$。

2.5　矢量 $\boldsymbol{A}$ 长 8 个单位，与 x 轴的夹角为 60°，$\boldsymbol{A}$ 的 x 分量和 y 分量分别是多少？

2.6　求矢量 $\boldsymbol{A} = \hat{\boldsymbol{x}} + \hat{\boldsymbol{y}}$ 和 $\boldsymbol{B} = \hat{\boldsymbol{x}} + 2\hat{\boldsymbol{y}}$ 的点积，它们的夹角是多少？

2.7　求矢量 $\boldsymbol{A} = \hat{\boldsymbol{x}} + \hat{\boldsymbol{y}} + \hat{\boldsymbol{z}}$ 和 $\boldsymbol{B} = \hat{\boldsymbol{x}} - \hat{\boldsymbol{y}} + \hat{\boldsymbol{z}}$ 的叉积。

2.8　证明

$$1+\cos\theta = 2\cos^2\tfrac{\theta}{2}$$
$$1-\cos\theta = 2\sin^2\tfrac{\theta}{2}$$

2.9　用级数展开 $\mathrm{e}^x = 1 + x + \dfrac{x^2}{2!} + \dfrac{x^3}{3!} + \cdots$ 证明对 x 和 y（实数或复数）有 $\mathrm{e}^x\,\mathrm{e}^y = \mathrm{e}^{x+y}$。

2.10　根据表 2.3，证明 $P(6,B) \neq P(6)P(B)$。

参考书目

[1] L. Susskind and G. Hrabovsky, *The Theoretical Minimum: What you Need to Know to Start Doing Physics* (Basic Books 2013).

[2] R. Larson, *Algebra and Trigonometry* (CENAGE Learning 2014).

[3] M. Spiegel, S. Lischutz, and D. Spellman, *Vector Analysis* (McGraw-Hill 2010).

[4] D. Stirzaker, *Elementary Probability* (Cambridge University Press 2003).

第 3 章 质点动力学

在物理学中，质点被描述为具有某些属性的物体，其最重要的特性是质量、位置、速度和加速度。质点可以是微观物体，如电子或原子，也可以是宏观物体，如网球或石子。粒子和波本质上是不同的，后者的主要特性有振幅、频率、波长和相位。本章介绍质点动力学的主要特性，第 4 章介绍波的属性和效应，如干涉和衍射。理解这些效应对于理解量子力学至关重要。在量子力学中，粒子和波失去它们原有的行为且互相表现出对方的特性。

3.1 经典运动学

20 世纪初量子力学出现之前的所有物理学统称**经典力学**，其基本定律由牛顿在 17 世纪末阐明。经典力学的基础是牛顿的三大运动定律。为简单起见，下面只研究沿 x 轴的一维运动。

牛顿第一运动定律 任何物体都保持匀速直线运动或静止状态，直到外力迫使它改变运动状态为止。

牛顿第二运动定律 质量为 m 的质点在外力 $\boldsymbol{F}$ 的作用下，加速度为 $\boldsymbol{a}$。加速度与外力的大小成正比且方向相同，即

$$\boldsymbol{F} = m\boldsymbol{a} \tag{3.1}$$

牛顿第三运动定律 相互作用的两个物体之间的作用力和反作用力总是大小相等、方向相反，并且作用在同一条直线上。

牛顿运动定律的一个重要推论是，质点的运动是确定的：已知质点的初始位置、速度和所有的作用力，则任意时刻质点的速度和位置都能够被准确地预测出来，即质点的轨迹是可以预知的。

下面举一个最简单的例子。一个静止的质点位于 x_{i}（初速度 $v_{\mathrm{i}} = 0$）处，且不受外力作用（$F = 0$）。由牛顿第一运动定律可知，它将一直停留在原来的位置上。因此，在 t 时刻，其位置为

$$x(t) = x_{\mathrm{i}} \tag{3.2}$$

速度为

$$v(t) = 0 \tag{3.3}$$

如果质点有初速度 v_i，那么一段时间后其位置和速度分别为

$$x(t) = x_i + v_i t \tag{3.4}$$

$$v(t) = v_i \tag{3.5}$$

不受外力作用的质点将以恒定的速度持续运动下去。

下面考虑恒力作用下质点的动力学方程。由牛顿第二运动定律可知，质点以恒定的加速度运动，如质点在重力作用下的运动。质点向上抛出时，所受的重力大小为

$$F = mg \tag{3.6}$$

式中，$g = 9.81\text{m/s}^2$ 为方向向下的加速度。在讨论这类运动之前，先推导质点以恒定加速度 a 运动的运动学方程。已知初始时刻 $t = 0$ 时质点的位置 x_i 和速度 v_i，这些方程建立了 t 时刻质点的位置 $x(t)$ 和速度 $v(t)$ 的联系。

第一个方程求恒定的加速度 a，用速度的变化量除以所经历的时间即可：

$$a = \frac{v(t) - v_i}{t} \tag{3.7}$$

上式也可改写为

$$v(t) = v_i + at \tag{3.8}$$

第二个动力学方程可由以恒定加速度运动的质点的速度随时间均匀变化得出。质点在时间段 t 内的位移 $x(t) - x_i$ 可由平均速度 $(v(t) + v_i)/2$ 乘以时间 t 得到，即

$$x(t) - x_i = \frac{v(t) + v_i}{2} t \tag{3.9}$$

将式（3.8）中的 $v(t)$代入式（3.9），整理得

$$x(t) = x_i + v_i t + \frac{1}{2} a t^2 \tag{3.10}$$

另一个与时间 t 无关的方程可以通过求解式（3.8）中的 t 即 $t=(v(t)-v_\mathrm{i})/a$ 并代入式（3.9）得到：

$$v^2(t)=v_\mathrm{i}^2+2a(x(t)-x_\mathrm{i}) \tag{3.11}$$

式（3.8）～式（3.11）给出了恒力（或恒定加速度）作用下一维运动的所有动力学方程，它们由牛顿第二运动定律得出。

例如，汽车从原点（$x_\mathrm{i}=0$）起动（$v_\mathrm{i}=0$），加速度为 $a=10\mathrm{m/s^2}$。由式（3.10），计算得到 t 时刻汽车的位置为

$$x(t)=5t^2 \tag{3.12}$$

因此，1s 后汽车距原点 5m，2s 后距原点 20m。类似地，由式（3.8），汽车 t 秒后的速度为

$$v(t)=10t \tag{3.13}$$

因此，汽车 1s 后的速度为 10m/s，2s 后的速度为 20m/s。我们能够准确地知道汽车接下来在任意时刻的速度和位置。这是牛顿力学或经典力学的标志。

经典力学的直接推论是物体的运动是确定的。已知物体的初始位置、速度和所有作用力，就能准确地描述其运动轨迹并在给定时刻准确地确定物体的位置和速度。

经典力学的确定性还体现在二维运动中。二维运动中的 x 分量和 y 分量相互独立。考虑一个质点，比如一个小球，从坐标系原点（$x_\mathrm{i}=0, y_\mathrm{i}=0$）以速度 v_i 向 θ_0 角抛出。小球所受的唯一的力是重力。经典动力学方程能够准确地预测出质点在二维空间中任意点的位置和速度。

在初始时刻（$t=0$），位置的 x 分量和 y 分量分别是

$$x_\mathrm{i}=0,\ \ y_\mathrm{i}=0 \tag{3.14}$$

速度的 x 分量和 y 分量分别是

$$v_{\mathrm{i}x}=v_0\cos\theta_0,\ \ v_{\mathrm{i}y}=v_0\sin\theta_0 \tag{3.15}$$

水平方向（x 方向）上的运动不受力，加速度为 0（$a=0$）。由式（3.10）和式（3.8）得

$$x(t) = v_{ix}t = v_0 \cos\theta_0 t \tag{3.16}$$

$$v_x(t) = v_0 \cos\theta_0 \tag{3.17}$$

在竖直方向（y 方向）上，恒定的重力产生方向竖直向下的加速度 $a_y = -g$。由式（3.10）和式（3.8）得

$$y(t) = v_{iy}t - \frac{1}{2}gt^2 = v_0 \sin\theta_0 t - \frac{1}{2}gt^2 \tag{3.18}$$

$$v_y(t) = v_{iy} - gt = v_0 \sin\theta_0 - gt \tag{3.19}$$

在任意时刻 t，由式（3.16）至式（3.18）可以求出 $x(t), v_x(t), y(t)$ 和 $v_y(t)$。小球在 t 时刻到原点的距离为

$$r(t) = \sqrt{x^2(t) + y^2(t)} = \sqrt{\left(v_0 \cos\theta_0 t\right)^2 + \left(v_0 \sin\theta_0 t - \frac{1}{2}gt^2\right)^2} \tag{3.20}$$

方向（与 x 轴的夹角）为

$$\theta_r = \arctan\left(\frac{v_0 \sin\theta_0 t - \frac{1}{2}gt^2}{v_0 \cos\theta_0 t}\right) \tag{3.21}$$

类似地，可以计算出 t 时刻的速度大小和方向分别为

$$\begin{aligned} v(t) &= \sqrt{v_x^2(t) + v_y^2(t)} \\ &= \sqrt{(v_0 \cos\theta_0)^2 + (v_0 \sin\theta_0 - gt)^2} \end{aligned} \tag{3.22}$$

$$\theta_v = \arctan\left(\frac{v_0 \sin\theta_0 - gt}{v_0 \cos\theta_0}\right) \tag{3.23}$$

因此，每时每刻都能确切地知道质点的速度和位置，如图 3.1 所示。

后续章节将介绍量子迥然不同的行为——量子力学既不能描述粒子的运动轨迹，又不能确定地描述粒子的运动。与经典力学相反，根据量子力学理论，物体的位置和速度不能同时确定。

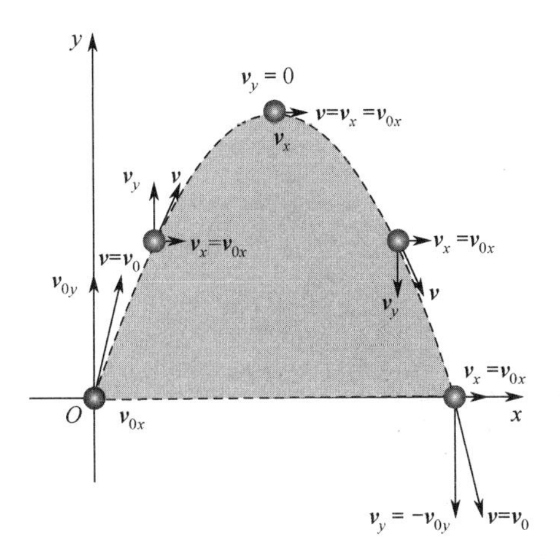

图 3.1　在抛体运动中，可以准确地得到质点在任意时刻的位置和速度

3.2　线性动量

下面介绍经典力学的一些基本概念，首先介绍动量。动量是与质点相关的基本量。质量为 m、速度为 $\boldsymbol{v}$ 的物体的动量 $\boldsymbol{p}$ 定义为质量和速度的乘积，即

$$\boldsymbol{p} = m\boldsymbol{v} \tag{3.24}$$

本书交替使用动量和线性动量这两个概念。动量是矢量，其方向与速度的方向一致。因此定义动量的 x 分量和 y 分量分别为

$$p_x = mv_x \tag{3.25}$$

$$p_y = mv_y \tag{3.26}$$

动量这个物理量的重要性在于它与力紧密相关。作用在质点上的力定义为动量的变化率，也就是说，如果动量从时刻 t_i 的 $\boldsymbol{p}_\mathrm{i}$ 变化到时刻 t_f 的 $\boldsymbol{p}_\mathrm{f}$ ，那么作用力 $\boldsymbol{F}$ 为

$$\boldsymbol{F} = \frac{\boldsymbol{p}_\mathrm{f} - \boldsymbol{p}_\mathrm{i}}{t_\mathrm{f} - t_\mathrm{i}} \tag{3.27}$$

上式遵循牛顿第二运动定律。例如，以恒定加速度运动的物体满足

$$\boldsymbol{F} = m\boldsymbol{a} = m\frac{\boldsymbol{v}_\mathrm{f} - \boldsymbol{v}_\mathrm{i}}{t_\mathrm{f} - t_\mathrm{i}} = \frac{m\boldsymbol{v}_\mathrm{f} - m\boldsymbol{v}_1}{t_\mathrm{f} - t_\mathrm{i}} = \frac{\boldsymbol{p}_\mathrm{f} - \boldsymbol{p}_\mathrm{i}}{t_\mathrm{f} - t_\mathrm{i}} \tag{3.28}$$

这里用到了式（3.6）定义的加速度和式（3.24）定义的动量。如果物体所受的合

力 $\boldsymbol{F}$ 为 0，那么其动量保持不变。在这种情况下，质点的动量保持不变，最终动量与初始动量相同，即

$$\boldsymbol{p}_{\mathrm{f}} = \boldsymbol{p}_{\mathrm{i}} \tag{3.29}$$

不受外力作用的动量守恒更普遍，适用于两个物体发生碰撞的情形（见图 3.2）。

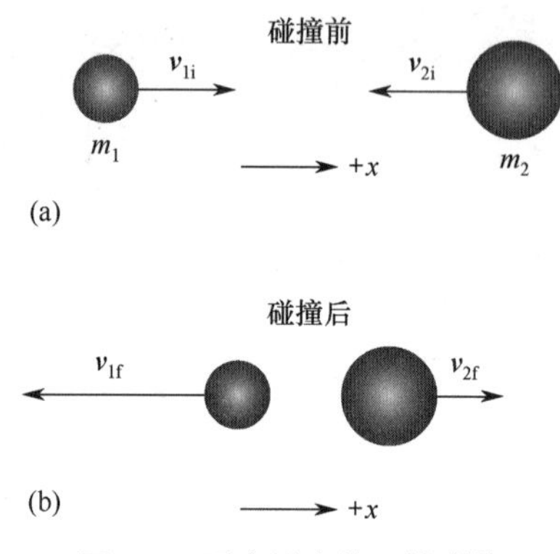

图 3.2 两个质点的一维碰撞

在任何碰撞中，线性动量守恒，大小与方向都保持不变。在该系统中，单个物体的动量可能会变化，但所有动量的矢量和不变。系统中所有质点碰撞前后的总动量相同。

考虑两个质点的一维碰撞，如图 3.2 所示。质量为 m_1 的质点与质量为 m_2 的质点发生碰撞。碰撞后，质点 1 和质点 2 分别以速度 $\boldsymbol{v}_{1\mathrm{f}}$ 和 $\boldsymbol{v}_{2\mathrm{f}}$ 运动。由于二者均不受外力作用，系统总动量守恒，即两个质点碰撞前后的总动量相同，于是有

$$\boldsymbol{p}_{1\mathrm{i}} + \boldsymbol{p}_{2\mathrm{i}} = \boldsymbol{p}_{1\mathrm{f}} + \boldsymbol{p}_{2\mathrm{f}} \tag{3.30}$$

用质量和速度表示，有

$$m_1\boldsymbol{v}_{1\mathrm{i}} + m_2\boldsymbol{v}_{2\mathrm{i}} = m_1\boldsymbol{v}_{1\mathrm{f}} + m_2\boldsymbol{v}_{2\mathrm{f}} \tag{3.31}$$

动量守恒服从牛顿第三运动定律：*相互作用的两个物体之间的作用力和反作用力总是大小相等、方向相反，并且作用在同一直线上。*如果用 $\boldsymbol{F}_{12}$ 表示质点 1 施加在质点 2 上的作用力，用 $\boldsymbol{F}_{21}$ 表示质点 2 施加在质点 1 上的作用力，则有

$$\boldsymbol{F}_{12} = -\boldsymbol{F}_{21}$$

或

$$\boldsymbol{F}_{12} + \boldsymbol{F}_{21} = 0 \tag{3.32}$$

上式表明没有外力作用于由这两个物体组成的系统。如果将

$$\boldsymbol{F}_{21} = \frac{\boldsymbol{p}_{1\mathrm{f}} - \boldsymbol{p}_{1\mathrm{i}}}{t_{\mathrm{f}} - t_{\mathrm{i}}} \tag{3.33}$$

$$\boldsymbol{F}_{12} = \frac{\boldsymbol{p}_{2\mathrm{f}} - \boldsymbol{p}_{2\mathrm{i}}}{t_{\mathrm{f}} - t_{\mathrm{i}}} \tag{3.34}$$

代入式（3.32），那么动量守恒式（3.30）依然成立。

3.3　动能与势能

质点的另一个重要属性是能量。质量为 m、速度为 $\boldsymbol{v}$ 的质点的动能是

$$E_{\mathrm{K}} = \frac{1}{2} m \boldsymbol{v}^2 \tag{3.35}$$

动能的这个表达式是怎么来的？能量表示做功的能力。功的严格定义如下：质点在力 $\boldsymbol{F}$ 的作用下移动了距离 $\boldsymbol{x}_{\mathrm{f}} - \boldsymbol{x}_{\mathrm{i}}$，所做的功 W 为

$$W = \boldsymbol{F}(\boldsymbol{x}_{\mathrm{f}} - \boldsymbol{x}_{\mathrm{i}}) \tag{3.36}$$

由牛顿第二定律 $\boldsymbol{F} = m\boldsymbol{a}$，得

$$W = m\boldsymbol{a}(\boldsymbol{x}_{\mathrm{f}} - \boldsymbol{x}_{\mathrm{i}}) \tag{3.37}$$

由式（3.11），有 $\boldsymbol{a}(\boldsymbol{x}_{\mathrm{f}} - \boldsymbol{x}_{\mathrm{i}}) = (v^2(t) - v_{\mathrm{i}}^2)/2$，代入式（3.37）得

$$W = \frac{1}{2} m v^2(t) - \frac{1}{2} m v_{\mathrm{i}}^2 \tag{3.38}$$

因此，功的大小等于动能的变化量，其中动能的表达式见式（3.35）。

接下来考虑势能。势能表示做功的“潜能”，记为 $V(x)$。一个质点（如石子）被带到离地高度为 h 的位置时，做功的潜能（不是实际做的功）增加。当石子从高度为 h 的位置落下时，所受重力大小为 mg，移动距离为 h，做功的潜能为 mgh。因此，重力势能等于

$$E_{\mathrm{P}} = mgh \tag{3.39}$$

势能的另一个例子是弹簧振子。将一个质量为 m 的物体连接到劲度系数（或弹性常数）为 k 的弹簧上，从平衡位置压缩弹簧到 x 处，然后释放弹簧，物体将在 $+x$ 和 $-x$ 之间做简谐运动，势能是

$$E_{\mathrm{P}} = \frac{1}{2}kx^2 \tag{3.40}$$

作为最后一个例子，考虑两个电量相等、极性相反、距离为 r 的电荷，如质子和电子，电量均为 $e = 1.6\times10^{-19}\,\mathrm{C}$。质子和电子之间的库仑力是吸引力，表示为

$$F = -\frac{1}{4\pi\varepsilon_0}\frac{e^2}{r^2} \tag{3.41}$$

式中，$\varepsilon_0 = 8.85\times10^{-12}\,\mathrm{F/m}$ 是真空介电常数。势能为

$$V(r) = -\frac{1}{4\pi\varepsilon_0}\frac{e^2}{r} \tag{3.42}$$

当两个粒子相距无穷远即 $r = +\infty$ 时，势能为 0，且势能随着粒子间的距离减小而减小。

动能与动量相关。质量为 m、速度为 $\boldsymbol{v}$ 的质点的动能为

$$E_{\mathrm{K}} = \frac{1}{2}m\boldsymbol{v}^2$$

由动量的定义

$$\boldsymbol{p} = m\boldsymbol{v}$$

可知动能与动量之间的关系是

$$E_{\mathrm{K}} = \frac{1}{2}m\boldsymbol{v}^2 = \frac{1}{2m}(m\boldsymbol{v})^2 = \frac{\boldsymbol{p}^2}{2m} \tag{3.43}$$

3.4 非弹性碰撞和弹性碰撞

如前所述，动量在任何碰撞中都守恒。两个质点之间动量守恒但能量不守恒的碰

撞称为**非弹性碰撞**。在这种碰撞中，部分能量以热能或其他能量形式损失了，这些能量来源于质点损失的动能。非弹性碰撞如两块橡皮泥碰撞后粘在一起并以相同的速度运动。

在弹性碰撞中，除了满足动量守恒，所有质点碰撞前后的总动能相同。因此，在两个质量分别为 m_1 和 m_2 的质点发生的弹性碰撞中，由能量守恒和动量守恒可得

$$\frac{1}{2}m_1\boldsymbol{v}_{1\mathrm{i}}^2+\frac{1}{2}m_2\boldsymbol{v}_{2\mathrm{i}}^2=\frac{1}{2}m_1\boldsymbol{v}_{1\mathrm{f}}^2+\frac{1}{2}m_2\boldsymbol{v}_{2\mathrm{f}}^2 \tag{3.44}$$

$$m_1\boldsymbol{v}_{1\mathrm{i}}+m_2\boldsymbol{v}_{2\mathrm{i}}=m_1\boldsymbol{v}_{1\mathrm{f}}+m_2\boldsymbol{v}_{2\mathrm{f}} \tag{3.45}$$

同理，$\boldsymbol{v}_{1\mathrm{i}}$ 和 $\boldsymbol{v}_{2\mathrm{i}}$、$\boldsymbol{v}_{1\mathrm{f}}$ 和 $\boldsymbol{v}_{2\mathrm{f}}$ 分别是质量为 m_1 和 m_2 的质点的初速度和末速度。

3.5　角运动

前面介绍了质点的直线运动，下面来看圆周运动。本节沿用介绍直线运动的方法来介绍质点圆周运动的动力学特性。

圆周运动以圆心为转轴。如图 3.3 所示确定参考线，作为圆周运动的原点。

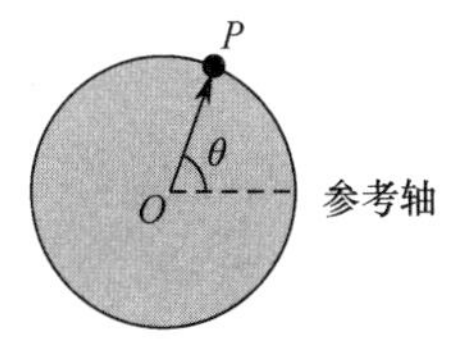

图 3.3　质点相对于参考轴的角运动

圆上的点 P 到原点的距离为 r。质点移动时唯一改变的坐标是 θ，角度改变 θ，走过的弧长为 s。用弧度定义的角度 θ 称为**角位置**。

直线运动中的每个量在圆周运动中都有对应的量。如图 3.4 所示，角位移定义为物体经过时段 $t_\mathrm{f}-t_\mathrm{i}$ 旋转的角度，即

$$\Delta\theta=\theta_\mathrm{f}-\theta_\mathrm{i} \tag{3.46}$$

这是长度为 r 的参考线扫过的角度。速度 $\boldsymbol{v}$ 对应的物理量是角速度 $\boldsymbol{\omega}$。如果角位移 $\Delta\theta$ 发生在无穷小的时段 Δt 内，那么角速度的大小为

$$\omega = \frac{\Delta\theta}{\Delta t} \tag{3.47}$$

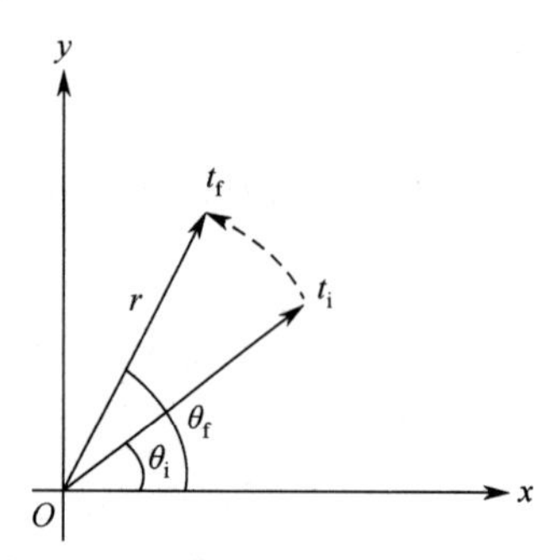

图 3.4 质点角位移从时刻 t_i 的 $\theta = \theta_i$ 变化到时刻 t_f 的 $\theta = \theta_f$

类似地，在无穷小的时段 Δt 内角速度改变了 $\Delta\omega$，则角加速度 α 的大小定义为

$$\alpha = \frac{\Delta\omega}{\Delta t} \tag{3.48}$$

角位移 θ 也能通过下式与沿半径为 r 的圆的位移 x 联系起来：

$$\theta = \frac{x}{r} \tag{3.49}$$

类似地，可以证明

$$\omega = \frac{v}{r} \tag{3.50}$$

$$\alpha = \frac{a}{r} \tag{3.51}$$

根据 3.1 节介绍线性运动的思路可以推导出含有角位移 θ、角速度 ω、角加速度 α 的圆周运动的动力学方程。为研究加速度为 α 的匀加速圆周运动，在原来的式（3.8）至式（3.11）中，用 θ 替代 x，用 ω 替代 v，用 α 替代 a，得

$$\omega(t) = \omega_i + \alpha t \tag{3.52}$$

$$\theta(t) - \theta_i = \frac{\omega(t) + \omega_i}{2} t \tag{3.53}$$

$$\theta(t) = \theta_i + \omega_i t + \frac{1}{2}\alpha t^2 \tag{3.54}$$

$$\omega^2(t) = \omega_i^2 + 2\alpha(\theta(t) - \theta_i) \tag{3.55}$$

下面讨论力 $\boldsymbol{F}$ 和质量 m 在圆周运动中对应的物理量，即力矩 $\boldsymbol{\tau}$ 和转动惯量 I。如力产生加速度那样，力矩产生角加速度。

3.5.1　力矩

力矩是在一段时间内加速旋转或改变角速度的力的有效性量度。力矩的大小定义为

$$\tau = rF\sin\theta \tag{3.56}$$

式中，r 为原点（或旋转点）到受力点的距离，F 是力的大小，θ 是力的方向与从作用点到圆心的矢量的夹角（见图 3.5）。力矩 $\boldsymbol{\tau}$ 与力 $\boldsymbol{F}$ 一样是矢量，其方向与力 $\boldsymbol{F}$ 的方向和矢量 $\boldsymbol{r}$ 的方向都垂直。力矩被定义为 $\boldsymbol{r}$ 和 $\boldsymbol{F}$ 的叉积，即

$$\boldsymbol{\tau} = \boldsymbol{r} \times \boldsymbol{F} \tag{3.57}$$

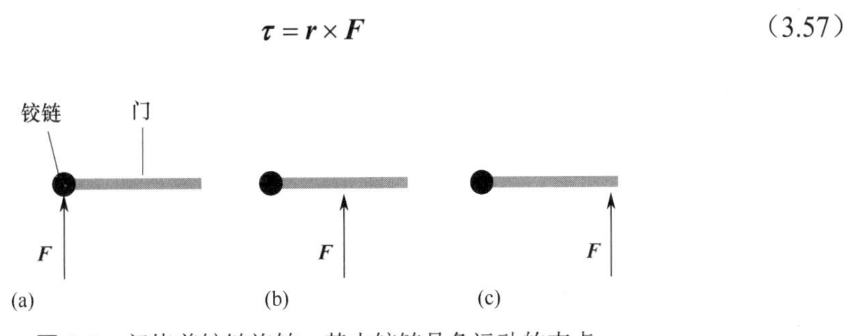

图 3.5　门绕着铰链旋转，其中铰链是角运动的支点

为了轻松地理解力矩的概念，下面来看铰链旋转门的例子（见图 3.5）。由图 3.5(a) 可见，无论在铰链上施加多大的力都转不动门。类似地，沿门的方向或平行于 $\boldsymbol{r}$ 的方向施加力，无论力有多大，也转不动门。最有效的施力位置是距离铰链最远的点（距离 $\boldsymbol{r}$ 的最大值），而角度是力 $\boldsymbol{F}$ 与矢量 $\boldsymbol{r}$ 的最大夹角 90°［见图 3.5(c)］。由式（3.56）可知，这里力矩最大。

3.5.2　转动惯量

圆周运动中的牛顿第二运动定律是什么？参考牛顿第二运动定律 $\boldsymbol{F} = m\boldsymbol{a}$，可知在圆周运动中有

$$\boldsymbol{\tau} = I\boldsymbol{\alpha} \tag{3.58}$$

式中，力矩$\boldsymbol{\tau}$替代了力$\boldsymbol{F}$，角加速度$\boldsymbol{\alpha}$替代了线性加速度$\boldsymbol{a}$，I在旋转运动中就像质量，称为**转动惯量**。物体的转动惯量取决于质量分布和转轴的位置。

一般来说，物体的转动惯量很难计算。不妨先看一个特例。图 3.6 中转动的质点到圆心的距离为$\boldsymbol{r}$，力$\boldsymbol{F}$沿垂直于$\boldsymbol{r}$的方向作用，力矩为

$$\boldsymbol{\tau} = \boldsymbol{rF} \tag{3.59}$$

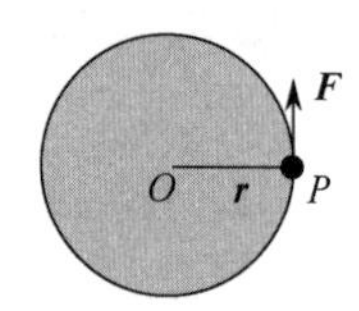

图 3.6 距原点$\boldsymbol{r}$的质点受垂直于$\boldsymbol{r}$的力$\boldsymbol{F}$的作用沿圆周运动

上式遵循牛顿第二定律$\boldsymbol{F} = m\boldsymbol{a}$以及角加速度$\boldsymbol{\alpha}$和线加速度$\boldsymbol{a}$的关系式$\boldsymbol{\alpha} = \boldsymbol{a}/\boldsymbol{r}$，于是有

$$\boldsymbol{\alpha} = \frac{\boldsymbol{a}}{\boldsymbol{r}} = \frac{\boldsymbol{F}}{m\boldsymbol{r}} \tag{3.60}$$

由式（3.58），得

$$\boldsymbol{\tau} = I\boldsymbol{\alpha} = \frac{I}{m\boldsymbol{r}}\boldsymbol{F} = \boldsymbol{rF} \tag{3.61}$$

于是，$\frac{I}{m\boldsymbol{r}} = \boldsymbol{r}$，而到旋转中心的距离为$\boldsymbol{r}$、质量为$m$的质点的转动惯量是

$$I = m\boldsymbol{r}^2 \tag{3.62}$$

这个物理量是质量（或惯性）的对应量。

求任何物体的转动惯量时，都可将物体分成小块，然后计算每个小块的质量和这个小块与转轴的距离的平方的乘积，并将结果相加，即

$$I = \sum m\boldsymbol{r}^2 \tag{3.63}$$

$\sum m\boldsymbol{r}^2$表示所有小块的转动惯量之和。为了类比转动惯量与质量，我们发现质量

代表移动物体的难度，即质量越大的物体越难移动，因此质量代表惯性的性质。类似地，转动惯量代表转动物体的难度。物体的质量越大、距离转轴越远，转动起来就越困难。

3.5.3　向心力

加速度反映的是速度大小和方向的变化。在匀速圆周运动中，速度的方向不断发生变化。因此，即使速度大小不变，加速度也不为零。例如，质量为 m 的物体在半径为 $\boldsymbol{r}$ 的圆上以恒定速度 $\boldsymbol{v}$ 运动，如图 3.7 所示，下面分析它历时 Δt 的位置变化和速度变化。由于它一直沿着圆周运动，我们分别用 $\boldsymbol{r}_{\mathrm{i}}$ 和 $\boldsymbol{r}_{\mathrm{f}}$ 表示它在时段 Δt 开始和结束时的位置矢量，速度沿圆周切线方向，速度矢量（大小不变）分别为 $\boldsymbol{v}_{\mathrm{i}}$ 和 $\boldsymbol{v}_{\mathrm{f}}$，它在这段时间内的位移是

$$\Delta \boldsymbol{r} = \boldsymbol{r}_{\mathrm{f}} - \boldsymbol{r}_{\mathrm{i}} \tag{3.64}$$

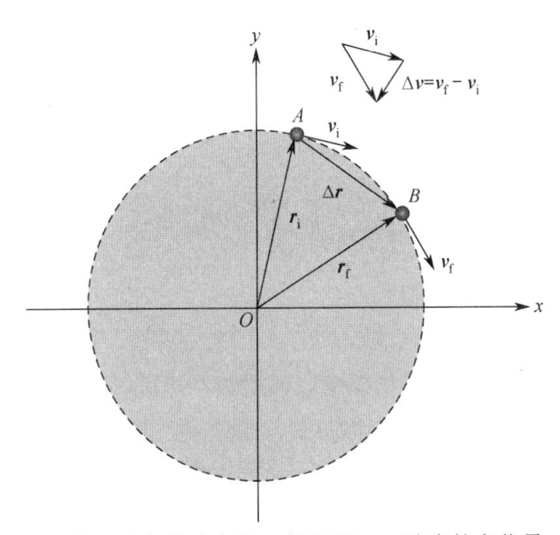

图 3.7　在匀速圆周运动中，质点的速度从 $\boldsymbol{v}_{\mathrm{i}}$ 变化到 $\boldsymbol{v}_{\mathrm{f}}$ 。速度的变化量 $\Delta \boldsymbol{v} = \boldsymbol{v}_{\mathrm{f}} - \boldsymbol{v}_{\mathrm{i}}$ 指向圆心

加速度的方向是速度变化的方向：

$$\boldsymbol{a}_{\mathrm{c}} = \frac{\Delta \boldsymbol{v}}{\Delta t} = \frac{\boldsymbol{v}_{\mathrm{f}} - \boldsymbol{v}_{\mathrm{i}}}{\Delta t} \tag{3.65}$$

如图 3.7 所示，$\Delta \boldsymbol{v}$ 直接指向旋转中心 O（圆心）。这个方向指向圆心的加速度被称为**向心加速度**。

由速度矢量组成的三角形与由位移矢量组成的三角形相似，都是等腰三角形（有

两条边相等），速度矢量三角形两条相等的边是速度$\boldsymbol{v}_\mathrm{f}=\boldsymbol{v}_\mathrm{i}=\boldsymbol{v}$。由这两个三角形相似有

$$\frac{\Delta\boldsymbol{v}}{\boldsymbol{v}}=\frac{\Delta\boldsymbol{r}}{\boldsymbol{v}} \tag{3.66}$$

从而有

$$\Delta\boldsymbol{v}=\frac{\boldsymbol{v}\Delta\boldsymbol{r}}{\boldsymbol{r}} \tag{3.67}$$

因此，向心加速度的大小等于

$$a_\mathrm{c}=\frac{\Delta v}{\Delta t}=\frac{\Delta r}{\Delta t}\frac{v}{r}=\frac{v^2}{r} \tag{3.68}$$

向心力由向心加速度乘以物体的质量求得，即

$$\boldsymbol{F}_\mathrm{c}=\frac{m\boldsymbol{v}^2}{\boldsymbol{r}} \tag{3.69}$$

其方向指向圆心O。

3.6 角动量

在线性运动中，定义了各种物理量，如质量、速度、加速度和力；在圆周运动中，也定义了一些类似的物理量，如转动惯量、角速度、角加速度和力矩。动量是一个重要的物理量，在线性运动中，线性动量定义为质量与速度的乘积，即

$$\boldsymbol{p}=m\boldsymbol{v} \tag{3.70}$$

动量是一个矢量，其方向与速度的方向相同。

如果物体不是在线性运动，而是在旋转，那么情况是什么？角动量定义为

$$\boldsymbol{L}=I\boldsymbol{\omega} \tag{3.71}$$

式中，I是物体绕轴旋转的转动惯量，$\boldsymbol{\omega}$是角速度，其方向垂直于旋转平面（或沿转轴方向）。按顺时针方向旋转时，角动量为正，按逆时针方向旋转时，角动量为负。

质量为 m、半径为 r 的圆周运动的质点的转动惯量 $I = mr^2$，角频率大小为 $\omega = v/r$ 。将上述表达式代入角动量定义式（3.71），可以求出角动量的大小为

$$L = mrv \tag{3.72}$$

方向垂直于圆周运动的平面。角动量更普遍的形式为

$$\boldsymbol{L} = \boldsymbol{r} \times (m\boldsymbol{v}) = \boldsymbol{r} \times \boldsymbol{p} \tag{3.73}$$

式中，$\boldsymbol{r}$ 是质点的瞬时位置矢量，$\boldsymbol{p}$ 是瞬时线性动量。只有动量的切向分量会影响角动量。如图 3.8 所示，矢量 $\boldsymbol{r}$ 和 $\boldsymbol{p}$ 构成一个平面，而角动量 $\boldsymbol{L}$ 垂直于这个平面。

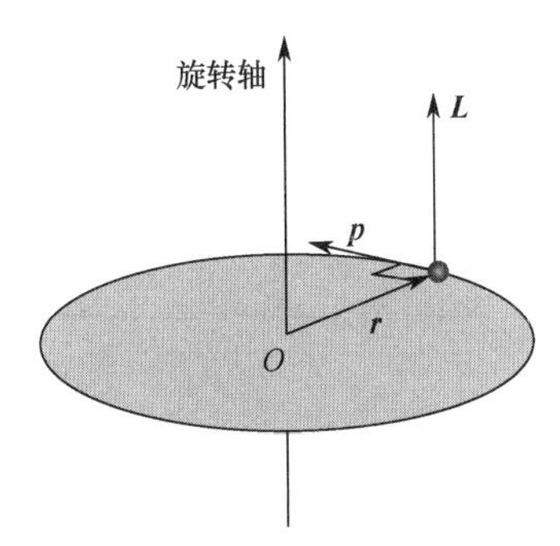

图 3.8　角动量 $\boldsymbol{L}$ 垂直于由线性动量 $\boldsymbol{p}$ 和位置矢量 $\boldsymbol{r}$ 构成的平面

正如不受外力作用的系统的线性动量守恒那样，不受力矩的作用的角动量也守恒。

3.7　电子在电场和磁场中的运动

分析带电粒子（如电子）在电场、磁场作用下或者在二者同时作用下的运动，为本章研究质点动力学提供了一个有趣的例子，也为约瑟夫·约翰·汤姆孙 19 世纪 90 年代所做的里程碑式实验提供了基础，该实验发现了亚原子粒子——电子。

首先介绍电场和磁场的基本概念。由库仑定律，相距 r 的电荷 Q 对电荷 q 的作用力的大小为

$$F = \frac{1}{4\pi\varepsilon_0}\frac{qQ}{r^2} \tag{3.74}$$

这个力在二者的极性相反时是引力，在二者的极性相同时则是斥力。力的方向沿着连接这两个电荷的直线。电场定义为单位电荷在与电荷 Q 距离 r 处所受的作用力。由库仑定律可知，电荷 Q 在 r 处产生的电场大小为

$$E = \frac{1}{4\pi\varepsilon_0}\frac{Q}{r^2} \tag{3.75}$$

电场 E 作用在电荷 q 上的力的大小为

$$F = qE \tag{3.76}$$

均匀电场 E 可由在两块相距 d 的金属板之间施加电压 V 产生，即

$$E = \frac{V}{d} \tag{3.77}$$

在电场作用下，作用于负电荷 q 的电场方向，指向带正电的极板而远离带负电的极板（见图 3.9）。因此，带负电的电子进入均匀电场后向正电极板偏转。

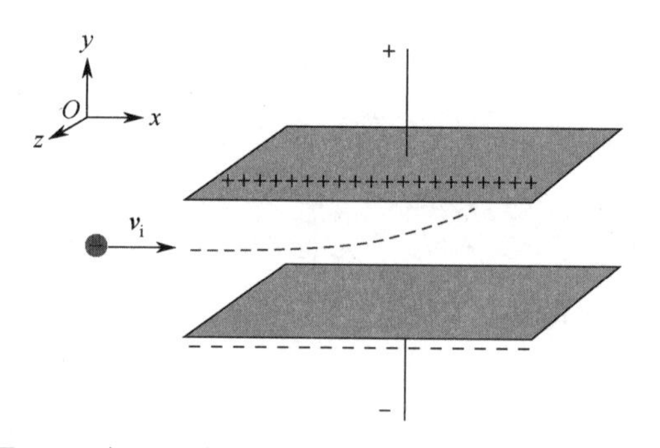

图 3.9 电子通过电场区域时，偏转到带正电的极板

正如静电荷产生电场那样，电流产生磁场。由安培定律可知，长载流导线产生磁场。通有电流 $\boldsymbol{I}$ 的导线在距离 r 处产生的磁场为

$$\boldsymbol{B} = \frac{\mu_0}{2\pi}\frac{\boldsymbol{I}}{r} \tag{3.78}$$

式中，$\mu_0 = 4\pi\times10^{-7}\,\mathrm{H/m}$ 是真空介电常数。磁场既有方向又有大小，长直导线周围的磁场呈环状，方向可由右手定则判断：让拇指指向电流方向，其余手指沿着磁场环方向弯曲的方向就是所产生的磁场的方向（见图 3.10）。

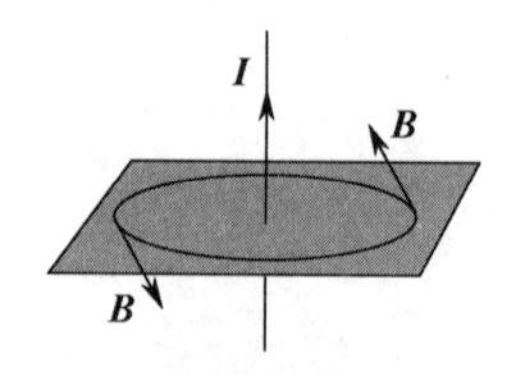

图 3.10 载流导线产生磁场 $\boldsymbol{B}$

磁场 $\boldsymbol{B}$ 对电量为 q、运动速度为 $\boldsymbol{v}$ 的粒子的作用力由洛伦兹公式计算：

$$\boldsymbol{F} = q\boldsymbol{v} \times \boldsymbol{B} \tag{3.79}$$

因此，磁场力同时垂直于带电电荷速度 $\boldsymbol{v}$ 与磁场 $\boldsymbol{B}$ 的方向。均匀磁场可由电磁体产生。在图 3.11 中，沿 x 轴运动的带有电量 $-e$ 的电荷在 $-z$ 方向（向内穿入纸面）的均匀磁场 $\boldsymbol{B}$ 作用下，向 $\hat{\boldsymbol{x}} \times \hat{\boldsymbol{z}} = -\hat{\boldsymbol{y}}$ 方向偏转，所受到的磁场力大小为

$$F = evB \tag{3.80}$$

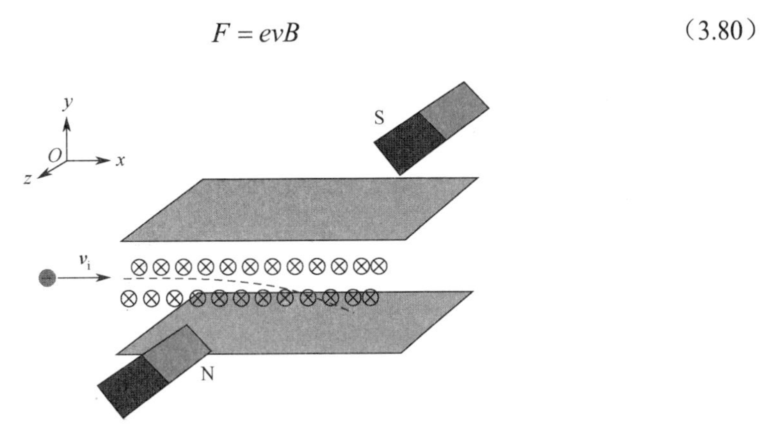

图 3.11　电子在磁场作用下的偏转方向与速度和磁场方向都垂直

下面介绍汤姆孙实验。这个实验旨在证明存在带负电的电子并求出荷质比。实验装置如图 3.12 所示。

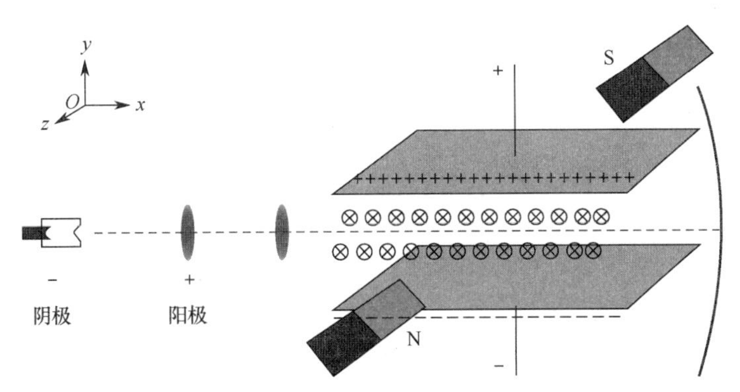

图 3.12　平行电子束通过电场与磁场同时作用的区域。调整电场和磁场的大小使作用在电子 y 轴方向上的合力为零

电子可由炽热金属板（阴极）产生并发射，发射之初的运动方向是随机的，直到被带正电的金属板（阳极）吸引到 x 方向，穿过阳极中间的小孔形成一束速率 v 待定的电子束。这个速率可由让电子通过电场和磁场共存的区域来求解：电场力 eE 让它向 $+y$ 方向偏转，磁场力 evB 让它向 $-y$ 方向偏转。这两个力可调整到使它在 y 方向所

受的合力为零，进而继续向 x 方向运动而不发生任何偏转，此时有

$$eE = evB \tag{3.81}$$

电子的速率为

$$v = \frac{E}{B} \tag{3.82}$$

施加磁场只为求出电子的速率。

在实验的下一阶段，撤离磁场而只保留电场。电场使电子束向上偏转，打在荧屏上的 y 点，这个点的位置可由 3.1 节介绍的动力学方程求出。

电子在 x 方向上不受力，经过时间 t，移动距离为

$$x(t) = vt = \frac{E}{B}t \tag{3.83}$$

其中代入了式（3.82）中的 v。电子在垂直方向上受电场力 $F_{\mathrm{E}} = eE$ 的作用，y 方向的位移为

$$y(t) = \frac{1}{2}a_y t^2 = \frac{1}{2}\frac{F_{\mathrm{E}}}{m}t^2 = \frac{1}{2}\frac{eE}{m}t^2 \tag{3.84}$$

若水平方向上移动的距离 $x(t) = L$，则有

$$L = \frac{E}{B}t \to t = \frac{LB}{E} \tag{3.85}$$

电子在屏幕上的纵向位置为

$$y = \frac{1}{2}\frac{eE}{m}\left(\frac{LB}{E}\right)^2 = \frac{eL^2B^2}{2mE} \tag{3.86}$$

因此，电子的荷质比可由下式推算：

$$\frac{e}{m} = \frac{2Ey}{L^2B^2} \tag{3.87}$$

汤姆孙发现的荷质比后来测得为$1.76\times10^{11}\,\mathrm{C}$。

习题

3.1　某物体以 25m/s 的速度朝与水平面成 30°的角方向抛出（设 $g=10\text{m/s}^2$）。(a)物体到达的最大高度是多少？(b)物体到达地面需要多长时间？(c)物体到达地面时的水平位移是多少？(d)物体碰到地面时的速度大小和方向是多少？

3.2　质量分别为 m_1 和 m_2 的质点分别以初速度 $\boldsymbol{v}_1$ 和 $\boldsymbol{v}_2$ 发生弹性碰撞，末速度分别为 $\boldsymbol{u}_1$ 和 $\boldsymbol{u}_2$。证明碰撞后 $\boldsymbol{u}_1=\dfrac{(m_1-m_2)\boldsymbol{v}_1+2m_2\boldsymbol{v}_2}{m_1+m_2}$，$\boldsymbol{u}_2=\dfrac{(m_2-m_1)\boldsymbol{v}_2+2m_1\boldsymbol{v}_1}{m_1+m_2}$。

3.3　物体的动能为 250J，动量大小为 $20.0\text{kg}\cdot\text{m/s}$，求其(a)速率和(b)质量。

3.4　质量分别为 m 和 $3m$ 的物体沿 x 轴以相同的速率 v_0 相向移动，其中质量为 $3m$ 的物体向右移动，质量为 m 的物体向左移动。发生弹性碰撞后，质量为 m 的物体以与初始方向成直角的方向向下运动。(a)求它们的最终速度；(b)质量为 $3m$ 的物体碰撞后的移动方向相对于 x 轴的角度 θ 是多少？

3.5　一个轮子旋转 48.0 圈需要 4.00s。它在 4.00s 这段时间结束时的角速度为 98.0rad/s。它的恒定角加速度（单位为 rad/s^2）是多少？

3.6　氢原子模型中一个质量 $m_\text{e}=9\times10^{-31}\text{kg}$ 的电子以速度 $\boldsymbol{v}$ 绕着质子运动。由库仑定律，电子和质子之间的吸引力大小为

$$\frac{e^2}{4\pi\varepsilon_0 r^2}$$

式中，$e=1.6\times10^{-19}\text{C}$ 是电子电量，ε_0 是真空介电常数（$1/4\pi\varepsilon_0=9\times10^9\text{N}\cdot\text{m}^2/\text{C}^2$），$r$ 是电子的轨道半径。电子的角动量为常数 $1.05\times10^{-34}\text{J}\cdot\text{s}$。轨道半径是多少？电子的运动速度是多少？

参考书目

[1]　R. P. Feynman, R. Leighton, and M. Sands, *The Feynman Lectures on Physics, Vol. I* (Addison-Wesley, Reading, MA 1965).

[2]　L. Susskind and G. Hrabovsky, *The Theoretical Minimum: What you Need to Know to Start Doing Physics* (Basic Books 2013).

[3]　D. C. Giancoli, *Physics: Principles with Applications* (Pearson 2013).

[4]　H. D. Young and R. A. Freedman, *University Physics* (Pearson 2015).

[5]　R. P. Feynman, *Six Easy Pieces: Essentials of Physics Explained by its Most Brilliant Teacher* (Basic Books 2011).

第 4 章　波动理论

波粒二象性是量子力学最早也最重要的原理之一：光有时表现得像波，有时表现得像粒子。类似地，电子也可以表现得既像粒子又像波。量子力学理论被阐明以来，描述粒子群的核心物理量是波函数。这些内容将在后续章节中继续讨论。在此之前，需要深入理解波的属性。本章介绍理解量子力学理论和体系所必需的一些基本概念与典型应用。

4.1　波的运动

以扰动方式传播的波存在于各种各样的物理系统中。波的概念可以通过下面这个例子来轻松地理解：一个小物体譬如一枚鹅卵石落入静止的水面，观察水面的周期性扰动，发现扰动产生的水波从鹅卵石落入的那个点开始向外移动。还有很多其他类型的波，譬如声波或光波。本节介绍波的基本特性。

波可以按不同的标准分类，其中一种分法将波分为两类：**纵波**和**横波**。在纵波中，粒子在平行于波传播方向的方向上受到扰动。纵波由“压缩”（粒子聚在一起）和“疏散”（粒子分散）组成（见图 4.1）。声波属于纵波，其中介质分子沿波的传播方向振荡。在横波中，粒子在垂直于波传播方向的方向运动（见图 4.2）。光是一种横波，其中电场和磁场在垂直于传播方向的方向上振荡。由于本书讨论的大多数波都是横波，所以在讨论波的性质时将着重讨论横波的性质。

图 4.1　在纵波中，扰动方向与波传播的方向相同

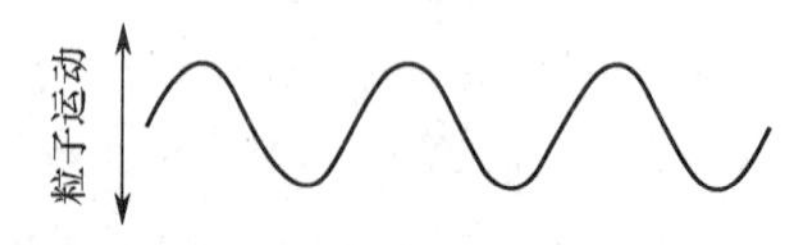

图 4.2　在横波中，扰动方向与波传播的方向垂直

考虑沿 x 轴方向传播的波，观察其在不同时刻的特征，如图 4.3 所示。在图 4.3(a)中，考虑波上的点 P 在不同时刻的位置。令 $t=0$ 时 P 点的振幅最大，即 $y=A$。一段时间后（取 $t=T/4$），P 点位于坐标轴上（$y=0$）。在 $t=T/2$ 时，P 点位于最低点 $y=-A$。随后 P 点上移并在 $t=T$ 时返回原点。因此 P 点从 $y=A$ 开始回到起点的一次循环所需要的时间为 $t=T$。循环随着时间重复。

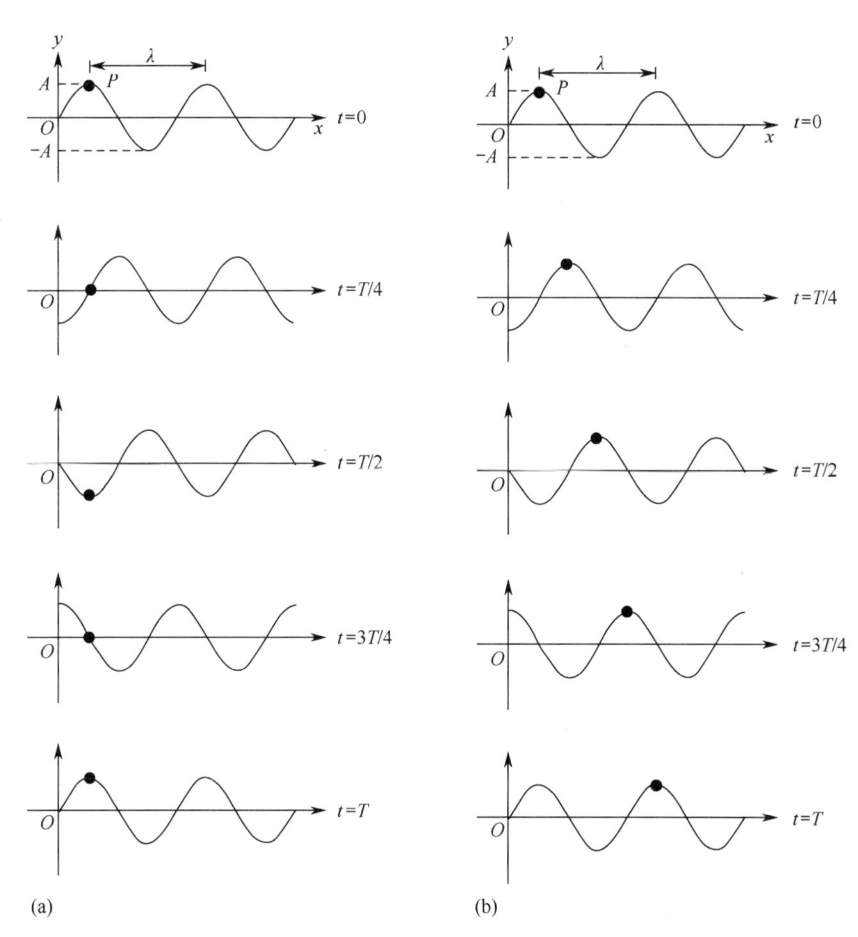

图 4.3 不同时刻的横波（振幅为 A、波长为 λ）：(a)波上某点历经一个完整的振荡周期 T；(b)T 也是波传播距离 λ 所需的时间

A 是波的振幅(波在 $+A$ 和 $-A$ 之间振荡)，T 是波的周期(波在时间 T 内完成一轮)。周期 T 与另一个重要的物理量频率 f 相关，其中频率 f 是周期 T 的倒数，即

$$f=\frac{1}{T} \tag{4.1}$$

频率表示 1s 内波从$+A$振荡到$+A$的次数，其单位为赫兹（Hz）。频率$f = 10\text{Hz}$表明每秒发生 10 次振荡，周期T为 0.1s。本书用频率f乘以 2π 得到的角频率ν（单位是弧度而不是赫兹）来表示频率，即

$$\nu = 2\pi f \tag{4.2}$$

在时段T内，波在$t = 0$时的极大值P点前进了一段距离λ，如图 4.3(b)所示，这段距离也称**波长**，是两个极大值之间的距离。由于时段T内移动的距离为λ，所以波的运动速度为

$$v = \frac{\lambda}{T} = \lambda f \tag{4.3}$$

这是一个很重要的表达式，可用于声波、光波等各种类型的波。

上文所述的周期运动的数学表达式为

$$y(x = 0, t) = A\cos(2\pi f t) \tag{4.4}$$

式中，P点（最大振幅A）设为$x = 0$。P点以频率f在$+A$与$-A$之间来回振荡。当波速为v时，波的扰动从$x = 0$传播到点x耗时x/v。t时刻x点的运动和此前$t - x/v$时刻$x = 0$点的运动相同。因此，有

$$y(x,t) = A\cos(2\pi f(t - x/v)) = A\cos(\nu(t - x/v)) \tag{4.5}$$

由关系式$\nu = 2\pi f = 2\pi/T$和$v = \lambda f$得到波幅$y(x,t)$的另一个表达式：

$$y(x,t) = A\cos(2\pi(t/T - x/\lambda)) \tag{4.6}$$

接下来我们将波数定义为

$$k = \frac{2\pi}{\lambda} \tag{4.7}$$

波速v与角频率ν和波数k有关，由$v = \lambda/T = \lambda f = (\lambda/2\pi)2\pi f = \nu/k$得

$$\nu = kv \tag{4.8}$$

和

$$y(x,t) = A\cos(\nu t - kx) \tag{4.9}$$

上式表示波沿+x 方向传播。用 $-x$ 替换 x，得到波沿 $-x$ 方向传播的表达式为

$$y(x,t) = A\cos(\nu t + kx) \tag{4.10}$$

用复数表示波更简便：

$$y(x,t) = A\mathrm{e}^{-\mathrm{i}\nu t + \mathrm{i}kx} \tag{4.11}$$

这时，$y(x,t)$ 的实部是 $A\cos(\nu t - kx)$。这种表示方式很常用，后面会讨论到。波的复数表示的优点是，可以将波描述为复平面上的一个点，而不是图 4.3 所示的一条完整的正弦曲线。例如，可以用图 4.4 所示复平面上的 P 点表示 t 时刻位于 $x=0$ 处的波。这里 x 轴对应于 $y(0,t)$ 的实部，y 轴对应于 $y(0,t)$ 的虚部。从原点到 P 点的距离 A 是波的振幅，$\theta = \nu t$ 是波的相位。随着时间的推移，P 点在复平面上旋转。

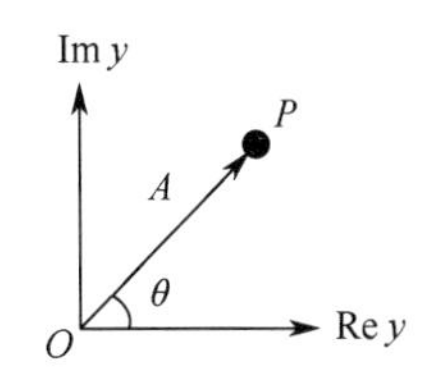

图 4.4　波用复平面上的 P 点表示。距离 A 是振幅，θ 是相位

叠加原理　波有一个重要的性质——两列及两列以上的波抵达同一点时相互叠加，即叠加原理。这个重要的原理有许多应用，特别是用于解释干涉和衍射。本章后续几节将讨论这些现象。

两列波的叠加原理的数学表述如下。设两列波 t 时刻在点 x 处分别表示为 $y_1(x,t)$ 和 $y_2(x,t)$，则在该点合成的波表示为

$$y(x,t) = y_1(x,t) + y_2(x,t) \tag{4.12}$$

作为一个简单的例子，我们考虑图 4.5(a)和图 4.5(b)中的两列波。在图 4.5(a)中，两列波 $y_1(x,t)$ 和 $y_2(x,t)$ 相距半个波长。由叠加原理，两列波处处相互抵消，合振幅为零，或者说合成波的振幅为零。在图 4.5(b)中，两列波处处振幅相同，合成波与原来的波完全相同，唯一的区别在于振幅是原来的两倍。这两列波在图 4.5(a)中相消干涉，在图 4.5(b)中相长干涉。

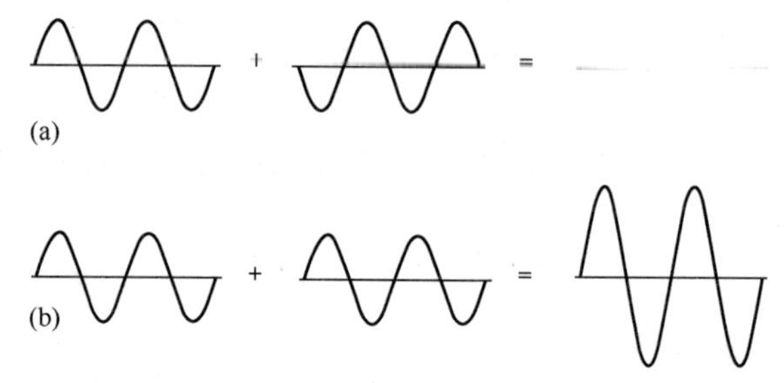

图 4.5 两列波叠加：(a)两列波相距半个波长 $\lambda/2$，处处相互抵消，叠加成振幅为 0 的波；(b)两列波相距一个波长 λ，相互叠加产生两倍振幅的波

由此引出另一个重要的概念——**相位**。距离移动波长 λ 等于相位移动（简称相移）2π 。因此，图 4.5(a)中两列波的相移为

$$\phi=\frac{2\pi}{\lambda}\frac{\lambda}{2}=\pi \tag{4.13}$$

而图 4.5(b)中两列波的相移为

$$\phi=0 \ \text{或}\ \frac{2\pi}{\lambda}\lambda=2\pi \tag{4.14}$$

相移通常表示为

$$\phi=\frac{2\pi}{\lambda}\Delta x \tag{4.15}$$

式中，Δx 是两列波的位移（距离）差。

再来看图 4.6(a)和图 4.6(b)。设两个光源发出相位相同的波。两列波在 P 点的相位是否一致取决于 P 点到两个光源的距离。在图 4.6(a)中，P 点到两个光源的距离差为 λ，因此发生相长干涉。在图 4.6(b)中，P 点到两个光源的距离差为 1.5λ 。一般来说，两列波发生相长干涉的条件是距离差为波长 λ 的整数倍，即

$$\text{距离差}=n\lambda,\quad n=0,1,2,\cdots \tag{4.16}$$

相消干涉的条件是

$$\text{距离差}=(n+1/2)\lambda,\quad n=0,1,2,\cdots \tag{4.17}$$

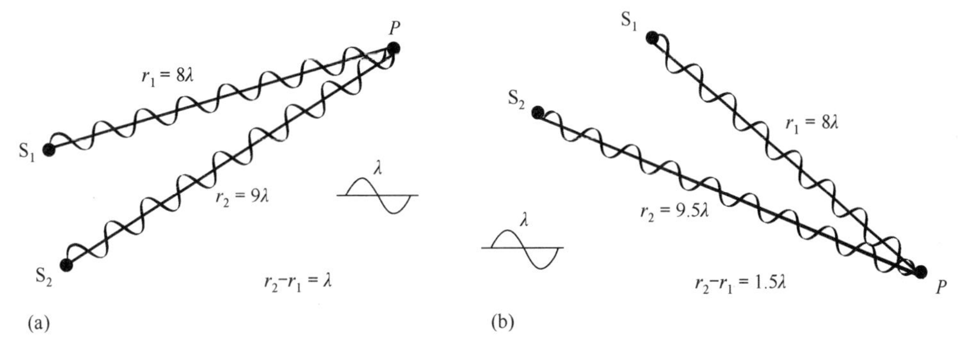

图 4.6　两列波长均为 λ 的波分别从 S_1 和 S_2 出发：(a)若 P 点到 S_1 和 S_2 的距离差为 λ，则发生相长干涉；(b)若距离差为 1.5λ，则发生相消干涉

前面研究的是波上的每个点都在向前移动的**行波**。另一类重要的波是**驻波**。在驻波中，波上的某些点的位置始终保持不变，称为**波节**，但振幅非零的点在周期 T 内原地振荡，如图 4.7 所示。在图 4.7 中，波节和波腹分别记为 N 和 A。振幅最大的点称为**波腹**，它从 $+A$ 振荡到 $-A$。两列振幅相等的波向反向传播，形成驻波。因此，驻波的波函数为

$$\begin{aligned} y(x,t) &= y_1(x,t) + y_2(x,t) \\ &= A\cos(kx - \nu t) - A\cos(kx + \nu t) \\ &= 2A\sin(kx)\sin(\nu t) \end{aligned} \tag{4.18}$$

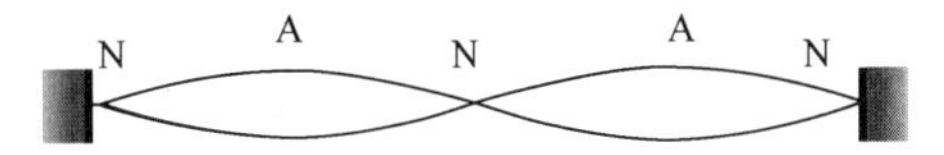

图 4.7　两个墙壁之间形成的驻波。波节 N 和波腹 A 固定不变

这里用到了如下三角恒等式：

$$\cos a - \cos b = -2\sin\left(\frac{a+b}{2}\right)\sin\left(\frac{a-b}{2}\right)$$

由式（4.18）可知，波节（$y = 0$）位于

$$x = 0, \frac{\pi}{k}, \frac{2\pi}{k}, \frac{3\pi}{k}, \cdots = 0, \frac{\lambda}{2}, \frac{2\lambda}{2}, \frac{3\lambda}{2}, \cdots \tag{4.19}$$

波腹位于

$$x=\frac{\pi}{2k},\frac{3\pi}{2k},\frac{5\pi}{2k},\cdots=0,\frac{\lambda}{4},\frac{3\lambda}{4},\frac{5\lambda}{4},\cdots \tag{4.20}$$

作为一个驻波的例子，下面考虑一段两端固定、长为 L 的绳子。绳子的两端显然是波节。使用这段绳子，可以产生不同频率或波长的驻波。拉动绳子中间的某点并释放，可以激发基波（一次谐波）。产生基波的条件是

$$L=\frac{\lambda}{2} \tag{4.21}$$

对应的频率是

$$f_1=\frac{v}{2L} \tag{4.22}$$

式中，$v=f_1\lambda$ 是波速。n 次谐波的条件是

$$L=n\frac{\lambda}{2},\quad n=1,2,3,\cdots \tag{4.23}$$

于是有

$$\lambda_n=\frac{2L}{n},\quad n=1,2,3,\cdots \tag{4.24}$$

对应的波矢是

$$k_n=\frac{2\pi}{\lambda_n}=\frac{\pi n}{L},\quad n=1,2,3,\cdots \tag{4.25}$$

n 次谐波的频率是

$$f_n=\frac{v}{\lambda_n}=n\frac{v}{2L} \tag{4.26}$$

图 4.8 中画出了对应于 n =1, 2, 3, 4 的驻波。

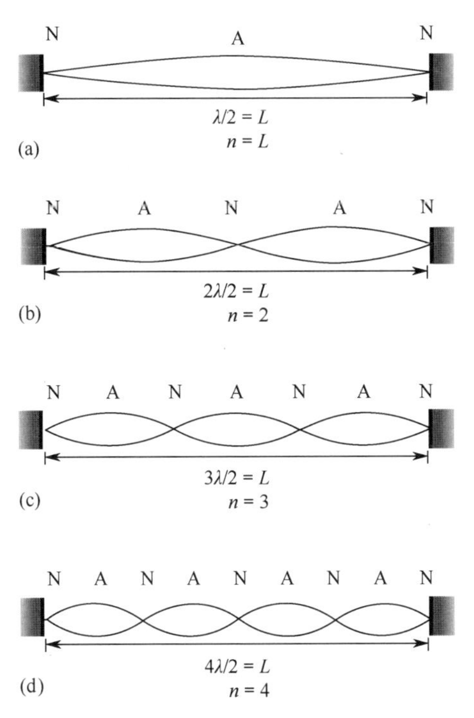

图 4.8　驻波：(a)1 个波腹；(b)2 个波腹；(c)3 个波腹；(d)4 个波腹

4.2　杨氏双缝实验

1801 年，托马斯·杨做了一个实验，确定了光具有波动性，其历史意义将在第 6 章和第 9 章中介绍。本节介绍该实验的具体内容以及该实验是如何呈现光的干涉的。

杨氏双缝实验的原理如图 4.9 所示。光源发出的光入射到有两条狭缝 S_1 和 S_2 的屏幕上，狭缝之间的距离为 d。由于光源到 S_1 和 S_2 的距离相等，因此两束光在 S_1 和 S_2 处的相位相同。从完全相同的两条狭缝中发出的光波的频率相同，振幅也相同。这些光在距离为 L 的屏幕上形成明暗相间的干涉图样。明条纹位于 S_1 和 S_2 发出的光发生相长干涉的位置，而暗条纹位于发生相消干涉的位置。

由图 4.10 可以推导出屏幕上某点 P 或明或暗的条件。P 点的光强由两条狭缝发出的光波产生。上狭缝 S_1 到 P 点的距离是 r_1，下狭缝 S_2 到 P 点的距离是 r_2。当 r_2 大于 r_1 时，来自下狭缝的光传播的距离比来自上狭缝的光传播的距离长。显然，在观察屏幕上距离差 $\Delta = r_2 - r_1$ 是波长 λ 的整数倍的位置，即

$$r_2 - r_1 = n\lambda \tag{4.27}$$

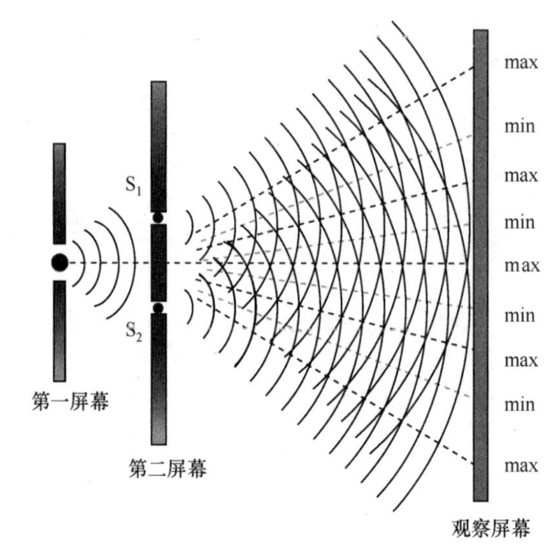

图 4.9　在杨氏双缝实验中，从光源发出的光入射到有两条狭缝的屏幕上。透过这两条狭缝的光在观察屏幕上形成干涉图样

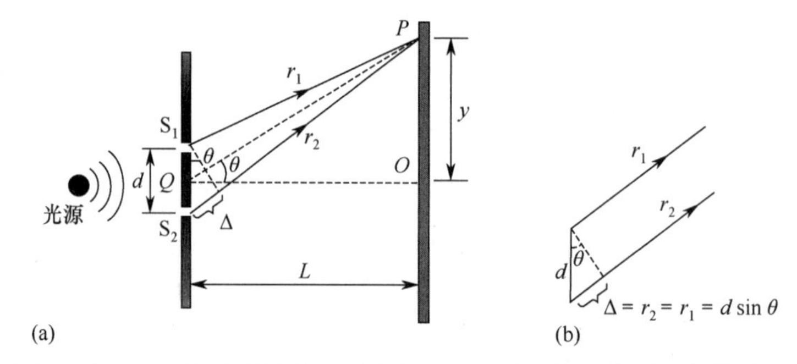

图 4.10　在 $L \gg d$ 的极限情况下，透过 S_1 和 S_2 发出的光的距离差等于 $d\sin\theta$

式中 $n = 0, \pm 1, \pm, 2, \cdots$，两列光波发生相长干涉，屏上出现亮点。在观察屏幕上距离差 $r_2 - r_1$ 是半波长 $\lambda/2$ 奇数倍的位置，即

$$r_2 - r_1 = \pm\frac{\lambda}{2} \tag{4.28}$$

和

$$r_2 - r_1 = (2n+1)\frac{\lambda}{2} \tag{4.29}$$

其中$n=\pm 1,\pm,2,\cdots$，两列光波发生相消干涉，观察屏幕上出现暗斑。当屏幕间距 L 远大于狭缝间距 d 即$L\gg d$时，很容易求出距离差r_2-r_1，如图 4.10(b)所示。透过 S_1 和 S_2 向 P 点发出的光相互平行，可以求出距离差r_2-r_1为

$$r_2-r_1=d\sin\theta \tag{4.30}$$

式中，θ是狭缝与观察点P之间的夹角。明条纹产生的条件变成

$$d\sin\theta=n\lambda \tag{4.31}$$

暗条纹产生的条件是

$$d\sin\theta=\pm\frac{\lambda}{2} \tag{4.32}$$

和

$$d\sin\theta=(2n+1)\frac{\lambda}{2} \tag{4.33}$$

可见，观察屏幕的中心有一个亮斑，它对应于$\theta_{亮}=0$，其中$r_1=r_2$。中心两侧的第一暗斑位于

$$\theta_{暗}=\pm\arcsin\left(\frac{\lambda}{2d}\right) \tag{4.34}$$

中心两侧的第一亮斑位于

$$\theta_{亮}=\pm\arcsin\left(\frac{\lambda}{d}\right) \tag{4.35}$$

由此可得观察屏幕上亮斑和暗斑的位置。设屏幕间距 L 远大于狭缝间距 d，注意到 P 点的垂直距离 y 为

$$y=L\tan\theta \tag{4.36}$$

在$L\gg d$的极限情况下，角度θ非常小（$\theta\ll 1$）。如 2.2 节所述，当$\theta\ll 1$时，$\tan\theta\approx\sin\theta\approx\theta$。因此，可以用$\sin\theta$来近似式（4.36）中的$\tan\theta$，得到

$$y\approx L\sin\theta \tag{4.37}$$

由相长干涉条件（4.31）可知，亮条纹在垂直方向上的位置是

$$y_{亮} = n\frac{\lambda L}{d} \tag{4.38}$$

式中，$n = 0, \pm 1, \pm 2, \cdots$。暗条纹在垂直方向上的位置是

$$y_{暗} = (2n+1)\frac{\lambda L}{2d} \tag{4.39}$$

相邻两条明条纹 $(n+1)$ 和 n 的间距为

$$(\Delta y)_{亮} = (n+1)\frac{\lambda L}{d} - n\frac{\lambda L}{d} = \frac{\lambda L}{d} \tag{4.40}$$

类似地，相邻两条暗条纹的间距为

$$(\Delta y)_{暗} = (2(n+1)+1)\frac{\lambda L}{2d} - (2n+1)\frac{\lambda L}{2d} = \frac{\lambda L}{d} \tag{4.41}$$

可见，这些条纹是等间距分布的，如图 4.11 所示。

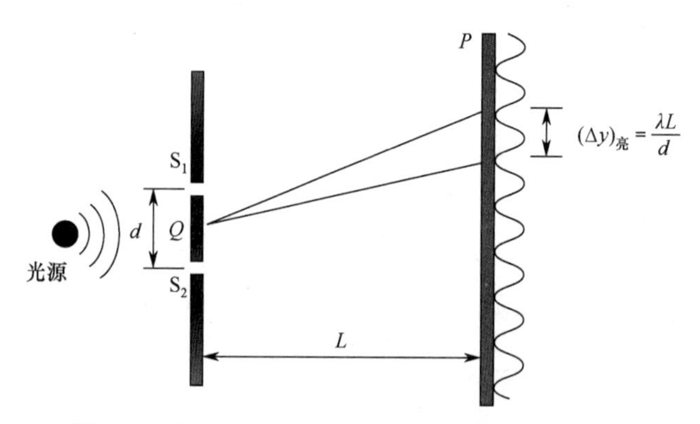

图 4.11　杨氏双缝实验中相邻条纹的间距都为 $\lambda L/d$

下面计算干涉图样上的光强分布。光由波组成，波的复振幅是

$$u(x,t) = u\,\mathrm{e}^{\mathrm{i}(kx-\nu t)} \tag{4.42}$$

P 点的光场振幅由两部分组成：一部分来自狭缝 1，另一部分来自狭缝 2，如图 4.10 所示。由于两个狭缝完全相同，两个光源发到 P 点的光振幅相同。唯一的区别是透过狭缝 2 的光传播更长距离所产生的附加相移

$$\phi = kd\sin\theta = \frac{2\pi}{\lambda}d\sin\theta \tag{4.43}$$

于是有

$$u_1(t) = u\,\mathrm{e}^{-\mathrm{i}\nu t} \tag{4.44}$$

$$u_2(t) = u\,\mathrm{e}^{-\mathrm{i}\nu t + \mathrm{i}\phi} \tag{4.45}$$

P 点的光强为

$$I_p = \left|u_1(t) + u_2(t)\right|^2 = I_0\cos^2(\phi/2) \tag{4.46}$$

式中，$I_0 = 4u^2$ 是最大光强。将式（4.43）中的 ϕ 代入上式，得

$$I = I_0\cos^2\left(\frac{\pi}{\lambda}d\sin\theta\right) \tag{4.47}$$

由光强表达式可以推出以上所有与明暗条纹位置和间距相关的结果。

首先，最大光强出现在

$$\frac{\pi}{\lambda}d\sin\theta = n\pi,\quad n = 0, \pm 1, \pm, 2, \cdots \tag{4.48}$$

或

$$d\sin\theta = n\lambda \tag{4.49}$$

如图 4.11 所示。这与式（4.31）的结果一致。类似地，暗条纹产生在如下角度：

$$\frac{\pi}{\lambda}d\sin\theta = (2n+1)\frac{\pi}{2},\quad n = 0, \pm 1, \pm, 2, \cdots \tag{4.50}$$

或

$$d\sin\theta = (2n+1)\frac{\lambda}{2} \tag{4.51}$$

这个条件也与式（4.33）产生暗条纹的条件一致。

当 $y \ll L$ 时，$\sin\theta \approx \tan\theta \approx y/L$，

$$I = I_0 \cos^2\left(\frac{\pi d}{\lambda}\frac{y}{L}\right) \tag{4.52}$$

可见，垂直方向上光强的极大值位于

$$y_n = n\frac{\lambda L}{d} \tag{4.53}$$

相邻最大（最小）光强条纹间隔

$$y = \frac{\lambda L}{d} \tag{4.54}$$

也与之前一致。这种方法可以直接表示观察屏幕上光强的大小。

4.3 衍射

光的波动性的另一个重要推论是衍射。当光束入射障碍物时，不沿直线传播，而弯曲散射到原本的阴影中。如图 4.12 所示，入射光穿过狭缝后形成一种干涉图样，它由又宽又亮的中心光带、两侧一系列宽度窄一些但没有那么亮的光带和一系列暗带（光强极小值）组成。光的粒子说无法解释这种现象，因为沿直线传播的粒子应该在屏幕上投射出狭缝的清晰图像。与上一节杨氏双缝实验中忽略狭缝的宽度不同，本节设狭缝的宽度为 a。

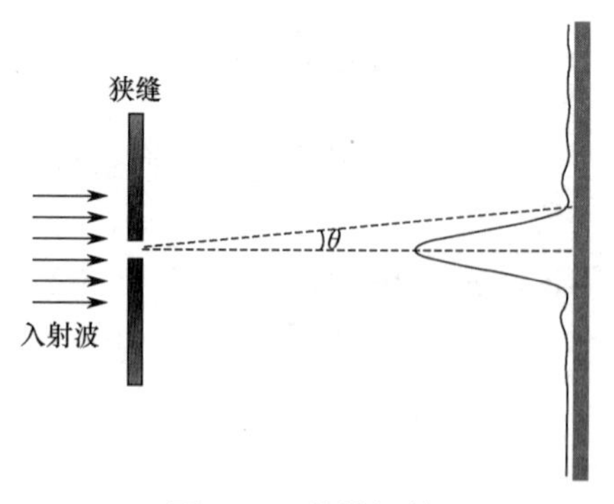

图 4.12　单缝衍射

与干涉一样，衍射也可用惠更斯原理解释。根据惠更斯原理，狭缝上的每个点都是光源。一个点光源发出的光可以与另一个点光源发出的光发生相长干涉或相消干

涉，是相长干涉还是相消干涉取决于相位差，进而产生相关的干涉图样。屏幕上的总光强为狭缝上各点产生的光强之和，它与方向θ相关。

通常，由于必须将宽度为a的狭缝上的无数个点发出的光强相加，所以分析屏幕上的衍射图样分布很复杂，好在求屏幕上暗斑的位置时可以使用一条简单的结论。

首先将狭缝分成两半，如图 4.13 所示。设狭缝上所有点的相位相同，狭缝到屏幕的距离L远大于狭缝宽度a，即$L \gg a$，然后使用杨氏双缝实验分析中用过的办法，视狭缝上每个点发出的光波几乎相互平行。

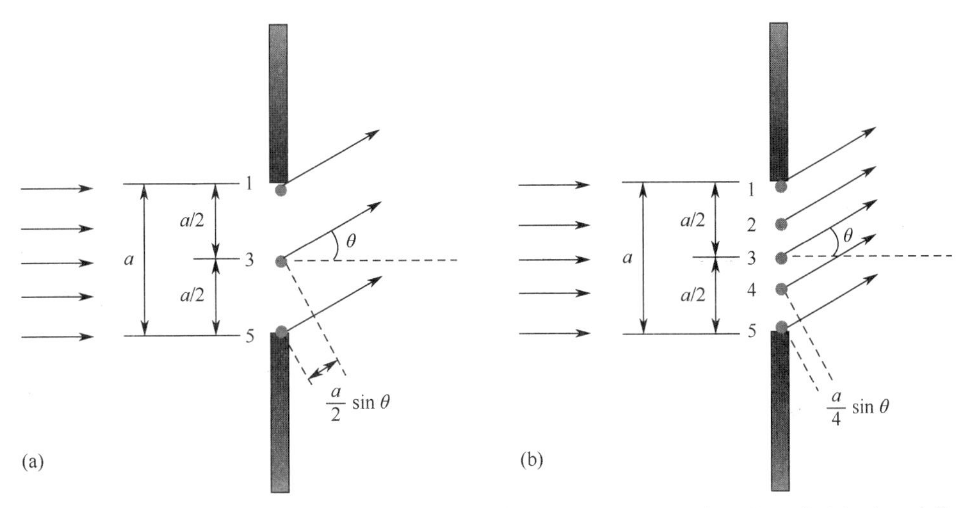

图 4.13　单缝光衍射出现暗点的条件：(a)点 1 和点 3、点 3 和点 5 发出的光满足相消干涉的条件；(b)点 1 和点 2、点 2 和点 3、点 3 和点 4、点 4 和点 5 发出的光满足相消干涉的条件

可见，对于屏幕上的相消干涉，来自底部和中心的光波的距离差应该是半个波长。由于距离差为$(a/2)\sin\theta$［见图 4.13(a)］，所以相消干涉发生的条件是

$$\frac{a}{2}\sin\theta = \frac{\lambda}{2} \tag{4.55}$$

如果点 1 和点 3 之间满足这个条件，那么点 3 和点 5 之间也必定满足这个条件。事实上，狭缝下半段的每个点在狭缝上半段都有距离该点$a/2$的点，这对点发出的光波发生相消干涉。上述分析证明发生相消干涉与屏幕上出现暗斑的总条件是式(4.55)。于是，上式就可以改写为

$$\sin\theta = \frac{\lambda}{a} \tag{4.56}$$

接下来将狭缝分成 4 份。如图 4.13(b)所示，点 1 和点 2、点 2 和点 3、点 3 和点 4、点 4 和点 5 之间的距离差是 $(a/4)\sin\theta$，发生相消干涉的条件是

$$\frac{a}{4}\sin\theta = \frac{\lambda}{2} \tag{4.57}$$

它可改写为

$$\sin\theta = \frac{2\lambda}{a} \tag{4.58}$$

类似地，将狭缝分为 6 份，发生相消干涉的条件变成

$$\sin\theta = \frac{3\lambda}{a} \tag{4.59}$$

总之，屏上暗斑的角度 θ 是

$$\sin\theta_{暗} = \frac{n\lambda}{a} \tag{4.60}$$

式中，$n = \pm 1, \pm 2, \cdots$。

与之前一样，设

$$\sin\theta \approx \tan\theta = \frac{y}{L} \tag{4.61}$$

可以求得暗斑在垂直方向上的位置。由式（4.60）得

$$y_{暗} = n\frac{\lambda L}{a} \tag{4.62}$$

式中，$n = \pm 1, \pm 2, \cdots$。因此，暗斑等间距分布，间距是 $\lambda L/a$，如图 4.14 所示。

现在有了暗斑在屏幕上的位置，但还没有场强分布。场强分布可以表示为角度 θ

的函数[①]，即

$$I = I_0 \left[\frac{\sin(\pi a \sin\theta / \lambda)}{\pi a \sin\theta / \lambda} \right]^2 \tag{4.63}$$

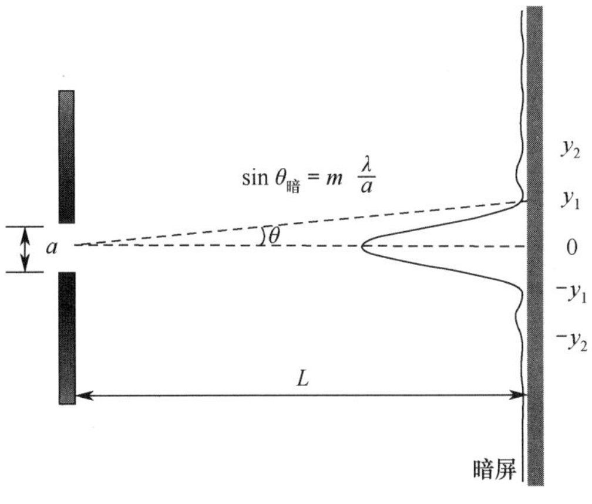

图 4.14　在宽度为 a 的狭缝的衍射图样中，暗斑的间距相等

如图 4.15 所示。单缝衍射图样的中心有一条又宽又亮的光带，两侧还有明暗相间的、亮度比中心暗很多的亮条纹与暗条纹。暗条纹的位置由式（4.62）确定，亮条纹的位置满足

$$\frac{\pi a \sin\theta}{\lambda} = (2n+1)\frac{\pi}{2} \tag{4.64}$$

或

$$\sin\theta_{亮} = (2n+1)\frac{\lambda}{2a} \tag{4.65}$$

---

① 推导光强公式所用的方法与此前杨氏双缝实验中推导光强的式（4.46）一样，区别是在杨氏双缝实验中，P 点的场强只由两个点的贡献相加。在宽度为 a 的单缝衍射实验中，为了将单缝上每个点的贡献相加，结果是积分式

$$I = \left| u \frac{1}{a} \int_{a/2}^{-a/2} \mathrm{d}x\, \mathrm{e}^{-\mathrm{i}\nu t + \mathrm{i}kx\sin\theta} \right|^2 = I_0 \left[\frac{\sin(\pi a \sin\theta/\lambda)}{\pi a \sin\theta/\lambda} \right]^2$$

式中 $I_0 = |u|^2$，取 $k = 2\pi/\lambda$。

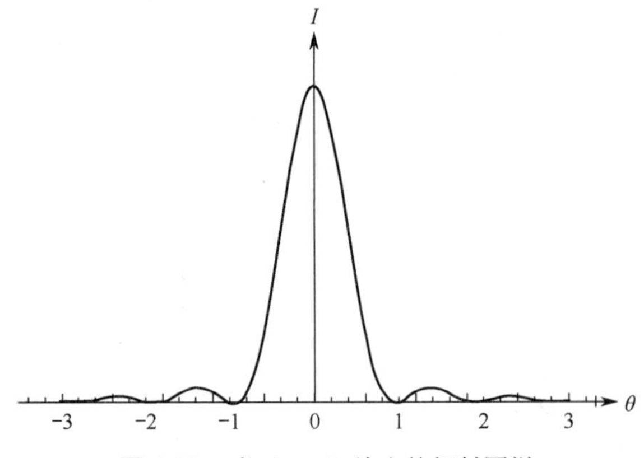

图 4.15 式（4.63）给出的衍射图样

代入 $\sin\theta \approx \tan\theta = y/L$ ，得

$$y_{亮} = (2n+1)\frac{\lambda L}{2a} \tag{4.66}$$

式中，$n = \pm 1, \pm 2, \cdots$ 。这些表达式对 $n = 0$ 均不成立。当 $\theta = 0$ 或 $y = 0$ 时，强度最大，等于 I_0 。因此在中心 $y = 0$ 的两侧，明暗条纹交替出现。

截至目前，我们研究的都是平面狭缝。直径为 D 的圆孔衍射图样与宽度为 a 的狭缝衍射图样类似，如图 4.16 所示。不同之处是，前者由暗环包围的亮环组成，如图 4.17(a)所示，而不由明暗相间的条纹组成。求圆孔衍射图样的计算很复杂，得到的强度分布称为**艾里斑**：

$$I = I_0\left[\frac{\mathrm{J}_1(w)}{w}\right]^2, \quad w = \frac{\pi D r}{L\lambda} \tag{4.67}$$

式中，$\mathrm{J}_1(w)$ 是一阶贝塞尔函数，D 是圆孔直径，r 是到中心线的距离，L 是圆孔到屏幕的距离

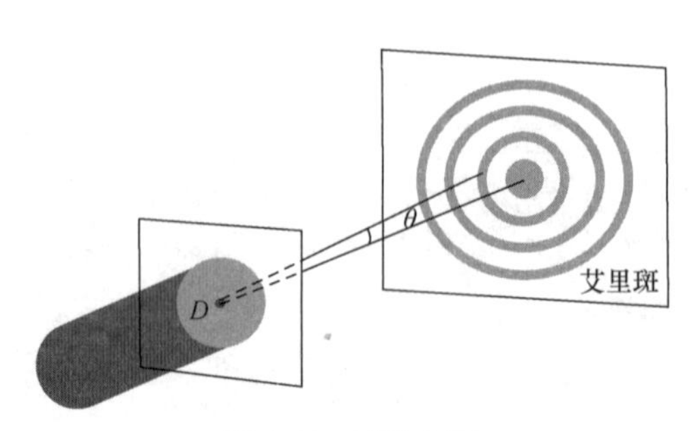

图 4.16 圆孔衍射

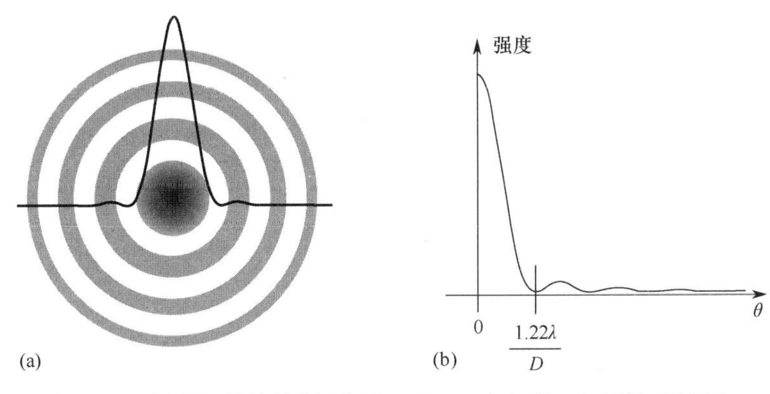

图 4.17　圆孔衍射得到艾里斑（4.67）：(a)中心有一个亮斑，周围交替出现暗斑和亮斑；(b)距中心最近的第一个暗斑位于 $\theta = 1.22\lambda/D$ 处

贝塞尔函数 $J_1(w)$ 的第一个零点出现在 $w = 3.832$ 处。因此，第一暗环的条件是

$$w = \frac{\pi D r}{L\lambda} = 3.832 \tag{4.68}$$

艾里斑的半径（第一暗环到中心的距离）是

$$r_{\min} = 1.22\frac{\lambda L}{D} \tag{4.69}$$

如图 4.17(b)所示，孔径为 D 的小角度（$\theta_{\min} \ll 1$）圆孔衍射图样的第一极小值在

$$\sin\theta_{\min} \approx \theta_{\min} = 1.22\frac{\lambda}{D} \tag{4.70}$$

上式与单缝衍射第一暗条纹相应的角度类似，即 $\sin\theta = \lambda/a$。

接下来两个暗环的角半径是

$$\sin\theta_2 = 2.23\frac{\lambda}{D},\quad \sin\theta_3 = 3.24\frac{\lambda}{D}$$

暗环之间亮环的角半径是

$$\sin\theta = 1.63\frac{\lambda}{D},\quad \sin\theta = 2.68\frac{\lambda}{D}$$

4.4 瑞利判据

谁都能分辨相隔一段距离的两个物体，但如果它们靠近到一定的程度，看上去就会朦朦胧胧像一个物体而无法分辨。如果这两个物体的间距保持不变，但拿得远一些，也会产生类似的分辨率受限问题。分辨率为何会受限？原因在于衍射。

衍射会让光束穿过小孔后发散。如上节所述，点的像不再是点，而是艾里斑，这种中心对称的图形如图 4.18(a)所示。两个点各自生成一个艾里斑，如果它们相隔得够远，那么看上去还能分辨这两个点，如图 4.18(b)所示，但它们靠近后就无法分辨，如图 4.18(c)所示。下面来求能够分辨两个物体的最短距离。

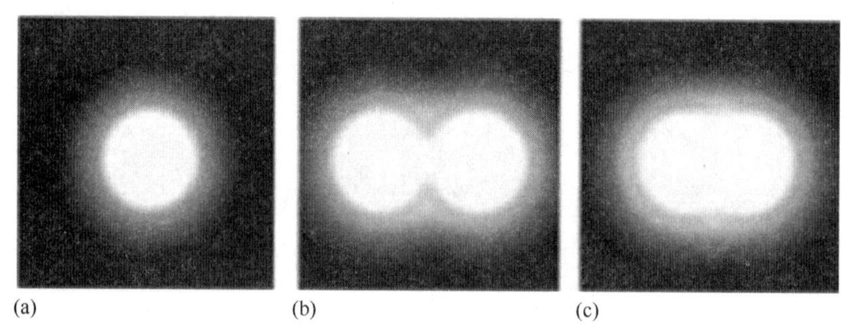

图 4.18 (a)一个点的衍射图样；(b)两个点的衍射图样，间距够大才可分辨；(c)不可分辨

为此，考虑从两个点发出的两束光通过圆孔在屏幕上形成的像，如图 4.19 所示。每个点都形成一个艾里斑，中心有亮点，周围有暗环。设圆孔直径为 D，波长为 λ，则第一暗环的角半径是

$$\sin\theta_1 = 1.22\frac{\lambda}{D} \tag{4.71}$$

根据 1879 年阐明的瑞利判据，两个强度相等的点光源恰好可分辨的条件是，其中一幅衍射图样的中心极大值恰好位于另一幅衍射图样的第一极小值，由此得到最小分辨角条件为

$$\sin\theta_{\min} \approx \theta_{\min} = 1.22\frac{\lambda}{D} \tag{4.72}$$

相距为 s、到圆孔的距离为 L 的两个物体之间的方向角 θ 为

$$\theta = \frac{s}{L} \tag{4.73}$$

这两个物体之间的最小分辨距离为

$$s_{\min} \approx L\theta_{\min} = 1.22\frac{\lambda L}{D} \tag{4.74}$$

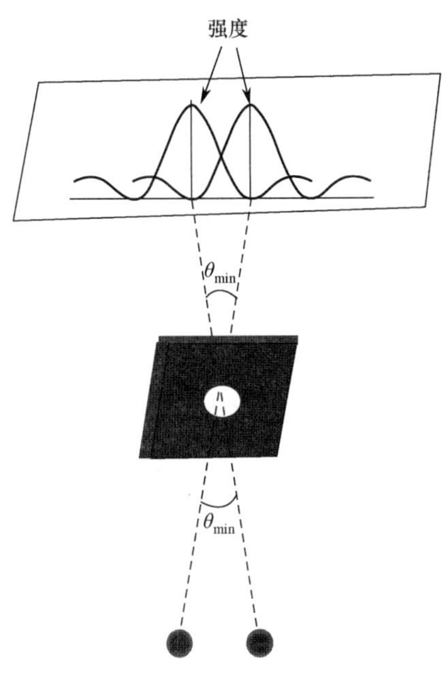

图 4.19　两个点光源通过圆孔形成艾里斑。根据瑞利判据，两点可分辨的条件是其中一幅衍射图样的中心极大值与另一幅衍射图样的第一极小值重合

下面来看求人眼分辨率的例子。人眼瞳孔的直径 D 白天为 3～4mm，夜晚为 5～9mm。人眼敏感的波长范围是 0.38～0.80μm，在波长 $\lambda \approx 0.55\mu\text{m}$ 附近，角分辨率为

$$\theta_{\min} = 1.22\frac{\lambda}{D} = 1.22 \times \frac{0.55 \times 10^{-6}}{3 \times 10^{-3}}\text{rad} = 0.224 \times 10^{-3}\text{rad} \tag{4.75}$$

相距 L 的二者，如纸上两条线或广告牌上两个字母的最小可分辨间距为

$$s_{\min} = L\theta_{\min} = 1.22\frac{\lambda L}{D} = 0.224 \times 10^{-3} \times L \tag{4.76}$$

所以可分辨 1m 远处相隔 0.224mm 及以上的两个点。

瑞利极限也限制了望远镜和显微镜的性能。例如，可以求在轨哈勃太空望远镜分

辨两个天体的能力。哈勃望远镜的主镜直径为 $D = 2.5\text{m}$，对于平均 0.55 μm 的可见光波长，根据瑞利判据可以求出诸如遥远恒星之类的两个点光源的最小分辨角为

$$\theta_{\min} = 1.22\frac{\lambda}{D} = 1.22 \times \frac{0.55 \times 10^{-6}}{2.40} = 2.80 \times 10^{-7}\ \text{rad} \tag{4.77}$$

距离观测点 L 远处、夹角为 θ 的两个物体的间距 s 是 $s = L\theta$。因此，哈勃望远镜可分辨的两颗恒星的最小间距是

$$s_{\min} = L\theta_{\min} = 2.80 \times 10^{-7} \times L \tag{4.78}$$

仙女座星系距离地球约 200 万光年。1 光年（ly）是指光以 $3 \times 10^{8}\,\text{m/s}$ 的速度传播 1 年（$365 \times 24 \times 60 \times 60\ \text{s}$）所走的距离。因此，哈勃望远镜可分辨的恒星至少相隔

$$s_{\min} = 2.80 \times 10^{-7} \times 2 \times 10^{6}\ \ \text{ly} = 0.56\ \ \text{ly} \tag{4.79}$$

相邻恒星通常相距 1 光年到 4 光年。因此，即使哈勃望远镜距离这些恒星约 200 万光年，基本上也能分辨仙女座星系中的所有恒星。

习题

4.1 水波 2.2s 时间内在池塘中传播了 5.5m。一个完整周期的波通过某点耗时 1.5s。求水波的：(a)波速；(b)频率；(c)波长。

4.2 波动方程为 $y(x,t) = 0.04\cos(37.68t + 12.56x)$，其中 x 和 y 的单位为米，t 的单位为秒。求：(a)波的传播方向；(b)波数和波长；(c)角频率；(d)频率；(e)波速；(f)满足 $y(0.25,t) = 0.02$ 的时间 t。

4.3 有一根两端固定、长度为 0.28m 的绳子。拨动后，驻波以二次谐波振动。构成驻波的行波速度为 140m/s，振动频率是多少？

4.4 在杨氏双缝实验中，第二亮条纹的角度是 2.0°，狭缝间距为 $d = 3.8 \times 10^{-5}\ \text{m}$。光的波长是多少？

4.5 在杨氏双缝实验中，波长为 $\lambda = 586\text{nm}$，狭缝间距为 $d = 0.10\,\text{mm}$，狭缝到屏幕的距离为 $L = 20\,\text{cm}$，观察屏幕上第 5 极大值（亮）和第 7 极小值（暗）之间的距离是多少？

4.6 波长 $\lambda = 586\text{nm}$ 的光射入狭缝，如果第一极小值出现在 $\theta = 15.0°$ 处，那么两条狭缝的间距 d 是多少？

参考书目

[1] R. P. Feynman, R. Leighton, and M. Sands, *The Feynman Lectures on Physics, Vol. II* (Addison-Wesley, Reading, MA 1965).

[2] D. C. Giancoli, *Physics: Principles with Applications* (Pearson 2013).

[3] H. D. Young and R. A. Freedman, *University Physics* (Pearson 2015).

[4] R. P. Feynman, *Six Easy Pieces: Essentials of Physics Explained by its Most Brilliant Teacher* (Basic Books 2011).

第二部分

量子力学基础

第 5 章　量子力学基础

1925 年，量子力学的定律由维尔纳·海森堡以及马克斯·玻恩、帕斯库尔·约尔当、保罗·狄拉克和沃尔夫冈·泡利等人创立。随后埃尔温·薛定谔于 1926 年初也独立提出了类似的定律。量子力学的定律高度数学化，旨在解释许多形式理论框架内未解决的问题。如第 1 章所提到的那样，那之后两三年里出现了许多与经典物理学有着根本不同的新定律，甚至让许多奠基人如爱因斯坦、德布罗意、薛定谔等都感到惊讶。第 17 章将讨论薛定谔方程及其在一些特定条件下的解，以说明如何在量子力学框架下用数学方法求解物理学中的任何问题。现在（第二部分）不深入探究这些细节，而只关注量子力学的基本概念。在后面的章节中我们将看到，理解这些概念后，就足以理解量子力学的一些最新且激动人心的应用，如量子通信和量子计算。

本章讨论量子力学的一些显著特征，以说明量子力学有多么违反直觉，以及它与经典物理学有多么不同。

5.1　能量的量化

在经典力学中，任何类型的运动如平移、旋转、振动等都有与之对应的能量值，即能量是连续的。在量子力学中，一个最基本的概念是，大多数情况下能量是以离散单位存在的，称为**能量量子**。促成量子力学诞生的三项主要研究工作都涉及能量的量化，这也是下一章的主要内容。本节将小结这些工作并说明能量量化是这些工作的共同主题。

首先，马克斯·普朗克的工作解释了“黑体”发出的光谱。如果一个物体能够吸收落在它上面的任意波长的辐射，那么就称它为**黑体**。如果黑体处于同一温度下，那么它发射的特征频率的分布只取决于这一温度。发出的辐射被称为**黑体辐射**。如果用经典力学推断，当原子和分子中的电子振动频率从零增加到无穷时，振动产生的辐射也会相应地增大，最终释放的能量没有理论上限，从而在频率极高或者波长极短的情况下释放无限大的能量，然而事实并非如此。实际上，可以观察到，随着温度的变化，黑体释放的能量在与温度相关的某个特定频率达到最大值，随后在更高的频率逐渐下降，直到几乎为零。马克斯·普朗克提出一个大胆的假设来解释这一结果，即电子振荡辐射出的能量以**能量包**或者**量子**的形式存在，每个包的能量与电子振荡频率成正比，从而用能量的量化解释了黑体辐射谱。

然后，我们讨论爱因斯坦如何用普朗克量子化条件来解释光电效应现象。金属内电子可以自由移动，因此金属是电的良导体。在光电效应中，可以观察到当光入射到金属表面时，有电子以一定的动能从表面逸出。这并不奇怪，因为光有能量，当能量传递给金属内的电子时，它们获得足够的动能并被释放。然而，有一种现象无法用这样简单的常识性方法来解释。据观察，每种金属都有特定的最低辐射频率，低于这个频率，无论辐射场有多强，都不会有光电子逸出。这个频率被称为**阈频率**。爱因斯坦引用普朗克的假说来解释这种效应，他认为光以能量包或能量量子的形式存在，且这种能量的大小与频率成正比。只有当光量子即光子的能量高于临界值时，才能使金属发射电子。

第三个问题与氢原子的结构有关。卢瑟福认为，原子由一个带正电的原子核和围绕其旋转的电子组成。实际上，氢原子的发射光谱是离散的光谱线，对应于以特定频率辐射的光能。那么怎样才能将卢瑟福模型与观测到的光谱线在理论上统一呢？1913年前后，这还是个难题。玻尔用量子化条件来解释这种奇特的现象，他认为电子只能在一些特定的轨道上运动，且轨道半径由量子化条件决定，电子从高轨道跃迁到较低的轨道时，会发射一个特定频率的光子，从而只能形成离散的光谱。玻尔证明基于量子化条件预测的频率与实验观察到的频率一致。

总之，能量量子化与经典物理格格不入，却是描述量子力学的基础。如本书最后一章所讨论的那样，当用薛定谔方程求解最简单的问题，即方盒中一个自由运动的粒子（如电子）时，会得到令人惊讶的结果：*粒子的能量只可能是离散值*。这与我们日常的观察结果（宏观粒子的能量可以是任意值）形成了鲜明的反差。

5.2 波粒二象性

在经典力学中，粒子和波是泾渭分明的现象，有着不同的性质和行为。粒子是有质量的物体，它占据一定的空间，并能以一定的速度移动。它们可以携带动量并相互碰撞（见第 3 章），这些性质无法与波联系起来。波用波长和频率来描述，并且可以产生诸如干涉和衍射等现象（见第 4 章）。

在量子力学中，这样的区别消失了：*一个令人难以置信的结论是，光和物质都表现出双重行为，即在某些实验中它们表现出波的性质，而在其他一些实验中表现出粒子的性质*。例如，干涉和衍射现象只能通过将光视为波来解释；如果将光视为粒子，那么无法解释这些现象。另一方面，1905 年爱因斯坦将光视为由量子或光子组成来解释光电效应。将光视为波则无法解释这样的现象：当光的频率低于某个特定频率时，无论光强多大，都无法使金属表面逸出电子。1924 年，德布罗意提出关于粒子的波粒二象性的论证，证明有质量的物体既能表现为具有动量的粒子的性质，又能表现出具有相应波长的波的性质，这个波长通常被称为**德布罗意波长**；从而一个粒子既有粒子的性质，又有波的性质。

量子力学的一个神秘结论是：*光是表现为波还是表现为粒子取决于实验装置*。证明波粒二象性的典型实验是杨氏双缝实验。当单个光子穿过狭缝时，在屏幕上会记录为一个点状事件（由 CCD 阵列测量）。经过反复实验，这样的事件的累积呈现出概率条纹图样，表现出光的干涉现象。然而，如果尝试去监测光子通过了哪条狭缝，那么干涉图案总会消失，且屏幕上的图样与大质量粒子入射到屏幕上的图样相同。光子因此表现出了类似粒子的行为。

1982 年，马兰・史库理和凯・德鲁提出量子擦除问题，体现了波粒二象性的反直觉性。在杨氏双缝实验中，只有不去监测光子通过哪条狭缝，或者不去分辨干涉路径，光子才能体现出波的性质并在屏幕上显示出干涉图样。但是，如果我们不使用经典的测量方法，而对光子与一个标记后的定域粒子（如一个原子）建立量子层面的联系，以推迟对光子经过路径的观察的时机，结果又如何呢？结果是干涉图样是否存在取决于标记的状态，而标记包含光子的路径信息。一旦我们通过标记获得光子的路径信息，干涉图样就会消失。人们继续思考，在光子已在屏幕上被探测到许久之后，通过破坏标记中携带的路径信息，能否恢复出干涉图样。这也是量子擦除思想的精髓。第 9 章中将详细讨论这些问题，这里的简单讨论有助于大家理解量子力学的反直觉性。

5.3　确定性的终结——概率描述

量子力学最著名和被讨论得最多的方面大概是其在预测时的概率性质。如第 3 章所述，粒子轨迹是经典力学的核心概念。如果粒子在已知的力的作用下运动，它的位置和速度就可以在任意时间以任意精度同时测量出来，因此粒子的运动完全是确定的并且遵循确知的轨迹。

在量子力学中，“粒子”（如电子）并不遵循确定的轨迹。粒子用波函数 $\psi(\boldsymbol{r})$ 完整描述，表示“粒子”的空间分布。例如，原子内的电子由以原子核为中心的波函数描述。波函数 $\psi(\boldsymbol{r})$ 是定义经典粒子位置坐标的函数，它包含系统的全部信息。如果能够得到波函数 $\psi(\boldsymbol{r})$，就能确定系统的任意可观测性质（如能量、动量等）。通过薛定谔方程，量子力学提供了计算波函数 $\psi(\boldsymbol{r})$ 并通过波函数 $\psi(\boldsymbol{r})$ 确定系统性质的方法。

薛定谔于 1926 年推导出波函数 $\psi(\boldsymbol{r})$ 并且正确推导出氢原子的能级后，出现了关于波函数的意义的讨论。那么怎么解释波函数 $\psi(\boldsymbol{r})$ 呢？这是物理学家在薛定谔建立波函数方程后面临的最重要的问题之一。马克斯・玻恩的工作取得了突破，他提出了关于波函数 $\psi(\boldsymbol{r})$ 的概率解释。根据他的解释，波函数的模平方 $|\psi(\boldsymbol{r})|^2$ 指的是它在空间中任意一点

的值正比于在该点发现粒子的概率，而波函数$\psi(\boldsymbol{r})$本身没有任何物理意义。这意味着经典力学中确定性预测时代的终结。在牛顿力学中，如果已知初速度和重力加速度，就能准确预测网球落在墙上的位置，但对电子而言就没有这样的预测。如果电子通过电场加速，量子力学就无法告诉我们电子的运动轨迹或者它在屏幕上的落点；量子力学只能描述电子落在屏幕上的不同位置的概率。

确定性的终结和量子力学的概率性质让很多人感到恼怒，其中就包括爱因斯坦，他有一句名言——“上帝不掷骰子”。

5.4 海森堡不确定性关系和玻尔互补原理

量子力学的一个重要结论是海森堡不确定性关系。根据这个理论，存在互补的“变量对”，如果能够精确地确定其中一个变量，就无法确定另一个变量。位置与动量就是这样的一个变量对。根据海森堡的理论，无论设备有多么精确，都“不可能同时精确地确定粒子的动量和位置”。这又一次与牛顿力学形成了鲜明对比。在牛顿力学中，我们可以以任意精度测量任何可观测的性质——唯一的限制来自测量设备的精度。数学上，位置与动量的海森堡不确定性关系写为

$$\Delta x \Delta p \geqslant \frac{h}{4\pi} \tag{5.1}$$

式中，Δx为粒子位置的不确定度，Δp为动量的不确定度，h为普朗克常数。于是，如果我们能够精确地确定粒子的位置x，就完全无法确定粒子的动量p_x；如果我们能精确地确定动量p_x，就完全无法确定位置x。这与之前的断言一致，即量子力学中没有粒子轨迹$\{x(t), p_x(t)\}$的概念。由于普朗克常数非常小，不确定性关系对小粒子显著。对于宏观物体，Δx和Δp_x相对x和p_x而言都非常小，因此可以在很好的近似度下定义轨迹。

类似地，不确定性关系存在于能量E和时间t之间，即

$$\Delta E \Delta t \geqslant \frac{h}{4\pi} \tag{5.2}$$

也存在于角动量L和角位移θ之间，即

$$\Delta L \Delta \theta \geqslant \frac{h}{4\pi} \tag{5.3}$$

那么海森堡不确定性关系的来源是什么呢？7.3 节将详细解答这个问题。这里只

定性地指出测量过程是不确定性的固有来源。海森堡在他 1927 年发表的论文中写道：

> 如果要弄清楚“物体的位置”表示什么意思，如电子的位置……，就必须具体说明能够测量“电子的位置”的实验；否则这个词就没有意义。

例如，如果想测量电子的位置，就需要用设备比如显微镜来精确测量电子的位置。这项工作可以这样完成：首先用光照射电子，然后通过观察散射光来测量电子的位置。然而，如前所述，波粒二象性意味着光子具有动量，在观察过程中这个动量会传给电子。这一干扰就是电子位置与动量的不确定性的来源。如 7.3 节所述，详细分析最终得到如式（5.1）所示的不确定性关系。没有人能够提出同时精确测量粒子的位置和动量的实验方案，因为它违背了这个不等式。

当海森堡建立不确定性关系时，尼尔斯·玻尔也建立了互补原理。根据这个原理，如果两个观察量是互补的，能够精确地确定其中一个量就意味着另一个量的测量结果可能是任意一个可能的结果，并且每个结果的概率相等。

从前面的内容我们看到，光和电子都能在不同的实验中表现出粒子或者波的性质。例如，光在干涉和衍射实验中表现出波的性质，而在光电效应实验中表现出粒子（能量量子）的性质。根据互补原理，光（和电子）能够表现出波或者粒子的性质，但不能同时在同一个实验中表现出来。

不确定性关系和互补原理似乎很相似。然而，它们已被证明彼此之间非常不同。

5.5　相干叠加与量子纠缠

在经典力学中，系统总处于特定状态——如物体可以存在于一处，也可以存在于另一处。当然，在某些情况下，外界并不能确定系统处于哪种状态。例如，一扇门在 36%的时间内是开着的，而在 64%的时间内是关着的。在靠近这扇门之前，我们不能确定看到这扇门是开着的还是关着的，而只能知道这扇门是开着或关着的概率。只有当我们到达这扇门时，才能知道这扇门是开着还是关着。更重要的是，我们可以推断过去：如果我们发现这扇门是开着的，就可推断门在我们到达之前也是开着的。这正是经典力学的精髓。

然而，量子力学中的情况完全不同。如前所述，量子力学中用波函数 ψ 来描述系统，而波函数表示多个态的相干叠加：

$$\Psi = c_1\psi_1 + c_2\psi_2 + \cdots \tag{5.4}$$

式中，$c_1,c_2,\cdots$ 为复数，$\psi_1,\psi_2,\cdots$ 为系统可能处于的态。因此，系统同时处于所有可能的态。这种描述与经典力学中的描述完全不同。然而，如果对系统进行测量，就会发现系统仅处在态 ψ_i 中的一个，且其概率为 $|c_i|^2$。此外，如果测量后发现系统处于某个态，如态 ψ_1，并不能认为系统在测量之前也处于态 ψ_1。

下面用一个例子来解释这个奇怪的现象。在不深入讨论一些细节的情况下，给出电子的“自旋”性质：电子可以处于上自旋态，记为 $\psi_\uparrow$，也可以处于下自旋态，记为 $\psi_\downarrow$。假设给定了某个电子，其所处的态记为

$$\Psi = c_\uparrow \psi_\uparrow + c_\downarrow \psi_\downarrow \tag{5.5}$$

式中，$c_\uparrow = 0.6$，$c_\downarrow = 0.8$。因此发现电子处于上自旋态 $\psi_\uparrow$ 的概率为 $|c_\uparrow|^2 = 0.36$，处于下自旋态 $\psi_\downarrow$ 的概率为 $|c_\downarrow|^2 = 0.64$。通过实验，使电子通过沿 z 轴方向的非均匀磁场，可以确定电子处于上自旋态或下自旋态。如果处于上自旋态，电子就向 $+z$ 轴方向偏转；如果处于下自旋态，电子就向 $-z$ 轴方向偏转，如图 5.1 所示。这是一个真实存在的实验，于 1922 年首次由奥托·斯特恩和瓦尔特·格拉赫完成。根据量子力学原理，我们无法提前得知电子是向上偏转还是向下偏转。只有实验时才能观察到电子向 $+z$ 轴方向或 $-z$ 轴方向偏转。如果电子向 $+z$ 轴方向偏转，才能知道电子处于上自旋态 $\psi_\uparrow$。

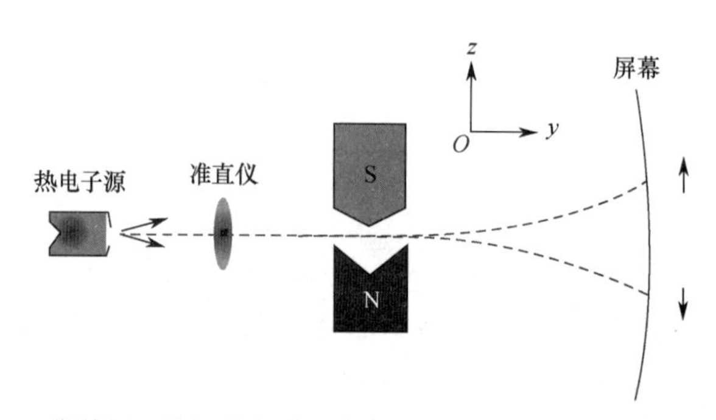

图 5.1 斯特恩－格拉赫实验示意图。电子经过非均匀磁场后是朝上偏转还是朝下偏转，取决于它是处于态 $\psi_\uparrow$ 还是处于态 $\psi_\downarrow$

目前看来，这个情况似乎与前面“门”的例子十分相似，但实际上仍然非常不同。如果让已经实验发现处于上自旋态 $\psi_\uparrow$ 的电子继续通过一个沿 x 轴方向的非均匀磁场，就可以看到电子向 $+x$ 轴或 $-x$ 轴方向偏转。如果电子向 $+x$ 轴方向偏转，此时电子就处于既非上自旋态 $\psi_\uparrow$ 又非下自旋态 $\psi_\downarrow$ 的某个态。这已经有些令人惊讶。然而，更让人震惊的是，如果在这个电子通过沿 x 轴方向的磁场完成测量后，继续通过沿 z 轴方向的磁场，电子就有一定的概率向下偏转——表明它正处于下自旋态 $\psi_\downarrow$。这怎么可能

呢？此前我们已经知道电子处于上自旋态$\psi_\uparrow$，而现在却发现电子处于下自旋态$\psi_\downarrow$。至少很让人费解。我们可以给电子赋确定的上自旋$\psi_\uparrow$态或下自旋$\psi_\downarrow$态吗？答案是不可以！确切地说，是上自旋态$\psi_\uparrow$还是下自旋态$\psi_\downarrow$取决于测量设备的方向。那么可不可以认为这个电子在第一次测量之前处于上自旋状态$\psi_\uparrow$呢？答案同样是不可以！经典力学中不存在的反直觉的这些现象在量子力学出现初期就引起大量的讨论和争论。后面的章节（特别是第 12 章）将详细地讨论这个问题。

量子力学中另一个高度反直觉的现象是两个或多个物体可以形成“纠缠”态。在经典力学中，如果两个物体，例如两个球，被放在相距很远的两个地方，那么它们之间将完全独立。无论对其中的一个球做什么，都不能影响另一个球。在量子力学中，两个物体可以形成一个态，以至于即便它们之间相距很远，对其中一个物体的操作也会影响到另一个物体。

考虑两个分别用波函数ψ_1和ψ_2描述的物体。在经典力学中，整个系统的态是

$$\Psi = \psi_1(r_1)\psi_2(r_2) \text{ 或 } \psi_1(r_2)\psi_2(r_1)$$

即两个物体相互独立。而在量子力学中，系统处于纠缠态：

$$\Psi = \frac{1}{\sqrt{2}}(\psi_1(r_1)\psi_2(r_2) + \psi_1(r_2)\psi_2(r_1)) \tag{5.6}$$

这是两个物体的“相干叠加”态。整个系统不能继续分解——而处于纠缠态。这样的态在经典力学中找不到依据。相干叠加和量子纠缠都是量子计算的核心。

习题

5.1 一个量子系统处于态ψ_1和态ψ_2的叠加态，即

$$\Psi = c_1\psi_1 + c_2\psi_2$$

如果 $c_1 = 0.7 + 0.5\text{i}$，那么发现系统处于态ψ_1和态ψ_2的概率是多少？（由概率守恒知$|c_1|^2 + |c_2|^2 = 1$。）

5.2 氢原子的里德伯公式为

$$\frac{1}{\lambda} = R_\text{H}\left(\frac{1}{m^2} - \frac{1}{n^2}\right)$$

式中，$R_\text{H} = 1.097\times10^7\,\text{m}^{-1}$，在$m = 2$（巴耳末系）时，求$n = 3, 4, 5, 6$时对应波的频率。

5.3 一个电子的位置的测量精度为 $\Delta x = 10^{-10}\mathrm{m}$，求该电子的动量和速度的最小不确定度（电子质量 $m_e = 9.1\times10^{-31}\mathrm{kg}$，普朗克常数 $h = 6.626\times10^{-34}\,\mathrm{J\cdot s}$）。

5.4 有一个质量为 100g 的网球，其位置精度为 $\Delta x = 0.01\mathrm{mm}$，求其运动速度的最小不确定度。

参考书目

[1] J. Polkinghorne, *Quantum Theory: A Very Short Introduction* (Oxford University Press 2002).

[2] K. A. Peacock, *The Quantum Revolution: A Historical Perspective* (Greenwood Press 2008).

[3] H. F. Hameka, *Quantum Mechanics: A Conceptual Approach* (John Wiley 2004).

第 6 章　量子力学的诞生
——普朗克、爱因斯坦和玻尔

如第 1 章所述，力学、热力学、电磁学和光学相关的物理学基本定律已于 19 世纪末牢牢确立。科学界一度以为物理学的基础理论已经没有什么新的值得期待。没人能想到物理学即将迎来革命性突破，这场革命将以高度反直觉和变革性的定律取代艾萨克·牛顿早已阐明的定律，特别是当时的一些实验观察结果不能用已有经典物理定律来解释。这些观察涉及物理学的不同领域，但是它们有一个共同点——都涉及光。为了解释这些观察结果，后来诞生了量子力学。

本章首先介绍光的简史，接着介绍黑体辐射、光电效应和氢原子发射的光谱等以往无法解释的现象，然后分别讨论马克斯·普朗克、阿尔伯特·爱因斯坦和尼尔斯·玻尔新提出的能量量子化假设。

6.1　光的简史

光的本质自古以来引人注目。直到 17 世纪，人们对光的研究还主要与视觉有关。以往希腊人会问“人眼是怎么看见东西的？”柏拉图、欧几里得、托勒密和他们的追随者相信光由眼睛发出的光线组成。光线投射到物体上后就能让人看清物体的颜色、形状和大小。视觉由眼睛发出的光线“摸”出，即光的“发射说”。

发射说流行了上千年，直到 11 世纪初才被波斯科学家阿尔哈曾推翻。阿尔哈曾证明，与以往的视觉理论不同，不是眼睛发光，而是亮的物体发光。他用简单的暗室实验证明了这一点：在室外的不同高度架两盏灯，开孔照进来，可以看到墙上有两个亮点，它们对应于每盏灯穿过孔照到墙上的光，遮住哪盏灯，与那盏灯对应的亮点就会消失。由此得出结论：人眼不发光，诸如灯之类的物体才发光，并且光沿直线传播。在这些实验的基础上，他发明了第一台针孔相机（到了 17 世纪，开普勒将它称为**暗箱**），并阐明了其中图像倒立的原因。

17 世纪，勒内·笛卡儿（1596—1650）、艾萨克·牛顿（1642—1727）和克里斯蒂安·惠更斯（1629—1695）的著作较早地研究了光的本质。笛卡儿于 1637 年出版的《屈光学》是他对光学的主要贡献，这本书涉及许多光的本质和光学定律。

同时期的牛顿和惠更斯对光的本质提出了截然不同的看法。牛顿在他的经典著作《光学》（1704 年版）中主张光的微粒说。根据他的观点，光由极小的粒子或微粒组成，而普通物质由较大的粒子或微粒组成。他推测通过炼金术，光和普通物质能够相互转化。令人惊讶的是，当有证据支持光类似于波的行为时，牛顿依然主张光的微粒说。例如，弗朗西斯科·格里马尔迪（1618—1663）首次观察到光的衍射现象。他通过实验证明，光通过一个孔时，并不像粒子说所预期的那样沿着直线运动，而呈圆锥形运动。牛顿试图用备受质疑的假设来解释衍射现象。

当牛顿主张光的微粒说时，与他同时期的惠更斯提出了光的波动说。他认为光在以太中传播，就像声波在空气中传播以及水波在湖面上传播一样。惠更斯认为光波是纵波（类似于声波），而后来菲涅尔和麦克斯韦的研究表明光是横波。惠更斯用公式描述了波传播的原理（现在以他的名字命名）。波由波前组成，波前是波上具有相同相位和振幅的表面。惠更斯原理构造了一种几何结构，可由旧波前确定新波前的位置。当应用于光波的传播时，该原理表明：波前的每个点都可视为次级球面子波的源，它们以光速向前传播（见图 6.1）。新的波前是所有这些次级子波的切向表面（即包络面）。

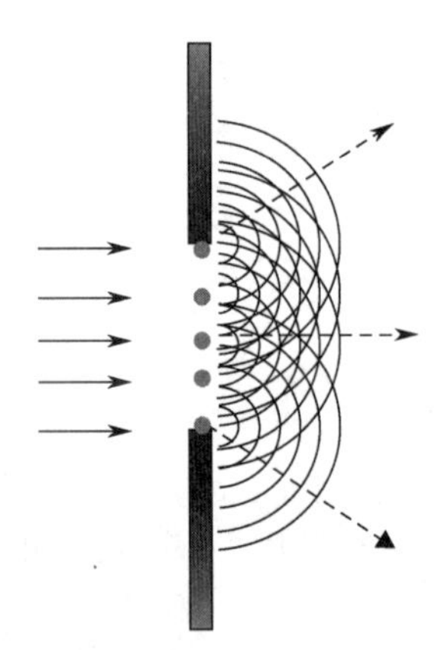

图 6.1　由惠更斯原理，波前上的每个点都是向前传播的次级球面波的子波源

对于牛顿这么有名的科学家，几乎无人敢于挑战他的光的微粒说。这种情况持续了上百年，直到 1802 年托马斯·杨用双缝实验最终证明了光的波动性，但杨氏双缝实验在他那个年代被认为是极具争议和反直觉的。

如第 4 章所述，当杨氏双缝干涉实验中的两个狭缝都打开时，会出现来自两个点光源的光相长干涉的亮点，以及由于相消干涉而没有光的暗点。无论入射光多么亮，暗点都保持黑暗。如果狭缝之一被遮住，就只有一半的光入射到屏幕上，而在这种情况下暗点不再黑暗。在杨的那个年代还没有干涉原理，于是这种入射光减半而暗部反而变亮的现象就成为未解之谜。由一束光均匀照亮的屏幕照到第二束光时为何会产生暗条纹？增加光照为何亮度反而会变暗？

杨的理论最终被人们广泛接受要感谢法国的菲涅耳。奥古斯丁·让·菲涅耳（1788—1827）与杨是同时期的人，他通过研究衍射让光的波动性最终取胜。

菲涅耳阐述光的波动性大获成功还有个历史典故。1819 年，菲涅耳在法国科学院举办的竞赛中汇报了波衍射理论的研究成果。评委会由弗朗索瓦·阿拉戈牵头，成员有让－巴蒂斯特·比奥、皮埃尔－西蒙·拉普拉斯和西蒙－丹尼斯·泊松。他们都大力支持牛顿的微粒说，并不看好光的波动说，然而泊松对菲涅耳的陈述印象深刻，并且通过推广他的计算得出了有趣的结果："让平行光照射在不透明的圆盘上，圆盘周围完全透明。圆盘背面当然有阴影，但阴影正中心反而很亮。简而言之，不透明圆盘背面的中垂线沿线哪里都不暗（除了紧贴圆盘背面的地方）。"根据微粒说，圆盘后面不会有亮点。评委会主席阿拉戈要菲涅耳验证泊松预测的这个亮点，令人惊讶的是菲涅耳果然发现了它，从而印证了预测。这一发现令人印象深刻地佐证了波动说——菲涅耳赢了。这个点现在被称为**泊松光斑**（见图 6.2）。

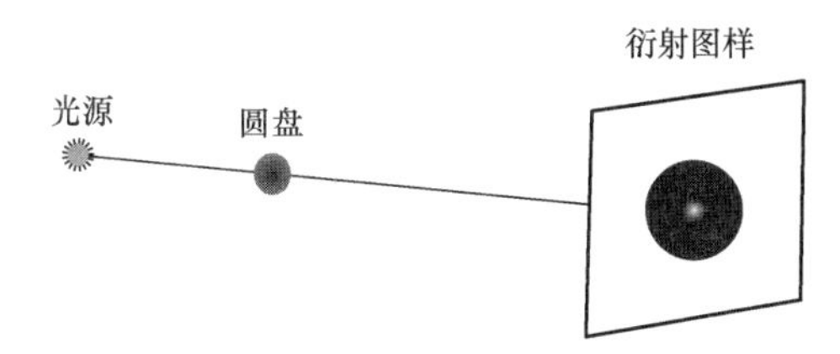

图 6.2　泊松光斑：入射到不透明圆盘上的光由于菲涅耳衍射沿轴形成亮斑

最终，詹姆斯·克拉克·麦克斯韦（1831—1879）集大成地描绘了光由电波和磁力波组成的经典图景。这是他努力统一自然界两种已知力（电力和磁力）所取得的非凡成果。迈克尔·法拉第发现变化的磁场产生电场，而麦克斯韦的直觉表明，如果电和磁互为一枚硬币的两面，那么变化的电场同样会产生磁场。这促使他在安培定律中补充了与电场的时间变化率对应的项，得到了电磁波的波动方程，且电磁波的传播速度与已知的光速相同，即 3×10^{8} m/s。由此产生的光的图景是相互垂直的电场和磁场的波动传播，传播方向垂直于电场和磁场，这一成果发表于 1865 年。麦克斯韦认为电磁波是横波，与杨和菲涅耳的观点一致，而与惠更斯所描绘的光通过介质以太传播的图景相反。1888 年，海因里希·赫兹（1857—1894）通过实验证明了光是电磁波（见图 6.3）。

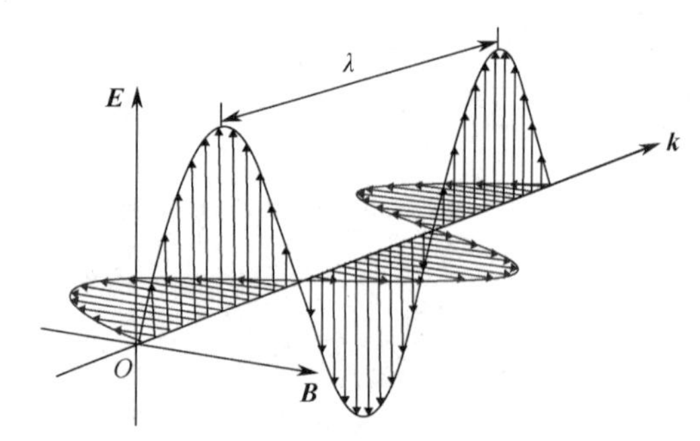

图 6.3　光是一种电磁波，其相互垂直的电场和磁场在垂直于传播方向的方向上振荡

19 世纪末，大多数现象都可用牛顿和麦克斯韦的经典理论来解释，但有些涉及光的现象却无法用已有的理论来解释，其中的一种现象是炽热物体的发射光谱。下面就讨论这个问题。

6.2　炽热物体发出的辐射

物理学家在世纪之交（1900 年）面临着一个难题：炽热物体如何发出辐射？固体由原子和分子组成，受热振动。然而，原子和分子本身是包含电荷的复杂结构。电荷振荡发射电磁辐射，这种辐射以光速传播，所以光和与之密切相关的红外热辐射实际上是电磁波。由此可见，物体受热所致分子和原子尺度上的振动将不可避免地引起电荷振荡。这些振荡的电荷辐射释放可见光和热。

1859 年，基尔霍夫解决了这个问题。基尔霍夫研究的核心是“黑体”这一概念，黑体是一种能够吸收所有入射电磁场的物体。实际上不存在真正理想的黑体，现实世界中的一些物体近似地表现出了黑体的行为。完美黑体在特定温度下也能辐射出某种光谱分布。光谱分布是指强度随频率或波长变化的曲线。基尔霍夫通过普通热力学证明，黑体的辐射光谱只取决于温度，而与材料无关。因此，光谱分布函数 $J(\nu,T)$ 仅取决于发射频率 ν 和温度 T。基尔霍夫认为求这个函数的显式表达式是个挑战。寻找函数 $J(\nu,T)$ 催生了量子力学，确切地说，19 世纪末，即 1899 年 12 月，德国物理学家马克斯·普朗克提出了量子力学。

为了理解炽热物体发出的辐射，回顾可知近黑体室温下发出的辐射在近红外达到峰值，称为**热辐射**。当温度升高时，峰值向更高的频率（更短的波长）移动。当温度为 550℃左右时，铁棒之类的物体开始发出红光，在更高的温度（约 10000℃）下，发射光的峰值移动到更高频率的蓝光（见图 6.4 中的光谱）。维恩位移定律描述了随着温度的升高，发射的辐射峰值向更高的频率移动，它以威廉·维恩（1864—1928）的

名字命名。根据维恩位移定律，峰值频率 $\nu_{\max}$ 与温度 T（单位为开尔文）成正比，即

$$\nu_{\max} = \alpha T \tag{6.1}$$

式中，$\alpha = 2\pi \times 5.9 \times 10^{10}\ \mathrm{K}^{-1} \cdot \mathrm{s}^{-1}$ 是比例常数。峰值波长与温度成反比，即

$$\lambda_{\max} = \frac{\beta}{T} \tag{6.2}$$

式中，$\beta = 2.90 \times 10^{-3}\ \mathrm{m \cdot K}$ 为常数。

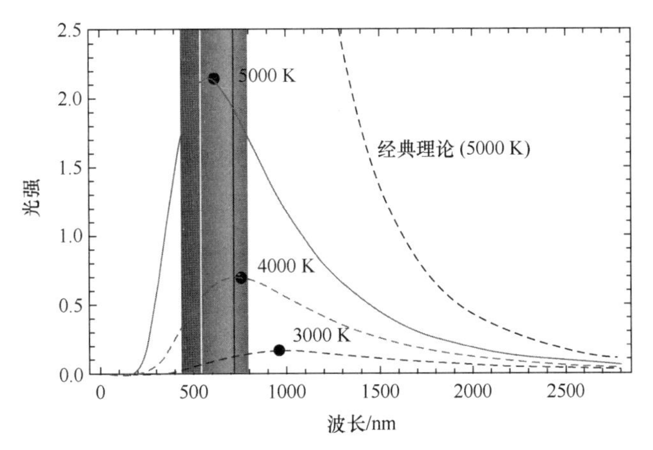

图 6.4　光谱分布 $J(\nu,T)$ 是波长的函数。随着温度的升高，辐射峰值波长变短（频率变高）。根据经典理论，波长缩短时，辐射强度趋于无穷，从而导致“紫外灾难”

利用经典物理定律，瑞利和金斯发展了黑体辐射理论，推导出了以下光谱分布函数表达式 $J(\nu,T)$：

$$J(\nu,T) = \frac{8\pi\nu^2}{c^3} k_{\mathrm{B}} T \tag{6.3}$$

式中，$c = 3 \times 10^8\ \mathrm{m/s}$ 是真空中的光速，$k_{\mathrm{B}} = 1.38 \times 10^{-23}\ \mathrm{m^2 \cdot kg \cdot s^{-2} \cdot K^{-1}}$ 是玻尔兹曼常数。这个结果与低频光谱分布的观察值一致，但它预测波长越短，辐射强度趋于无穷大。实验观察到较短波长的辐射强度实际下降为零，因此在黑体光谱的紫外区，理论值和实验值不一致。

1900 年，这个被称为**瑞利－金斯灾难**的失败引发了人们对经典物理学和热力学基本概念的质疑。后来，马克斯・普朗克（1858—1947）提出了与实验观察到的黑

体辐射谱在整个频谱范围内相符的辐射公式。普朗克提出的结果终将彻底改变我们对自然规律的理解。

普朗克解决黑体辐射的问题时，想到由于结果与空腔材料性质无关，可以使用简单的空腔模型，于是用阻尼谐振子建立壁面材料模型。他推导黑体公式的核心在于假设振子总能量由有限的能量单元组成，每个单元的能量 E 等于 $n\hbar\nu$，其中 n 是整数，$\hbar$ 是最终以普朗克的名字命名的常数，称为**普朗克常数**，其值为1.055×10^{-34} J·s。利用这个量子化条件，普朗克推导出光谱分布函数为

$$J(\nu,T)=\frac{8\pi\nu^2}{c^3}\frac{\hbar\nu}{e^{\hbar\nu/k_BT}-1} \tag{6.4}$$

普朗克方程与所有温度下的实验观察结果非常吻合。

重要的是理解普朗克关系

$$E=n\hbar\nu \tag{6.5}$$

式中，n 为整数。普朗克关系在两方面与经典思想很不一样。首先，它假设能量与频率成正比，而不像经典振荡器那样假设与强度成正比。其次，对于给定的频率ν，能量是量化的，单位为$\hbar\nu$。普朗克后来把它称为**没有办法的办法**，目的是得到符合实验要求的基尔霍夫函数的正确表达式。普朗克提出这一激进的假说时，还不能解释为什么能量应该被量子化，但这一假说成功地解决了长期以来难以解释黑体辐射光谱的问题。

普朗克能量量子化的核心是普朗克常数。本书用两个不同的符号 h 和$\hbar$来表示普朗克常数，二者之间的关系是

$$\hbar=\frac{h}{2\pi} \tag{6.6}$$

普朗克常数是物理学中最重要的常数之一，也是量子力学中最重要的常数，如上所述，与能量的量子化有关，它小到（$h=6.626\times10^{-34}$ J·s，$\hbar=1.055\times10^{-34}$ J·s）在日常生活中观察不到量子效应的程度，量子效应大多限于微观尺度。

例如，一个频率为$\nu=540\times10^{12}$ Hz（对应于绿光）的谐振子的能量是$E=\hbar\nu=1.055\times10^{-34}\times540\times10^{12}\,\text{J}=5.69\times10^{-19}$ J，这点能量平常看起来非常少。

普朗克常数 h 或$\hbar$有角动量的量纲：

$$\hbar = \frac{E}{\nu} \propto \frac{mv^2}{\nu} \propto mv\nu T \propto px \propto L \tag{6.7}$$

为了了解量子效应为什么只对非常小的粒子（如原子和电子）可观察，不妨计算不同情况下的角动量，并与普朗克常数相比较。

设想一只苍蝇绕小圈缓慢地飞行。假设它的质量为$m = 0.01\text{g} = 0.00001\text{kg}$，速度为$v = 10\text{cm/s} = 0.1\text{m/s}$，圆的半径为$r = 1\text{cm} = 0.01\text{m}$。苍蝇的角动量为

$$L_{苍蝇} = mvr = 10^{-5} \times 10^{-1} \times 10^{-2}\ \text{J} \cdot \text{s} = 10^{-8}\ \text{J} \cdot \text{s}$$

这只苍蝇的角动量大约比普朗克常数$h = 6.626 \times 10^{-34}\ \text{J} \cdot \text{s}$大 26 个数量级。

下面考虑一个电子（质量为$m = 10^{-30}\ \text{kg}$）围绕一个半径为 10 Å（10 Å $= 10^{-9}$ m）的原子核旋转的情形。角动量

$$L_e = mvr = 10^{-30} \times v \times 10^{-9}\ \text{J} \cdot \text{s} = v \times 10^{-39}\ \text{J} \cdot \text{s}$$

它等于$v \approx 6.6 \times 10^5\ \text{m/s}$时的 h（远小于光速$c = 3 \times 10^8\ \text{m/s}$）。普朗克常数 h 对电子来说很合适！

普朗克解释黑体光谱的假说 1899 年就被提出，谐振子的能量应以$\hbar\nu$为单位量子化，这是一个革命性的想法，但它在提出时并未被认可。当普朗克提出黑体辐射理论时，没人载歌载舞地庆祝，没有上头条新闻，甚至连整个学术界也没有深刻领会量子化条件的重要意义。

普朗克假说提出后的近 5 年内一直没派上用场，直到爱因斯坦于 1905 年发表的后来获得诺贝尔奖的那篇著名论文中引用量子化条件$E = \hbar\nu$来解释光电效应。普朗克推导黑体光谱基于谐振子量子化，用谐振子模拟了空腔材料而非辐射本身，但是爱因斯坦等后人的工作对最终阐明光的本质产生了深远的影响。

6.3 爱因斯坦和光电效应

19 世纪 90 年代，海因里希・赫兹（和后来的菲利普・勒纳德）观察到，当频率为ν的光入射到金属表面上时，金属表面发射动能为T_e的电子。当时用于解释这一现象的模型说电子是原子的一部分（下一节介绍 20 世纪之交已知的原子模型），一旦获得足够的能量（即特定金属的功函数Φ），这些被称为**光电子**的电子将被释放，并以动能 T_e离开金属。根据能量守恒定律，动能 T_e是入射能量 E_i和功函数的差，即

$$T_e = E_i - \Phi \tag{6.8}$$

据观察，在某一临界频率 ν_c 以下，无论光有多强，都不会发射光电子（见图 6.5），这个临界频率取决于金属。临界频率 ν_c 被称为**极限频率**。

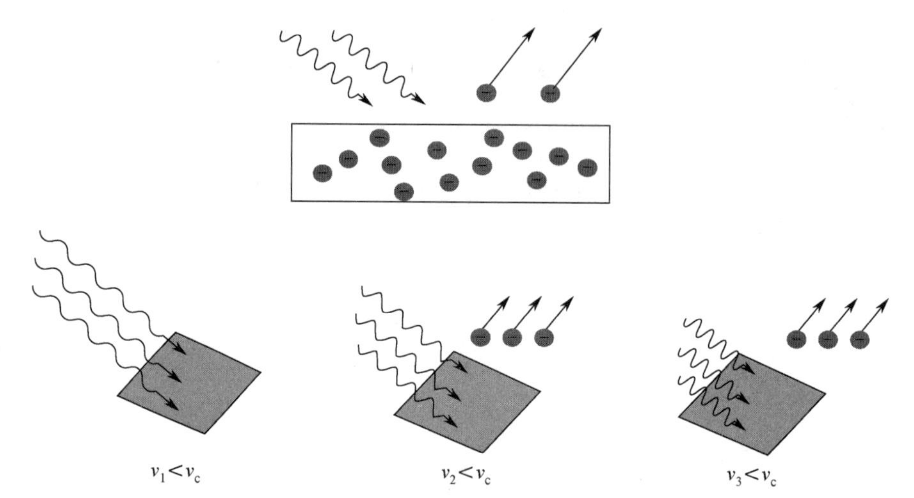

图 6.5 光电效应：当光入射到金属上时发射光电子。如果光的频率低于临界频率，就不发射电子。在临界频率，电子开始发射。随着光的频率进一步提高，发射电子的动能随之增加

人们还观察到，在保持入射光强度不变的前提下，提高入射光的频率，发射的光电子的最大动能也会增加。

另一个有趣的现象是，光电子发射几乎在光照射到金属上的那一瞬间发生，即使入射光的强度很低，也没有可察觉的时间延迟。

此外，入射光频率不变，即使强度增加，每个光电子的动能仍然保持不变。

这些观察结果太出乎意料，无法用 19 世纪末已知的经典物理定律来解释。例如，临界频率以下的光即使很强，也不会激发光电子，但是临界频率以上的弱光也会激发光电子，这怎么可能？电子的动能不取决于强度而取决于频率的观点，用光和物质的经典理论是无法解释的。最神奇的是光电子可在非常微弱的光入射到金属上的那一瞬间发射出来。

经典力学定律认为，入射场需要相当长的时间积累足够的能量来发射光电子。为了说明这一点，考虑强度为 I 的光入射到钾上的例子。钾的功函数是 $\Phi = 2.22\,\text{eV}$（等于 $2.22 \times 1.6 \times 10^{-19}\,\text{J} = 3.55 \times 10^{-19}\,\text{J}$）。一段时间 τ 内入射的能量至少不低于要发射电子

的功函数 Φ，因此有

$$I\pi r^2\tau \geqslant \Phi \tag{6.9}$$

式中，r 是原子半径，如 6.5 节将要介绍的那样，它的数量级大约为1 Å（10^{-10} m）。一束 $I = 10^{-2}\ \mathrm{W/m^2}$ 的强光所需的最短时间为

$$\tau = \frac{\Phi}{I\pi r^2} = \frac{3.55\times10^{-19}}{10^{-2}\times\pi\times10^{-20}}\,\mathrm{s} = 1.13\times10^{3}\,\mathrm{s} \approx 19\,\mathrm{min}$$

因此，观察到的电子的瞬时发射无法由经典物理学来解释。

1905 年，爱因斯坦用普朗克量子能量假设解释了光电效应。爱因斯坦假设光由量子组成，称为**光子**，每个光子携带的能量等于 $\hbar\nu$，一旦穿透金属，就把所有能量都给电子。若能量 $\hbar\nu$ 大于金属的功函数 Φ，电子就以动能 T_e 射出。能量守恒条件满足以下关系式：

$$\hbar\nu = \Phi + T_\mathrm{e} \tag{6.10}$$

再看这个方程发现，它解释了光电效应的所有特性。频率低于临界值

$$\nu_\mathrm{c} = \frac{\Phi}{\hbar} \tag{6.11}$$

的光，不管光线多强，都不能激发光电子。当频率高于 ν_c 时，电子的动能增加，在临界频率以上，发射速率与入射光强成正比。这个方程还解释了光入射到金属的瞬时发射电子这一现象，如果频率高于临界值 ν_c，只要一个光子即可。

爱因斯坦对光电效应的解释首次证实了普朗克假设，也首次引入了光量子。光由光子组成的观点对后来量子理论的全面发展产生了巨大影响。然而，光子的概念一方面很好地解释了光电效应，另一方面却无法解释干涉和衍射现象。这个两难的问题要用一套严格的理论来解释，即在一套理论体系中严格地解释所有这些现象并彻底地解决这个难题，还要再等近四分之一个世纪——直到 1925 年夏天量子力学诞生。光如何知道何时像在干涉实验中那样表现为波，又如何知道何时像在光电效应中那样表现为粒子，在过去的上百年时间一直是一个令人困惑的问题。本书的后续章节将讨论波粒二象性反直觉的一些方面。

不久，尼尔斯·玻尔关于氢原子的研究掀起了普朗克量子假设的“第三次高潮”。我们先来看看原子的历史！

6.4 20 世纪初的原子史

原子的历史就像光的历史一样可以追溯到古代。公元前约 450 年，古希腊哲学家德谟克利特想知道一件东西切得越来越小会发生什么。他认为到某个点东西就不能切得更小。他称这些“不可分割”的碎片为“原子”。这是现代术语“原子”的来源。德谟克利特认为原子的数量是无限的、不可创造的和永恒的，一个物体的性质由组成它的原子的种类决定。

大约一百年后，古希腊哲学家亚里士多德又提出了一套物质观，与德谟克利特的原子观不同，亚里士多德相信四种元素——土、气、火、水构成万物。例如，铁和其他金属之类的重物大部分由土元素构成，少部分由其他三种元素构成。类似地，较轻的物体可能主要由较轻的元素气和火，以及少量重元素土和水构成。

亚里士多德对大众科学思想的影响主导了近 2000 年。他关于物质四种成分的学说在 17 世纪、18 世纪科技革命前几乎一直被人们接受。直到那时，德谟克利特学说或多或少地被人们遗忘，1800 年前后才被英国化学家约翰·道尔顿“复活”。道尔顿根据对气压的研究得出结论：气体一定由不断运动的微小粒子即原子组成。他的主要兴趣在于研究化合物的特性，结论是一种化合物由相同元素以相同的比例构成，另一种化合物由不同元素以不同的比例构成。道尔顿原子理论的主要内容可以概括为如下几点。

- 所有元素都由称为**原子**的极其微小的粒子组成。原子是物质中最小的粒子，它既不能被分成更小的粒子，又不能被细分、创造或毁灭。
- 同种元素的所有原子的大小、质量和其他性质都相同；不同元素的原子的大小、质量和其他性质各不相同。
- 不同元素的原子结合在一起形成化合物。一种特定的化合物总由相同类型、相同比例的原子组成。

道尔顿理论在许多方面是正确的，成了一个被人们广泛接受的理论；然而，他错误地认为原子是最小的粒子，不可分割。道尔顿假设原子就像实心球，这个模型很难解释原子怎样结合在一起形成化合物。他认为原子可以有洞，之间用钩子连在一起。这是一个没有实验支持的过于简单的模型，1897 年被约瑟夫·约翰·汤姆孙在工作中发现还有电子等更小的粒子推翻，后来我们认识到原子有更复杂的结构。

汤姆孙做了一个实验——在真空管内的两块金属板之间施加电压（见图 6.6），观察到电流在两块板之间流动，比预期的由原子大小的粒子组成的电流传播得更远。实验表明，这些带负电荷的粒子的质量应该约为氢原子的千分之一。他还发现，不管这些粒子来自什么金属，质量都一样。这样一来，汤姆孙就发现了电子。他还得出结论——这些粒子不可能是原子，而来自原子内部。因此，电子是亚原子粒子。这是一个重要的发现。

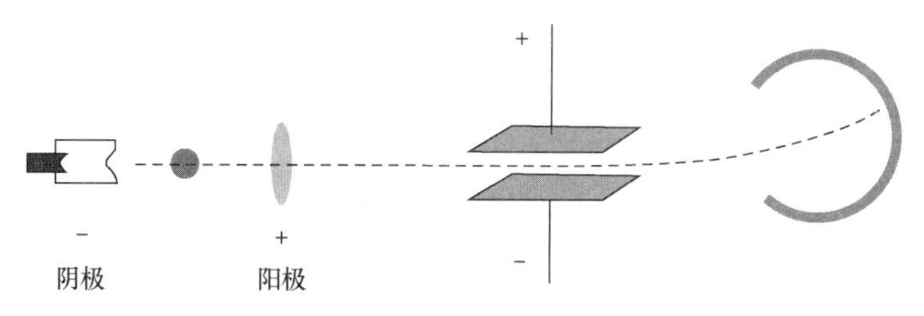

图 6.6　汤姆孙实验原理。电子束在外加电场的作用下偏转

下一个问题是如何解释原子内部存在微小电子。既然原子是电中性的，那么原子怎么可能既带负电荷又保持电中性呢？

汤姆孙提出了李子布丁原子模型，其中球形原子就像均匀带正电荷的布丁，电子就像李子那样嵌在布丁中。这有助于解释原子的电中性（见图 6.7）。他认为，原子的大部分质量在带正电荷的球体上，而电子只做出了很小的贡献。

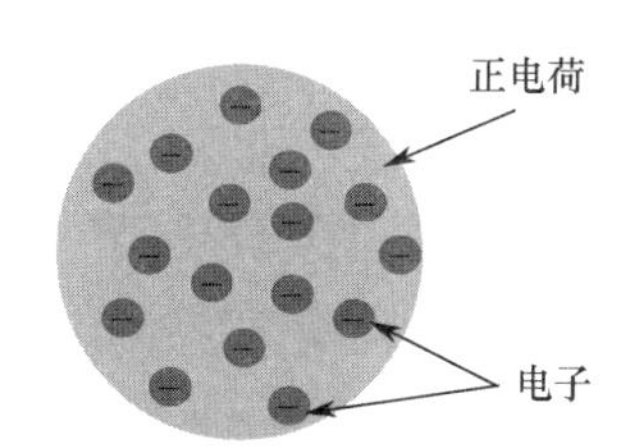

图 6.7　汤姆孙的李子布丁模型。原子由一个均匀分布的正电荷球体组成，带负电荷的电子像李子那样嵌在布丁中

这是 20 世纪初的原子图景。

6.5　卢瑟福原子模型

新西兰物理学家欧内斯特·卢瑟福完成了原子的下一个重大发现——发现了原子核。

1899 年，卢瑟福发现某些元素能够发射带正电的粒子，他将其命名为阿尔法粒子。

1911 年，他又做了一个实验——将一束阿尔法粒子射入一片非常薄的金箔中（见图 6.8），在金箔外则放置阿尔法粒子探测器阵列。如果汤姆孙的李子布丁模型正确，大多数阿尔法粒子就应该以非常小的偏转穿过金箔，偏转由带正电的“布丁”产生的斥力引起。实验结果截然相反。据观察，大多数阿尔法粒子通过金箔时没有任何明显的偏转，但也有少数粒子以非常大的角度散射，甚至有些粒子反向散射，就像原子中的大部分地方为空，阿尔法粒子可以毫无阻碍地通过，但也有个别地方猛烈地排斥阿尔法粒子。这清楚地表明，汤姆孙的那个原子是嵌入了很轻的电子的正电荷海洋的模型是不对的，需要建立一个新的原子结构模型。

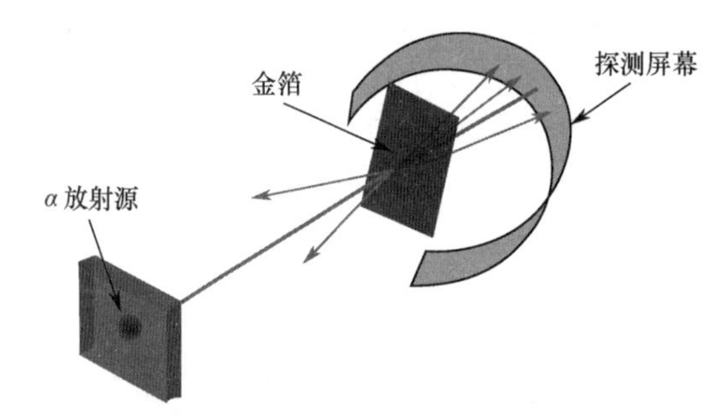

图 6.8 卢瑟福的实验示意图。一束阿尔法粒子射入一片薄薄的金箔。一组探测器在阿尔法粒子自金箔散射出来后探测到它们

在金箔实验的基础上，卢瑟福提出了一个新的原子模型，这个原子模型类似于行星模型（见图 6.9）。他提出，大部分质量和正电荷集中在原子中心的一小块区域，称为**原子核**。带负电荷的电子围绕带正电的原子核旋转，就像行星围绕太阳公转那样。因此，原子的大部分空间几乎是空的，大部分质量集中在小原子核中。这个模型可以解释他的实验：阿尔法粒子可以毫无偏转地穿过空隙，少数粒子被带正电的大质量原子核排斥并以非常大的角度散射，包括向后散射。

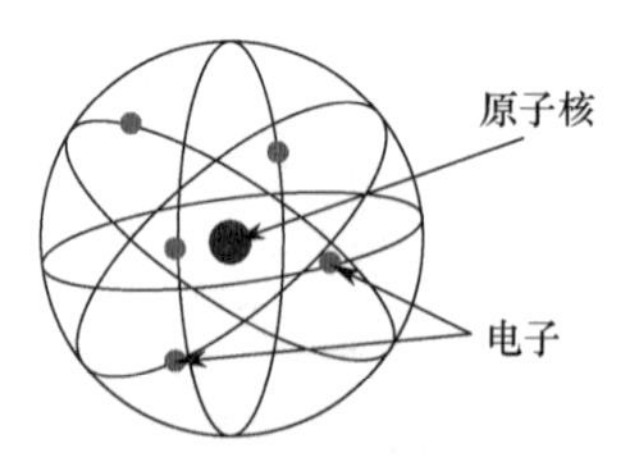

图 6.9 卢瑟福原子模型：由一个巨大的带正电的原子核及其周围环绕的随机轨道上的电子组成

卢瑟福还证明原子核由质子组成。这些粒子几乎比电子重 1000 倍，携带的电荷与电子的相同，但极性相反。原子核内的质子数等于以随机轨道围绕原子核旋转的电子数。后来人们发现，除了带正电荷的质子，原子核内还有一种被称为**中子**的电中性粒子。这些粒子的质量几乎和质子的一样。中子由于电中性而很难被探测到，直到 1932 年詹姆斯·查德威克才发现它们。

卢瑟福的原子图示可以解释金箔实验，但还不足以解释其他实验的结果，其中最值得一提的是各种原子发出的光。

6.6　氢谱

原子是极其微小的物体，尺寸通常只有 1 Å 或 10^{-10} m，因此人们很难直接研究原子的性质。19 世纪，研究原子内部结构的工具很少，其中一种是原子辐射。气体放电时会发出不同频率的光，产生如图 6.10 所示的发射光谱。不同气体的发射光谱是不同的。19 世纪末，人们就已知道发射光谱由特征谱线组成。

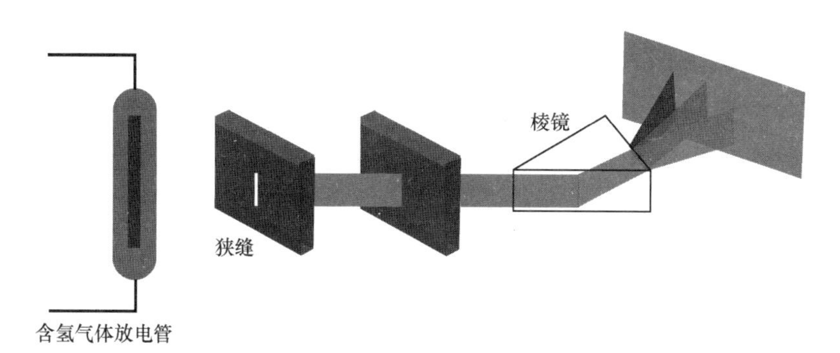

图 6.10　观察氢发射光谱的示意图。含氢气体放电管发光，先通过狭缝形成平行光，再通过棱镜，不同频率的光被棱镜偏转到不同的方向

1885 年，约翰·巴耳末发现氢的可见光谱有四个波长：410nm、434nm、486nm 和 656nm。巴耳末根据这个有限的信息拟合出了一个经验公式：

$$\lambda = B\left(\frac{n^2}{n^2 - 2^2}\right) \tag{6.12}$$

式中，$B = 364.50862\,\text{nm}$，$n = 3,4,5,6$。后来，他又发现了其他谱线（见图 6.11），即使不都符合这个经验公式，但也有相当一部分符合。

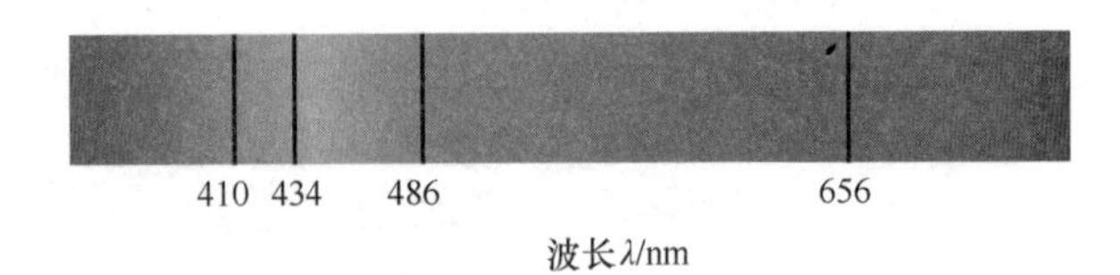

图 6.11 氢原子光谱

1888 年，约翰内斯·里德伯将巴耳末公式推广到了所有氢发射的谱线。一般来说，求巴耳末级数的公式是里德伯公式的一个特例：

$$\frac{1}{\lambda_{nm}}=R_{\mathrm{H}}\left(\frac{1}{m^2}-\frac{1}{n^2}\right) \tag{6.13}$$

式中，λ_{nm} 是发射光的波长，它取决于整数 n 和 m，$n>m$。由实验数据推得常数 R_{H} 的值为

$$R_{\mathrm{H}}=4/B=10973731.57\,\mathrm{m}^{-1} \tag{6.14}$$

常数 R_{H} 称为**里德伯常数**。在一系列谱线中，$m=1, m=2$ 和 $m=3$（满足条件 $n>m$）分别称为**莱曼系**、**巴耳末系**和**帕申系**。

列这个方程时，主流原子模型还是汤姆孙模型——电子像李子那样嵌在带正电的布丁中，它既不能解释氢离散的能量谱线，又推导不出里德伯公式。即使是带正电的原子核、电子在随机轨道上运动的卢瑟福模型也不能解释这一结果。重大突破来自 1913 年尼尔斯·玻尔的研究。

6.7 原子量子理论：玻尔模型

1913 年，丹麦科学家尼尔斯·玻尔发现了电子轨道与原子核保持固定距离的证据，这与卢瑟福的原子模型形成了鲜明的对比——在卢瑟福的模型中，电子随机地围绕原子核运动。根据玻尔的模型，电子可以存在于明确定义的能级上，这些能级对应于固定半径的轨道。电子只能在这些轨道上运动，而不能在它们之间运动。这就像爬梯子，我们可以站在一级或下一级上面，但是不能站在相邻两级之间。类似地，电子可以在一级或下一级运动，但永远不会在相邻两级之间运动。

综上所述，玻尔原子模型具有如下特性。

- 原子由一个带正电的原子核与在围绕其周围固定轨道上旋转的电子组成。每个轨道对应一个能级。电子只在这些能级上，而不在这些能级之间（见图 6.12）。

- 离原子核最近的能级能量最低。随着半径的增加，原子能级的能量也增大。
- 电子可以从一个能级跃迁到另一个能级。当电子从较高能级跃迁到较低能级时，发射出一个光量子或光子，能量 $\hbar\nu$ 等于两个能级之间的能量差。类似地，原子吸收能量为 $\hbar\nu$ 的光子，电子跃迁到更高的能级，能级之间的能量差等于光子的能量。

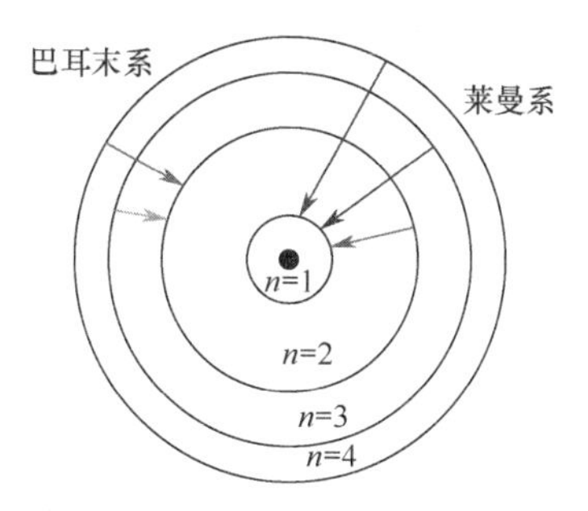

图 6.12　根据玻尔原子模型，电子只存在于半径为 r_n 的固定轨道上，每条轨道上都有特定的能量。一个电子从高能级跃迁到低能级时，发射一个能量等于两个能级之间的能量差的光子

最具挑战性的任务是建立一个理论来回答以下问题：

- 这些能级的半径是多少？
- 某个能级上的电子的能量是多少？
- 这个理论能解释氢光谱并推导出里德伯公式吗？

最简单的原子是氢原子，它由一个质子和一个电子组成。在玻尔模型中，电子以固定轨道围绕质子旋转。玻尔引用量子假设来求这个最简单系统的电子轨道半径。利用该假设，还能求氢原子中能级的能量。这个模型最引人注目的方面是可以解释氢原子的发射光谱。

下面计算一个由质子和电子组成的两粒子系统，其电子围绕质子旋转。电子和质子之间的引力可用库仑力来描述：

$$\frac{e^2}{4\pi\varepsilon_0 r^2}$$

式中，e 是电子电荷，ε_0 是自由空间的介电常数，r 是电子的轨道半径。对于在围绕原子核的稳定轨道上旋转的质量为 m_e 的电子，库仑力提供的向心力为

$$\frac{m_e v^2}{r}$$

式中，v 是电子速度。令库仑力和向心力相等，可得

$$\frac{m_e v^2}{r} = \frac{e^2}{4\pi\varepsilon_0 r^2} \tag{6.15}$$

因此，电子在半径为 r 的围绕质子的轨道上的速度是

$$v = \sqrt{\frac{e^2}{4\pi\varepsilon_0 m_e r}} \tag{6.16}$$

然而，这个简单模型存在很大的问题。当电子围绕原子核沿圆形轨道运动时，它会加速，因为即使是匀速运动，其方向也在不断地变化。然而，麦克斯韦的电磁理论预测，加速的电子会发出辐射。因此，电子应该会不断地发出辐射并消耗能量，应该会一直旋转直到落入原子核，所以电子不能稳定在静止（与时间无关）轨道上围绕质子运动。

玻尔下一步做了一个非常大胆的举动——也许是物理学史上最大胆的举动之一。他假设只有那些角动量 $L = m_e vr$ 是普朗克常数 $\hbar$ 的整数倍的轨道才稳定，即

$$m_e vr = n\hbar \tag{6.17}$$

式中，$n = 1,2,3,\cdots$ 称为**主量子数**。量子力学到现在第一次出现在了原子物理学中。将式（6.16）中电子速度的表达式 v 代入这个量子条件，得到

$$m_e \sqrt{\frac{e^2}{4\pi\varepsilon_0 m_e r}} r = n\hbar \tag{6.18}$$

进而得到允许轨道半径的如下表达式：

$$r_n = n^2 \frac{\hbar^2}{m_e}\left(\frac{4\pi\varepsilon_0}{e^2}\right) \tag{6.19}$$

这与此前已知的任何原子结构都不同。根据玻尔的氢原子理论，电子不能在任何其他轨道上围绕原子核运动，而只能在式（6.19）限定的由整数 n 给出的半径的轨道上运动。这个条件是条件式（6.17）的直接结果。

最内层轨道的半径（$n=1$）

$$a_{\mathrm{B}}=r_1=\frac{\hbar^2}{m_{\mathrm{e}}}\left(\frac{4\pi\varepsilon_0}{e^2}\right) \tag{6.20}$$

称为**玻尔半径**，它估计了原子的尺寸，其中 $\hbar=1.06\times10^{-34}\ \mathrm{J\cdot s}$， $m_{\mathrm{e}}=9\times10^{-31}\ \mathrm{kg}$， $e=1.6\times10^{-19}\ \mathrm{C}$， $\dfrac{1}{4\pi\varepsilon_0}=9\times10^9\ \mathrm{N\cdot m^2/C^2}$，

$$a_{\mathrm{B}}\approx0.5\times10^{-10}\ \mathrm{m}=0.5\ \text{Å} \tag{6.21}$$

下一个要解决的问题是，在氢原子的量子化能级中，电子能量是多少？这个问题可以通过计算第 n 个轨道（半径为 r_n 的轨道）中电子的总能量来回答。

电子的能量由两部分组成：一部分是动能 $\mathrm{KE}=\dfrac{m_{\mathrm{e}}v^2}{2}$，另一部分是势能，即

$$\mathrm{PE}=-\frac{e^2}{4\pi\varepsilon_0 r} \tag{6.22}$$

因此，总能量等于

$$E=\frac{1}{2}m_{\mathrm{e}}v^2-\frac{e^2}{4\pi\varepsilon_0 r} \tag{6.23}$$

将式（6.16）中的 v 代入，得到

$$E=-\frac{e^2}{8\pi\varepsilon_0 r} \tag{6.24}$$

最后，将式（6.19）中第 n 个轨道半径的表达式代入上式，得到第 n 个能级的能量的表达式为

$$E_n=-\frac{m_{\mathrm{e}}e^4}{2(4\pi\varepsilon_0)^2\hbar^2}\frac{1}{n^2} \tag{6.25}$$

这是玻尔关于氢原子的主要结果：电子能量被“量子化”，具体取决于量子数 n。

现在可以用玻尔假设来解释氢原子光谱：当电子从量子数 n 所描述的激发态跃迁

到量子数 m（$n>m$）所描述的更低能级时，发射出频率为ν_{nm}的光子并满足以下关系：

$$E_n - E_m = \hbar\nu_{nm} \tag{6.26}$$

等式右边用到了爱因斯坦关系$E=\hbar\nu$。代入式（6.25）的 E_n，得

$$E_n - E_m = \hbar\nu_{nm} = \frac{m_e e^4}{2(4\pi\varepsilon_0)^2\hbar^2}\left(\frac{1}{m^2}-\frac{1}{n^2}\right) \tag{6.27}$$

结合$\nu=\dfrac{2\pi c}{\lambda}$，可以求出从第 n 级跃迁到第 m 级时允许的波长值：

$$\frac{1}{\lambda_{nm}} = R_H\left(\frac{1}{m^2}-\frac{1}{n^2}\right) \tag{6.28}$$

式中，R_H是里德伯常数，它由下式给出：

$$R_H = \frac{m_e e^4}{8\varepsilon_0^2 h^3 c} = 10973731.57\,\mathrm{m}^{-1} \tag{6.29}$$

这与实验观测值相符。它由玻尔氢原子模型推导出来，显然与电子的电荷和质量相关。玻尔的假设确实是一个了不起的成就，电子只在使得电子角动量为普朗克常数$\hbar$的整数倍的轨道上才能得出实验观察到的氢原子谱线。

玻尔成功地提出了可以解释氢原子辐射的模型，并且推导出了里德伯公式，这是普朗克和爱因斯坦量子化假设的一项重大成就。玻尔还假设氢原子中的电子只能存在于式（6.17）给出的量子化条件允许的轨道上。

普朗克、爱因斯坦和玻尔的研究结果表明，牛顿力学不能充分解释原子层面的现象。1913 年到 1925 年，人们又发现了一些经典理论无法解释的新现象，牛顿力学的基础正在瓦解，迫切需要一个新的理论。这一突破出现在 1925 年至 1926 年，量子力学在海森堡、薛定谔、玻恩、狄拉克等人的努力下诞生了。

新理论面临的一大考验是，用一套严谨的在物理乃至日常经验领域放之四海而皆准的理论分析的结果来解决氢原子问题，而不是像玻尔那样通过假设来解决问题。

与卢瑟福－玻尔原子模型不同，新的量子力学理论表明电子并不在固定轨道上运动。实际上，每个能量为 E_n 的电子都可用波函数$\psi_n(\boldsymbol{r})$来描述，于是$|\psi_n(\boldsymbol{r})|^2$是在$\boldsymbol{r}$位

置发现这个电子的概率密度，从而获得每个电子位置的概率描述。能量 E_n 与玻尔理论所得的表达式一致。完整的量子力学理论还解释了为什么电子不辐射和落入原子核。正是电子的“波动性”使得它们只能在与原子核有着特定距离的地方存在。这些特性将在第 17 章研究氢原子波函数的薛定谔方程时介绍。

习题

6.1　利用维恩位移定律证明室温下辐射峰值在红外区域 5000℃的时候发红光。

6.2　太阳的有效温度约为 5800K，可视为黑体。证明其发射光谱的峰值在可见光光谱中心的黄绿色部分。

6.3　令 $\dfrac{\hbar\nu}{kT} \ll 1$，试从普朗克定律 $J(\nu,T)=\dfrac{8\pi\nu^2}{c^3}\dfrac{\hbar\nu}{e^{\hbar\nu/kT}-1}$ 推导出瑞利－吉恩斯定律 $J(\nu,T)=\dfrac{8\pi\nu^2}{c^3}k_B T$ 。

6.4　为光电效应所涉及的量画出下图（用爱因斯坦理论解释你的图）：

(a)恒定频率下动能（最大值）与强度的关系（假设频率 ν 大于阈值频率 ν_c ）。

(b)恒定强度下动能（最大值）与波长的关系。

(c)恒定频率下光电流与强度的关系（假设 ν 大于阈值频率 ν_c ）。

(d)恒定强度下光电流与波长的关系。

6.5　能产生光电流的光的最长波长（有时称为**截止波长**，即 λ_c）是多少？

6.6　波长为 λ 的光源照射金属，发射最大动能为 1.00eV 的光电子。第二个光源的波长是第一个光源的一半，它发射最大动能为 4.00eV 的光电子。求金属的功函数。

6.7　当氢原子中的电子从 $n = 4$ 能级跃迁到 $n = 2$ 能级时发射光子。所发射光子的频率、波长和能量是多少？

6.8　对于巴耳末系，即电子的终态为 $n=2$ 的原子跃迁，可能的最长波长和最短波长是多少？莱曼系对应于电子最终处于 $n = 1$ 能级的跃迁。在可见光区有莱曼系中的频率吗？（可见光区的波长范围在 400nm 和 700nm 之间。）

6.9　利用玻尔量子化条件，推导出电子在氢原子量子化玻尔轨道上的速度公式。代入常数的值，推导出电子在 $n=1$ 轨道上的速度，它是光速的几分之几？

参考书目

[1] O. Darrigol, *A History of Light: From Greek Antiquity to the Nineteenth Century* (Oxford University Press, 2012).

[2] A. M. Smith, *From Sight to Light: The Passage from Ancient to Modern Optics* (University of Chicago Press, 2015).

[3] M. S. Zubairy, *A very brief history of light*, in *Optics in Our Time*, Edited by M. D. Alamri, M. M. El-Gomati, and M. S. Zubairy (Springer Nature 2016).

[4] D. M. Greenberger, N. Erez, M. O. Scully, A. A. Svidzinsky, and M. S. Zubairy, *The rich interface between optical and quantum statistical physics: Planck, photon statistics, and Bose-Einstein condensate*, in Progress in Optics, Vol. 50, Edited by E. Wolf (Elsevier, Amsterdam 2007), p. 275.

第 7 章　德布罗意波：电子是波还是粒子

1929 年，在诺贝尔物理学奖的受奖演说中，路易斯·德布罗意这样描述他对德布罗意波的发现：

> 一方面，光的量子理论是不能令人满意的，因为它定义了光粒子（光子）的能量方程 $E = hf$，式中包含频率 ν。目前纯粹的粒子理论中并不包含能够允许我们定义频率的内容；因此，仅凭这个原因，我们就不得不在面对光的时候同时引入粒子和频率的概念。另一方面，在确定原子中电子的稳定运动（轨道）的过程中引入了整数；而到目前为止，物理中唯一包含整数的现象是干涉和简正振动模式。这些事实告诉我不能只是简单地将电子视为粒子，而要将频率（波性质）也赋给它们。

德布罗意关于粒子能够表现出波的行为的假说补充了爱因斯坦于 1905 年观察到的现象，即光可以表现出粒子的行为。粒子和波的这种波粒二象性对后来量子力学的发展产生了深远的影响。一些高度违反直觉的结论，如本章讨论的海森堡不确定性关系和玻色－爱因斯坦凝聚，都是由波粒二象性引起的。也许德布罗意的观察最重要的意义是薛定谔为寻找描述德布罗意波的数学描述而得到的薛定谔方程，这一重要发现将在第 17 章中讨论。

7.1　德布罗意波

1905 年，爱因斯坦在解释光电效应时提出光波有时表现出粒子的性质。这些粒子（光子）的能量与光场的频率成正比，即

$$E = \hbar\nu \tag{7.1}$$

式中，E 为能量，$\hbar$ 为普朗克常数（1.055×10^{-34} J·s），ν 为频率。1924 年，路易斯·德布罗意在其博士论文中说道，如果光可以表现为波，如干涉和衍射，又可以表现为粒子，如光电效应，那么粒子也应当可以表现为粒子和波。德布罗意的假说完成了对波和粒子的波粒二象性的描述。如前面讨论的那样，粒子的特征是质量和动量，而波的

特征是频率和波长。德布罗意给出一个质量为 m、以速度 v 运动的粒子的波长为

$$\lambda_{\mathrm{dB}}=\frac{h}{mv} \tag{7.2}$$

这个波长被称为**德布罗意波长**。

德布罗意通过爱因斯坦的相对论“推导”出了这个结论。这里不再深入挖掘相对论的细节，但一些必要的讨论将在本章后面的康普顿散射部分给出。通过该理论可以得到，无质量物体（如光子）所具有的动量 p 与能量 E 的关系为

$$p=\frac{E}{c} \tag{7.3}$$

而光子的能量与频率有关，即 $E=\hbar\nu$。因此，对光子而言，

$$p=\frac{\hbar\nu}{c} \tag{7.4}$$

如果用 $2\pi c/\lambda$ 替换频率 ν，那么得到

$$\lambda=\frac{h}{p} \tag{7.5}$$

式中，$h=2\pi\hbar$。德布罗意的巨大飞跃在于，他推测这种关系适用于光子，同时也适用于任意具有质量的粒子，如具有动量 $p=mv$ 的电子，即一个质量为 m、以速度 v 运动的粒子的波长为

$$\lambda_{\mathrm{dB}}=\frac{h}{p}=\frac{h}{mv} \tag{7.6}$$

正如以一定速度运动的粒子可用德布罗意波长描述那样，波长为 λ 的光子也具有动量［见式（7.5）］：

$$p=\frac{h}{\lambda}=\hbar k \tag{7.7}$$

式中，$k=2\pi/\lambda$，$\hbar=h/2\pi$。因此，光子不仅具有能量，而且具有动量 p。它与波长 λ 成反比，且直接与波矢 k 或者频率 $\nu=ck$ 成正比。

认为粒子具有波的性质的德布罗意假说似乎十分神秘。我们似乎并不将身边的粒子视为波。无论多小的粒子，都是明确存在的物体，都无法在哪怕一瞬间被视为波。一个棒球，或者哪怕是一粒沙，都不能用波来描述。这是为什么？后面我们将看到，原因是相应的德布罗意波长太小——无法想象的小，因此它们的波的性质被完全掩盖。

首先计算一个棒球的德布罗意波长。当棒球的质量为 $m = 0.15\text{kg}$，运动速度为 $v = 40\text{m/s}$ 时，相应的德布罗意波长为

$$\lambda_{\text{dB}} = \frac{h}{mv} = \frac{6.626\times10^{-34}\ \text{J}\cdot\text{s}}{0.15\,\text{kg}\times40\text{m/s}} = 1.1\times10^{-34}\ \text{m}$$

6.7 节中提到，原子的直径的数量级为10^{-10} m，原子核的直径的数量级为10^{-14} m。因此，棒球的德布罗意波长仅为原子的万兆亿分之一。如此小的波长几乎无法被观测，这也是我们不将棒球视为波的原因。

如果是质量为10^{-10} kg、以10^{-4} m/s 的速度运动的一粒沙呢（常温下）？相应的德布罗意波长为

$$\lambda_{\text{dB}} = \frac{h}{mv} = \frac{6.626\times10^{-34}\ \text{J}\cdot\text{s}}{10^{-10}\ \text{kg}\times10^{-4}\ \text{m/s}} = 6.6\times10^{-20}\ \text{m}$$

同样，这个波长太小（原子直径的十万分之一），以致我们同样不会将沙粒视为波。

如果是一个质量为 $m_{\text{e}} = 9.11\times10^{-31}$ kg、经过 100V 的电压加速、以 $v = 5.6\times10^{6}\text{m/s}$ 的速度运动的电子呢？这样的电子的德布罗意波长为

$$\lambda_{\text{dB}} = \frac{h}{mv} = \frac{6.626\times10^{-34}\ \text{J}\cdot\text{s}}{(9.11\times10^{-31}\ \text{kg})\times(5.6\times10^{6}\ \text{m/s})} = 1.2\times10^{-10}\ \text{m} = 0.12\,\text{nm}$$

这是一个纳米级的数量级，我们应该能够观察到电子的波的性质。

正如德布罗意在其诺贝尔奖受奖演说中提到的，德布罗意假说的一个巨大成功是它为玻尔量子化条件提供了新的见解。玻尔假设氢原子中围绕原子核运动的电子的轨道稳定，其角动量 L 是约化普朗克常数 $\hbar$ 的整数倍。除了能够正确给出氢原子发射光谱的表达式，这个假设没有其他正当理由。而德布罗意波为玻尔的假设提供了一些理由，它首先论证轨道稳定的条件应为

$$2\pi r = n\lambda_{\text{dB}} \tag{7.8}$$

即允许的电子轨道的周长应为电子的德布罗意波长的整数倍，如图 7.1 所示。这似乎是合理的，因为驻波的存在使得轨道能够稳定。如果将德布罗意波长公式

$$\lambda_{\mathrm{dB}}=\frac{h}{mv} \tag{7.9}$$

代入式（7.8），就得到玻尔条件

$$mvr=n\hbar \tag{7.10}$$

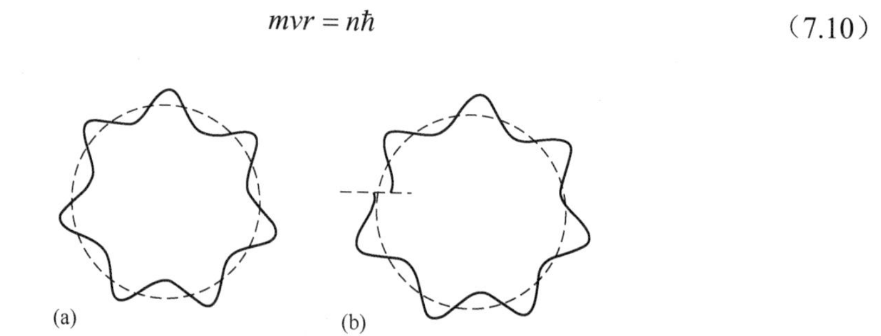

图 7.1　(a)玻尔条件 $mvr = n\hbar$ 表明稳定轨道要求轨道的周长是电子德布罗意波长的整数倍；(b)玻尔条件不满足时，电子轨道不稳定

当 1924 年德布罗意提出粒子也具有波的性质的假说时，他没有任何实验证据支持他的猜想。形势很快发生了变化。1927 年，克林顿·戴维森和雷斯特·革末做了一个只能被德布罗意猜想解释的实验。在实验中，戴维森和革末向镍晶体发射电子后，观察到了类似于晶体对波的衍射的电子衍射现象。同年，英国物理学家乔治·佩吉特·汤姆森做了一个类似的实验。他将电子发射到薄金属箔上，得到了与戴维森和革末相同的实验结果。

在戴维森－革末实验中，电子枪将一束电子射向镍晶体，然后在不同的角度检测被反弹回来的电子，如图 7.2 所示。实验包括统计检测器上电子的数量。戴维森和革末观察到了如下实验现象：

- 当角度 θ 变化时，只要入射电子的能量固定，检测到的电子数量就呈现非周期变化。随着角度变化，统计的电子数量在零与最大值之间快速且连续地振荡变化。
- 在任一确定的角度下，电子数量随入射电子能量的变化而增加或减少。

这些结果非常令人惊讶，几乎是令人震惊的。它们与所期望的电子表现为粒子的情况非常不同。例如，如果电子表现得像从固定表面散射的台球，那么可以预期

很大一部分电子会在$\theta=0$处被反弹回来，其余的电子在其他角度上几乎均匀分布。可是，实际上观察到的电子的角度分布是典型的衍射条纹图样。如果电子只有粒子行为，那么无论如何也得不到这样的结果；只有特征波长等于粒子的德布罗意波长的波的行为才能解释观察到的电子数量的分布。

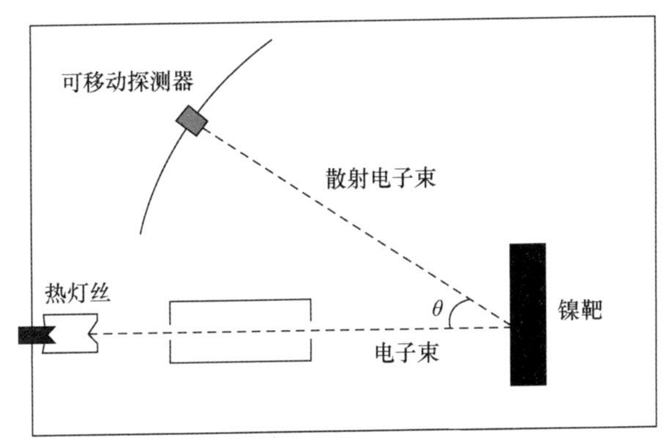

图 7.2　戴维森－革末实验示意图

那么如何用电子的波性质来解释这些结果呢？首先注意镍晶体由立方结构的原子层组成，每个立方体的边长为 2.15 Å 。如果电子表现出粒子特性，那么它们将从表面上的每个晶格点处及晶体内部散射，并在所有方向上得到均匀的电子角度分布。如果电子表现出波长为$\lambda_{\mathrm{dB}}=\dfrac{h}{mv}$的德布罗意波的性质，那么它们碰到原子后会在满足相长干涉条件的θ_n方向散射。晶格点相长干涉的条件为（见图 7.3）

$$d\sin\theta_n=n\lambda_{\mathrm{dB}} \tag{7.11}$$

式中，$n=0,1,2,\cdots$。类似地，相消干涉条件为

$$d\sin\theta_n=(2n+1)\frac{\lambda_{\mathrm{dB}}}{2} \tag{7.12}$$

因此，电子仅在特定角度被散射：

$$\sin\theta_n=\frac{n}{d}\lambda_{\mathrm{dB}}=\frac{n}{d}\frac{h}{mv} \tag{7.13}$$

例如，当电子经电压$V=54\mathrm{V}$加速后，在

$$\theta=0^\circ,\ \ \theta_1=50^\circ \tag{7.14}$$

方向出现条纹图样，与实验结果一致。

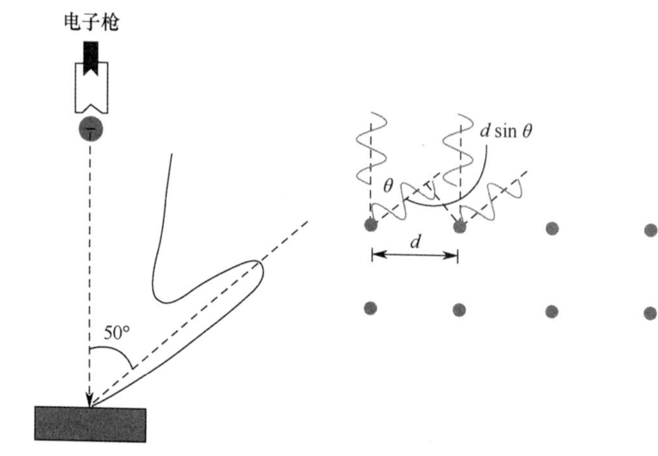

图 7.3 戴维森－革末实验结果可以这样解释：将电子视为波长为 $\lambda_{\text{dB}}=\dfrac{h}{mv}$ 的德布罗意波，被晶体中的原子衍射，并在满足相长干涉条件的角度 θ_n 方向被反射回来

观察到的另一个结果是，在一个固定的角度上，电子数量会随着入射电子的能量变化而增加或减少，这也可由式（7.13）证明。对于固定的角度 θ，改变电子的入射速度 v,，就能周期性地满足相长干涉条件（7.11）和相消干涉条件（7.12）。

当这个非凡实验的重要性为世人所知后，克林顿·戴维森和乔治·佩吉特·汤姆森于 1937 年被授予诺贝尔奖。这里还有一个有趣的历史故事——约瑟夫·约翰·汤姆森由于发现了电子的粒子性质而于 1906 年被授予诺贝尔奖，他的儿子乔治·佩吉特·汤姆森却因证明电子具有波的性质而在 31 年后获得诺贝尔奖。

德布罗意关于发现电子波的性质的另一个里程碑是，1932 年恩斯特·鲁斯卡发明了第一台电子显微镜，即用电子代替了光（光子）。电子显微镜的优势在于其工作波长相比于传统显微镜要小得多，仅有电子的德布罗意波长那么小，因而极大地提高了灵敏度。1986 年（在这一发现的 50 多年后），恩斯特·鲁斯卡因其发明获得了诺贝尔奖。

7.2 波粒二象性——波函数法

可以说德布罗意对粒子（如电子）具有波的性质的描述十分令人惊奇。然而，该描述已由前面提到的戴维森和革末的电子衍射实验验证。第 8 章将讨论另一个里程碑式的实验，即电子在双缝实验中发生干涉。但是，第 3 章讨论的实验是怎么回事？在实验中，我们用经典物理的定律来描述电子在电场和磁场中的偏转行为，其中，电子被视为具有一定质量和电荷量的粒子。于是，一个自然而然的问题便出现了：对于电子和其他许多有质量的粒子而言，怎么统一看待它们的波和粒子的性质呢？一个相关的问题是，在波粒二象性的背景下，怎么描述存在于有限空间中的定域的粒子？这些问题是量子力学的核心，第 17 章中将讨论的波函数方法严格地给出了答案。为了引出这个方法，我们首先将电子描述为波包。

基于先前讨论的德布罗意波，设大粒子可以描述为波，其波长为

$$\lambda = \frac{h}{mv}$$

这种具有准确波长的波可由如下波函数描述：

$$\psi(x,t) = A\sin(kx - \nu t) \tag{7.15}$$

式中，$k = 2\pi/\lambda$为波矢，$\nu = ck$ 为频率。为简单起见，假设波仅为一维波。在完整的三维空间中，应当使用在所有三个方向上都有分量的波矢 k。式（7.15）无法描述定域物体，因为该波是从 $x = -\infty$ 延伸到 $x = +\infty$ 的，波函数分布在整个空间中。

但是，一个定域粒子可以描述为具有多个波长的波的叠加。举个最简单的例子，考虑两个具有相同振幅但波长（或等效的波矢）有轻微差别的波：

$$\psi_1(x) = A\sin((k + \Delta k)x) \tag{7.16}$$

$$\psi_2(x) = A\sin((k - \Delta k)x) \tag{7.17}$$

根据叠加原理，得到的波为

$$\begin{aligned}\psi(x) &= \psi_1(x) + \psi_2(x) \\ &= A\sin((k + \Delta k)x) + A\sin((k - \Delta k)x) \\ &= 2A\sin(kx)\cos((\Delta k)x)\end{aligned} \tag{7.18}$$

其中用到了三角恒等式

$$\sin\alpha + \sin\beta = 2\sin\left(\frac{\alpha + \beta}{2}\right)\cos\left(\frac{\alpha - \beta}{2}\right) \tag{7.19}$$

并且令$\alpha = (k + \Delta k)\,x$，$\beta = (k - \Delta k)\,x$。如图 7.4 所示，波函数由两部分组成。第一部分

$\sin(kx)$以平均波矢 k 振荡：

$$k = \frac{1}{2}\left[(k + \Delta k) + (k - \Delta k)\right] \tag{7.20}$$

它被缓慢变化的第二部分 $\cos((\Delta k)x)$所调制，以两个波矢的差的一半振荡：

$$\Delta k = \frac{1}{2}\left[(k + \Delta k) - (k - \Delta k)\right] \tag{7.21}$$

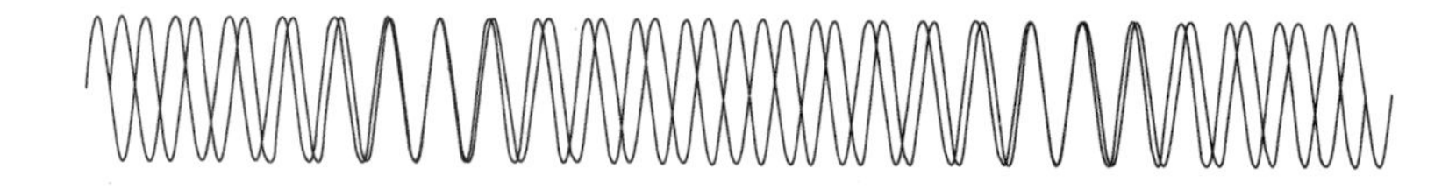

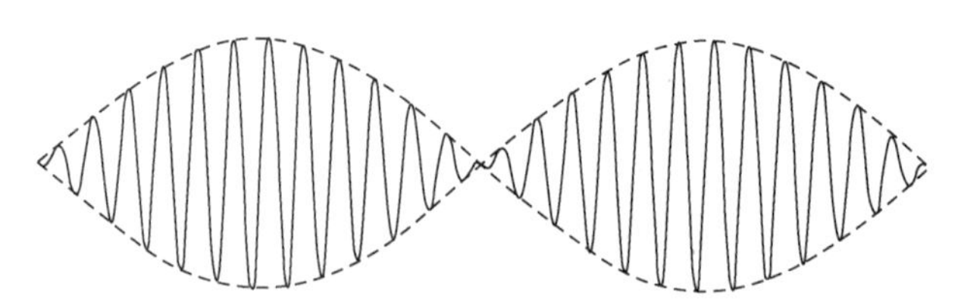

图 7.4　当振幅相同但波矢略有不同的两个波叠加时，得到一个被另一个波矢小得多的波所调制的波

因此，我们得到一个具有波矢 k 且被小得多的波矢 Δk 调制的波。这两个波长相近的波叠加，将连续的波分成一串波包，每个波包的宽度都约为$\pi/\Delta k$。随着波的数量的增加，叠加可以只在很小的区域内产生相长干涉，如图 7.5 所示。

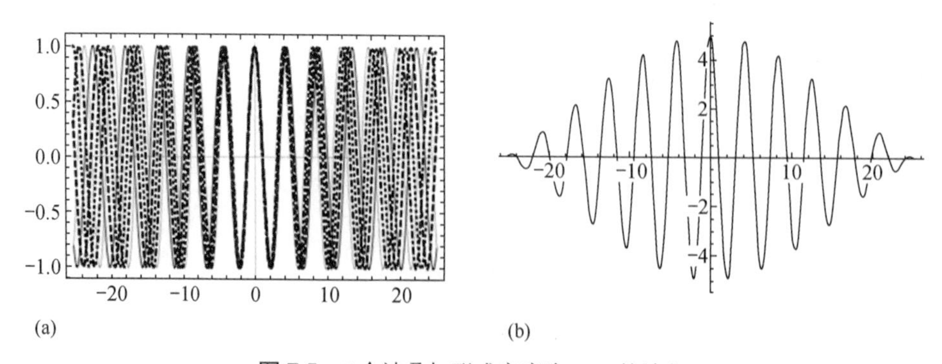

图 7.5　5 个波叠加形成宽度为$\pi/\Delta k$ 的波包

为了描述一个处于有限空间的电子（或任意粒子），需要一个除有限空间外的在任意地方为零或接近于零的波包。这样的波包可由以 k 为中心、宽为 Δk 的连续的波

长或波矢的波叠加构成。在这个例子中，这些波在距离约为$\pi/\Delta k$的位置处于反相位，且由于它们具有各不相同的波长，此后也不会回到同相位。

图 7.6 显示了 3 个、5 个、9 个和无数个以 k_0 为中心、在 $k_0-(\Delta k/2)$到 $k_0+(\Delta k/2)$之间均匀分布的波的叠加。对于 3 个和 5 个波的叠加，即

$$\psi_3(x)=\cos\left(\left(k_0-\frac{\Delta k}{2}\right)x\right)+2\cos(k_0x)+\cos\left(\left(k_0+\frac{\Delta k}{2}\right)x\right) \tag{7.22}$$

$$\begin{aligned}\psi_5(x)=&\cos\left(\left(k_0-\frac{\Delta k}{2}\right)x\right)+\cos\left(\left(k_0-\frac{\Delta k}{4}\right)x\right)+\cos(k_0x)+\\&\cos\left(\left(k_0+\frac{\Delta k}{4}\right)x\right)+\cos\left(\left(k_0+\frac{\Delta k}{2}\right)x\right)\end{aligned} \tag{7.23}$$

随着叠加的波数增加，得到的合波函数越来越集中。对于 Δk 范围内连续分布的波长或波矢，得到的合波局限在 $\Delta x=\pi/\Delta k$ 范围内。

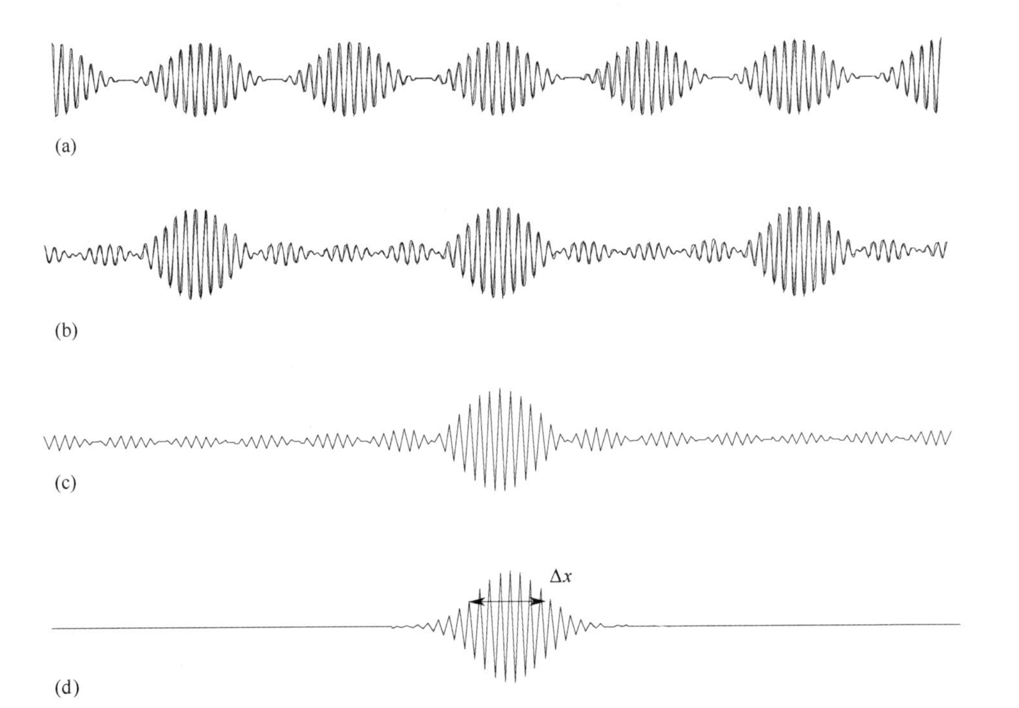

图 7.6　波的叠加：(a)3 个；(b)5 个；(c)9 个；(d)无数个

例如，一个波包的函数可以是

$$\psi(x)=\frac{1}{(2\pi\sigma^2)^{1/4}}\mathrm{e}^{-\frac{x^2}{4\sigma^2}}\mathrm{e}^{\mathrm{i}k_0x} \tag{7.24}$$

它被称为以 $x = 0$ 为中心、宽为 $\Delta x = \sigma$的**高斯波包**。其中，k_0 为载波波数。相应的德布罗意波长为$\lambda_{\mathrm{dB}} = 2\pi/k_0$。这样的波包可由如下连续分布的波矢构成：

$$\phi(k)=\left(\frac{2\sigma^2}{\pi}\right)^{1/4}\mathrm{e}^{-\sigma^2(k-k_0)^2} \tag{7.25}$$

每个波包的宽度$\sigma = \Delta x$ 与 Δk 成反比。这样的波包显然是粒子状的，因为它具有显著幅度的部分被限制在空间中的有限区域内。此外，因为这个波包是由一群平均波数为 k_0 的波构成的，所以这些波可以与一个动量为 $p_0 = \hbar k_0$ 的粒子相关联。如果这是真的，那么波包应当以速度 $v_0 = p_0/m$ 运动。而在 17.2 节中我们将会看到，事实确实如此。

7.3 玻色－爱因斯坦凝聚

玻色－爱因斯坦凝聚是一个基于德布罗意波的非凡预测，于 1925 年由萨特延德拉·纳特·玻色和阿尔伯特·爱因斯坦率先提出，并于 70 年后分别被埃里克·康奈尔和卡尔·威曼以及沃夫冈·克特勒和兰迪·休莱特在独立的实验中观察到。

到目前为止，我们了解了小质量在德布罗意波上的作用——质量越小，德布罗意波长越大。德布罗意波长也反比于粒子的速度——速度越小，德布罗意波长越大。气体中粒子运动的速度取决于温度。随着温度的降低，气态原子和气态分子的速度也降低，其德布罗意波长增大。

当原子运动得足够快时，它们表现出粒子的性质［见图 7.7(a)］。当温度降低时，原子的运动变得十分缓慢且具有显著的德布罗意波长，并且开始表现出波的性质［见图 7.7(b)］。原子的大小约为德布罗意波长。随着温度的进一步降低，原子的大小（德布罗意波长）变得越来越大并且相互之间发生重叠［见图 7.7(c)］。最终，在极低的温度下，原子几乎没有运动，它们不再独立存在而混为一体——一个凝聚态［见图 7.7(d)］。这种现象被称为**玻色－爱因斯坦凝聚**，并且我们可以计算质量为 m 的原子气体开始形成玻色－爱因斯坦凝聚态的临界温度。

考虑一个体积为 V 的盒子，其内有 N 个以平均速度 v 运动的原子。每个原子平均占据的体积为 V/N。原子的德布罗意波长为$\lambda_{\mathrm{dB}} = \dfrac{h}{mv}$。假设以速度 v 运动的原子的有效半径为

$$r \approx \frac{\lambda_{\rm dB}}{2} = \frac{h}{2mv} \tag{7.26}$$

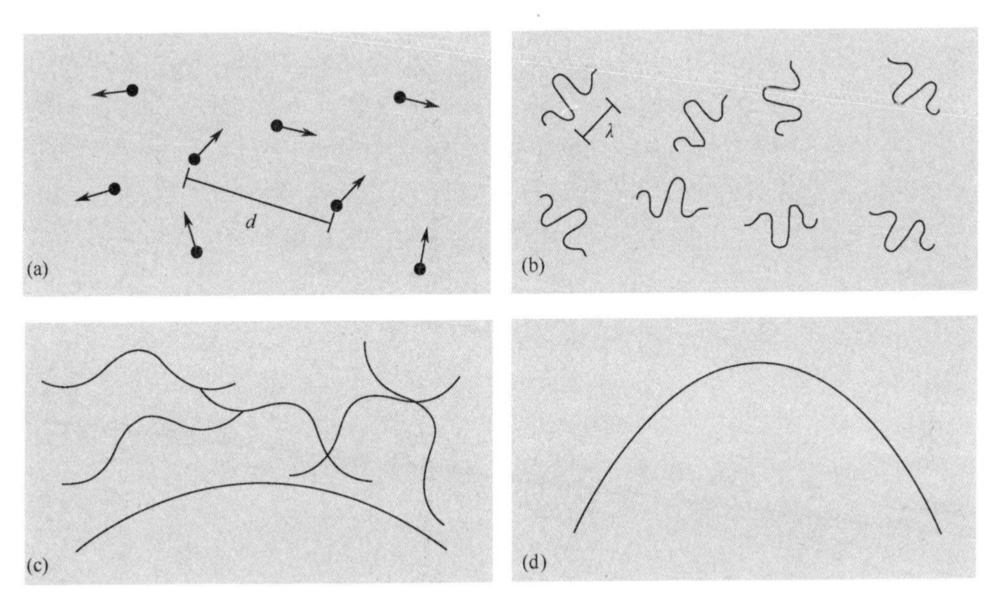

图 7.7　温度降低后，原子气体分子形成玻色－爱因斯坦凝聚态

那么气体中每个原子占据的体积为

$$\frac{4\pi}{3}r^3 \approx \frac{4\pi}{3}\left(\frac{h}{2mv}\right)^3 \tag{7.27}$$

形成凝聚态的条件为

$$\frac{4\pi}{3}\left(\frac{h}{2mv}\right)^3 > \frac{V}{N} \tag{7.28}$$

但是，给定温度 T 下原子的运动速度是多少呢？随着温度的上升，原子运动速度加快，气体中原子的动能正比于温度 T。温度越高，原子动能就越大，反之亦然。因此气体中每个原子的平均动能为

$$\frac{1}{2}mv^2 = \alpha T \tag{7.29}$$

式中，α 为比例系数，T 为开氏温度。由气体动力学理论可知，常数 $\alpha = \frac{3}{2}k_{\rm B}$，其中 $k_{\rm B} = 1.38\times10^{-23}\ {\rm m^2\cdot kg\cdot s^{-2}\cdot K^{-1}}$，被称为**玻尔兹曼常数**。因此，有

$$\frac{1}{2}mv^2=\frac{3}{2}k_{\mathrm{B}}T \tag{7.30}$$

或

$$v=\sqrt{\frac{3k_{\mathrm{B}}T}{m}} \tag{7.31}$$

将凝聚条件（7.28）中的原子速度用上式替换，可以得到发生玻色－爱因斯坦凝聚的温度为

$$T_{\mathrm{c}}\approx\left(\frac{\pi N}{6V}\right)^{2/3}\frac{h^2}{3mk_{\mathrm{B}}} \tag{7.32}$$

我们使用启发式论证法推导了这个临界温度 T_{c} 的表达式。详细分析后，可以得到一个稍微不同的结果：

$$T_{\mathrm{c}}\approx 3.3125\left(\frac{N}{V}\right)^{2/3}\frac{\hbar^2}{mk_{\mathrm{B}}} \tag{7.33}$$

所需的温度非常低，在粒子密度为 $10^{20}\sim10^{21}\,\mathrm{m}^{-3}$ 时，所需的温度为 500nK～2μK。

7.4 海森堡显微镜

于 1927 年提出的海森堡不确定性关系是量子力学的基石之一。它基于这样的原则：不可能在测量任何东西的时候却不干扰它。例如，如果要找到一个正在运动的诸如电子之类的粒子的位置，就需要向它发射光。光在撞击粒子后携带粒子的位置信息散射回来。然而，前面提到，根据德布罗意的假说，光由光子组成，而光子携带动量

$$p=\hbar k \tag{7.34}$$

因此，当光子碰到运动的粒子时，粒子的速度将随机变化。结果是，如果要精确地测量粒子的位置，它的速度或动量就会随机变化。类似地，如果要非常精确地测量粒子的动量，它的位置就会变得不确定。海森堡给出了测量位置和动量的精度之间的关系。根据海森堡不确定性关系，无论测量设备多么精确，如下不等式都成立：

$$\Delta x\cdot\Delta p_x\geqslant\frac{\hbar}{2} \tag{7.35}$$

式中，Δx 是位置的不确定度，Δp_x 是动量的不确定度。

需要注意的是，位置与动量并不是唯一一对满足不确定性关系的可观测量。还有其他满足不确定性关系的可观测量。例如，能量与时间也遵守式（7.35）所示的海森堡不确定性关系。不过，这里只关注位置与动量的不确定性关系。

式（7.35）的正式数学推导更复杂。这里给出基于本章和此前讲过的简单物理概念的推导。这个对不确定性关系的启发式推导基于对极限情况下显微镜的分析，即尽可能精确地同时找到物体（如电子）的位置和动量。这样的分析方法由海森堡率先提出，以阐述以他命名的不确定性关系。这种分析方法也被称为**海森堡显微镜**。

考虑一个显微镜，它由直径为 D、焦距为 F 的透镜组成。设电子到透镜的距离为 d。现在的问题是如何看到电子；另一个更重要的问题是，如何确定电子的位置和沿 x 轴方向的动量？

在海森堡显微镜中，光是从侧面入射的，并在电子的位置被散射到透镜中，如图 7.8 所示。当我们通过透镜看到散射的光时，就能确定“电子的位置”。

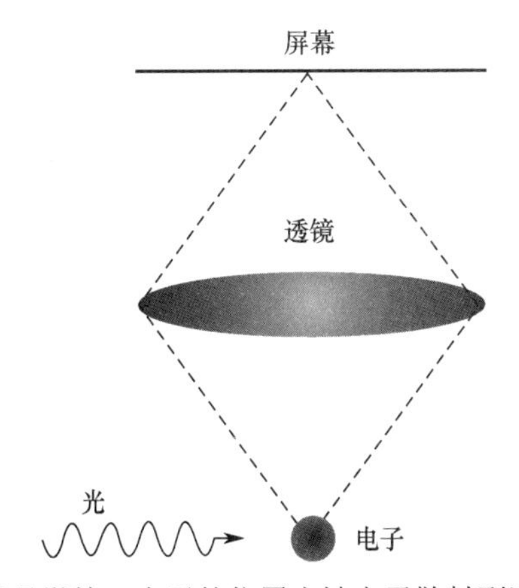

图 7.8　海森堡显微镜。电子的位置由被电子散射到透镜中的光确定

首先分析光子与电子的碰撞。根据德布罗意的理论，光子的波长为 λ，表现出粒子的性质，其动量为 $\hbar k = h/\lambda$。假设待测量的电子处于静止状态。接着，两个“粒子”——光子和电子之间发生“碰撞”。设光子沿 x 轴方向入射。如果碰撞后光子被反射到与垂线夹角为 θ 的方向，那么由沿 x 轴方向的动量守恒定律可得

$$\hbar k + 0 = \hbar k \sin\theta + p_x \tag{7.36}$$

在碰撞之前，光子在 x 轴方向的动量为 $\hbar k$ ，电子动量为 0；在碰撞之后，光子在 x 轴方向的动量分量为 $\hbar k\sin\theta$，电子的动量为 $p_x = mv_x$，其中 v_x 是电子在 x 轴方向的动量分量。

假设光的波长在碰撞前后保持不变（在下一节中，我们将看到事实可能并非如此，但这仍然是一个很好的近似）。因此传递给电子的动量为

$$p_x = \hbar k - \hbar k \sin\theta \tag{7.37}$$

接下来计算在能够从透镜中看到电子的情况下，传递给电子的最小和最大动量。

光子与电子“碰撞”后，可偏转到任意方向，但这里只考虑与垂直方向的夹角范围为 $+\theta \sim -\theta$ 的方向，如图 7.9 所示。只有在这个夹角范围内的光子才能碰到透镜，进而在透镜后面被检测到。在这个夹角范围外的方向，光子将丢失且不影响电子的观测结果。

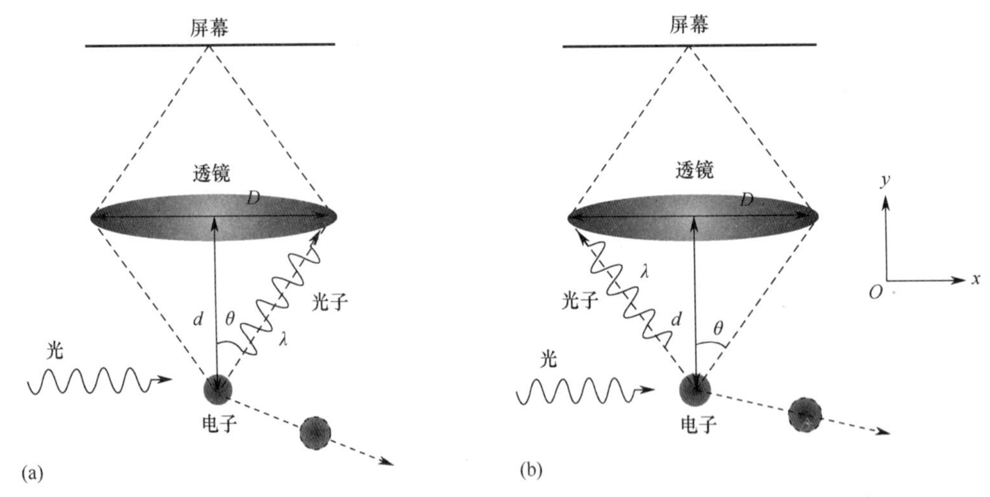

图 7.9　与垂直方向的夹角范围为 $+\theta \sim -\theta$ 的方向的散射光子能被检测到：(a)反射到 $+\theta$ 处的光子传递给电子最小的动量；(b)反射到 $-\theta$ 处的光子传递给电子最大的动量

因此，对于反射到夹角范围 $+\theta \sim -\theta$ 的光子，反射到 $+\theta$ 处的光子传递给电子最小的动量，而反射到 $-\theta$ 处的光子传递给电子最大的动量，于是有

$$(p_x)_{\min} = \hbar k - \hbar k \sin\theta \tag{7.38}$$

$$(p_x)_{\max} = \hbar k + \hbar k \sin\theta \tag{7.39}$$

因此，当我们能够从透镜中看到电子时，电子就能获得范围为$(p_x)_{\min} \sim (p_x)_{\max}$的动量。所以电子动量的不确定度等于

$$\Delta p_x = (p_x)_{\max} - (p_x)_{\min} = 2\hbar k \sin\theta \quad (7.40)$$

当 θ 很小时，有 $\sin\theta \approx \theta$，得到

$$\Delta p_x = \frac{2h\theta}{\lambda} \quad (7.41)$$

回顾可知，$\hbar = \dfrac{h}{2\pi}$，$k = 2\pi/\lambda$。这表明与电子产生碰撞的光子的波长越小，电子的动量的不确定度就越大。这是因为波长 λ 小的光子具有很大的能量（$E = \hbar\nu = hc/\lambda$）。因此，为了减小电子动量的不确定度，应当使用波长 λ 很大的光。

下面讨论位置分辨率。

显微镜的分辨率被定义为当显微镜视野中两个独立的点能被分辨为独立的个体时，两个点之间的最短距离。第 4 章中提到，根据瑞利准则，显微镜可分辨的最小角度受衍射的限制，为

$$\theta_{\min} \approx \frac{\lambda}{D} \quad (7.42)$$

式中，D 是光圈（或者在前例中是透镜）的大小。

而最小角度 $\theta_{\min}$ 又与电子位置的最小可分辨度有关，如图 7.10 所示，有

$$\tan(\theta_{\min}/2) = \frac{(\Delta x/2)}{d} \quad (7.43)$$

因此，在 x 轴方向能够分辨的电子位置的精度不超过

$$\Delta x = 2d\tan(\theta_{\min}/2) \quad (7.44)$$

当 $\theta_{\min}$ 很小时，有 $\tan(\theta_{\min}/2) \approx \theta_{\min}/2$，得到

$$\Delta x = d\theta_{\min} \quad (7.45)$$

而根据瑞利准则，有 $\theta_{\min} \approx \lambda/D$。因此，

$$\Delta x \approx d\frac{\lambda}{D} \tag{7.46}$$

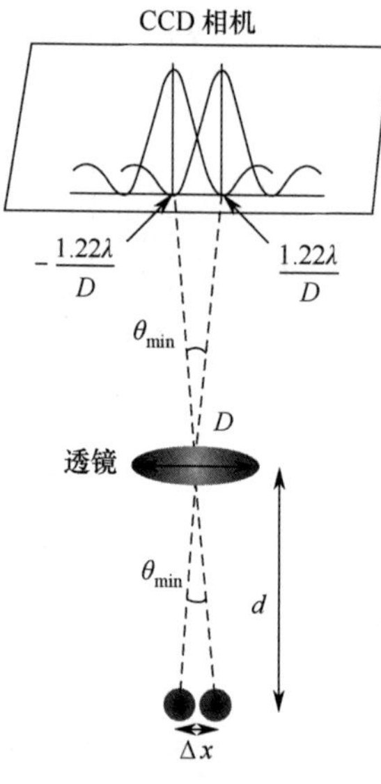

图 7.10　电子位置的不确定度由瑞利准则确定。
最小不确定度 Δx 对应于透镜角度 $\theta_{\min}$

再由图 7.9 有

$$\frac{d}{D}=\frac{1}{2\tan\theta}\approx\frac{1}{2\theta} \tag{7.47}$$

因此位置的最小不确定度为

$$\Delta x \approx \frac{\lambda}{2\theta} \tag{7.48}$$

这表明具有大波长的光子会造成很大的位置不确定度。这与测量动量时波长越大不确定度越小的结论［式（7.41）］相反。

将式（7.41）和式（7.48）中的位置不确定度 Δx 和动量不确定度 Δp_x 相乘，有

$$\Delta x \cdot \Delta p_x \approx \frac{\lambda}{2\theta}\cdot\frac{2h\theta}{\lambda}\approx h \tag{7.49}$$

于是我们就得到了用显微镜测量电子的位置和动量的精度之间的不确定性关系。位置的不确定度与动量的不确定度的乘积，与光的波长、透镜的大小及系统的其他几何特征

无关——仅取决于普朗克常数 h。

基于启发式论证的推导可以更严格一些。可以得到推导结果为

$$\Delta x \cdot \Delta p_x \geqslant \frac{h}{4\pi} = \frac{\hbar}{2} \tag{7.50}$$

不确定性关系基于这样的思想：在测量一个量（位置）的过程中，恰好会改变与之互补的性质（动量）。不确定性关系与测量设备的优劣无关，具有普适性。

7.5　康普顿散射

尽管爱因斯坦通过假设光由能量量子（即光子）组成来解释光电效应，但率先无法反驳地证明光具有粒子特性的，却是阿瑟·康普顿在 1923 年（德布罗意波粒二象性假说出现的前一年）的实验工作。康普顿观察了被自由电子散射的光，他发现散射光的波长与入射光的波长并不相同。众所周知，光的波长变化会导致其颜色变化。光的波长的变化量被称为**康普顿频移**。这种现象无法用光是波来解释。后面我们会看到，康普顿效应只能用光子是具有能量和动量的粒子来解释。康普顿也因这一发现获得了 1927 年诺贝尔物理学奖。

康普顿发现，当波长为 λ_i 的光子入射到质量为 m_e 的电子上时，会以角度 θ 散射，且其波长变为 λ_f，发生了轻微变化，如图 7.11 所示。实验结果表明波长的变化量为

$$\lambda_f - \lambda_i = \frac{h}{m_e c}(1 - \cos\theta) \tag{7.51}$$

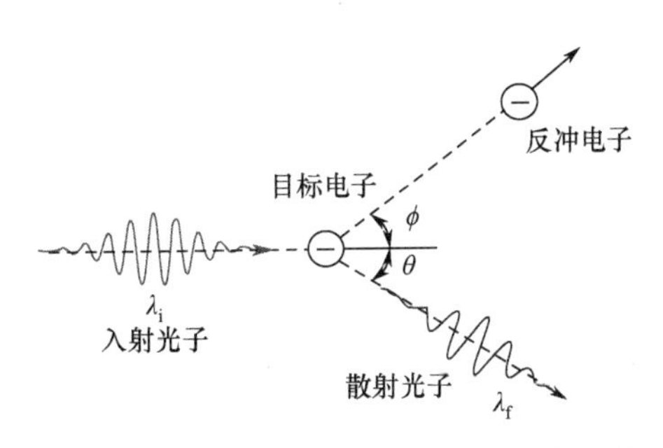

图 7.11　康普顿散射：波长为 λ_i 的光子被静止的电子散射后，与水平方向的夹角为 θ，最终波长为 λ_f

康普顿采用计算粒子之间的碰撞的方法得到了光子波长的变化量。首先考虑粒

子的散射。一个质量为 m_1、速度为 v_{1i} 的粒子入射到另一个质量为 m_2 且静止的粒子上，如图 7.12 所示。在碰撞之后，粒子 1 偏转到与 x 轴的夹角为 θ 的方向，速度为 v_{1f}；粒子 2 偏转到与 x 轴的夹角为$-\phi$的方向，速度为 v_{2f}。如果碰撞是完全弹性的，那么系统保持动量守恒和能量守恒。

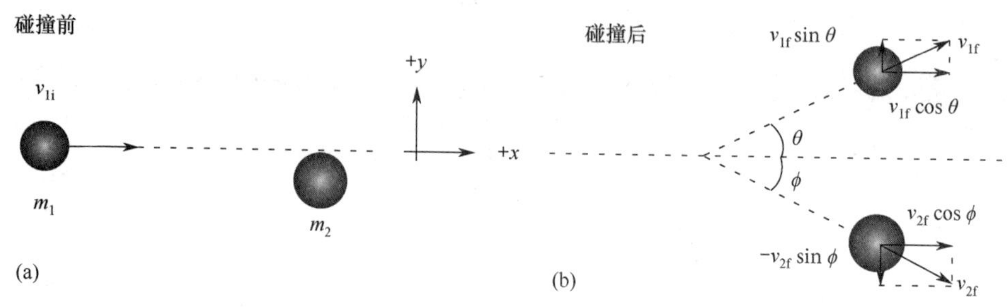

图 7.12　一个质量为 m_1、速度为 v_{1i} 的粒子与另一个质量为 m_2 且静止的粒子碰撞。被反弹的粒子以与水平方向夹角为 θ 和ϕ的方向运动

动量守恒定律表明碰撞前两个粒子的总动量与碰撞后两个粒子的总动量相等。由于动量是矢量，在各个方向上都守恒，因此有

$$m_1 v_{1ix} + m_2 v_{2ix} = m_1 v_{1fx} + m_2 v_{2fx} \tag{7.52}$$

$$m_1 v_{1iy} + m_2 v_{2iy} = m_1 v_{1fy} + m_2 v_{2fy} \tag{7.53}$$

式中，v_{1ix} 和 v_{1iy} 是粒子 1 在 x 轴和 y 轴方向上的初始动量的分量。类似地，v_{1fx} 和 v_{1fy} 是粒子 1 在 x 轴和 y 轴方向上最终动量的分量。粒子 2 亦然。能量守恒要求碰撞前粒子的总能量与碰撞后粒子的总能量相等，即

$$\frac{1}{2}m_1 v_{1i}^2 + \frac{1}{2}m_2 v_{2i}^2 = \frac{1}{2}m_1 v_{1f}^2 + \frac{1}{2}m_2 v_{2f}^2 \tag{7.54}$$

式中，$v_{1i}^2 = v_{1ix}^2 + v_{1iy}^2$，$v_{2i}^2 = v_{2ix}^2 + v_{2iy}^2$。

例中，$v_{1iy} = v_{2ix} = v_{2iy} = 0$，$v_{1ix} = v_{1i}$，$v_{1fx} = v_{1f}\cos\theta$，$v_{1fy} = v_{1f}\sin\theta$，$v_{2fx} = v_{2f}\cos\phi$，$v_{2fy} = -v_{2f}\sin\phi$。经过这些替换，得到动量守恒和能量守恒的简化方程。这些方程可以解出任意未知量。

现在采用类似的方法考虑康普顿散射——被静止的电子散射的光子。

由于电子能以接近光速的速度运动，因此不能对电子使用普通的动量和能量表达式。爱因斯坦在 1905 年发表的一篇重要论文（不同于第 6 章中讨论的光电子效应论

文）中提出了应用于高速（接近光速 $c = 3\times10^8\,\text{m/s}$ ）运动物体的相对论。

爱因斯坦的相对论的一个重要推论是，能量和质量可以相互转换。一般来说，能量是守恒的。因此，一种形式的能量能够转换为另一种形式，但总能量是守恒的。类似地，质量也是守恒的，也就是说，我们可以将一种形式的质量转换为另一种形式的质量，但总质量是守恒的。然而，爱因斯坦证明能量和质量是可以相互转换的。对于质量为 m_0 的一个静止物体，等效能量是

$$E = m_0 c^2 \tag{7.55}$$

式中，E 是能量，m_0 是质量。由质量转换而来的能量是十分巨大的。例如，1 克质量等效于 10^{14}J，相当于 2.5 万吨 TNT 的能量。质量转换为能量是核能的来源，也是原子弹和氢弹所释放能量的来源。

爱因斯坦证明，当粒子以速度 v 运动时，能量－质量的等效关系变为

$$E = mc^2 = \frac{m_0 c^2}{\sqrt{1-\left(\frac{v}{c}\right)^2}} \tag{7.56}$$

式中，m_0 是静止粒子的质量，m 是运动粒子的质量。相应的动量为

$$p = mv = \frac{m_0 v}{\sqrt{1-\left(\frac{v}{c}\right)^2}} \tag{7.57}$$

当速度远小于光速时，我们得到常规的结果。当 $v \ll c$ 时，动量和能量的表达式退化为

$$p \approx m_0 v \tag{7.58}$$

$$E \approx m_0 c^2 + \frac{1}{2} m_0 v^2 \tag{7.59}$$

在推导式（7.59）过程中，用到了 $v \ll c$ 时的如下公式：

$$\frac{1}{\sqrt{1-\left(\frac{v}{c}\right)^2}} = \left(1-\left(\frac{v}{c}\right)^2\right)^{-1/2} \approx 1 + \frac{1}{2}\left(\frac{v}{c}\right)^2 \tag{7.60}$$

这是由于二次展开式在 $x \ll 1$ 时有 $(1+x)^a \approx 1+ax$ 。因此当速度很小时，粒子能量可视为静质量能量加上常规动能。

通过式（7.57）求解 v 并求出相对论因子：

$$1-\left(\frac{v}{c}\right)^2=\frac{m_0^2c^2}{p^2+m_0^2c^2} \tag{7.61}$$

将这个因子代入式（7.56），得

$$E=\sqrt{(m_0c^2)^2+(cp)^2} \tag{7.62}$$

这就是在电子的能量守恒定律中用到的表达式。注意，对于没有质量（$m_0 = 0$）的粒子（如光子），其能量－动量的关系为

$$E = pc$$

这个关系曾在 7.1 节中用于“推导”德布罗意关系：

$$p=\frac{h}{\lambda}$$

这个能量－动量关系通常被称为**色散关系**。图 7.13 中画出了大质量粒子［式（7.62）］和光子［式（7.3）］的色散关系。

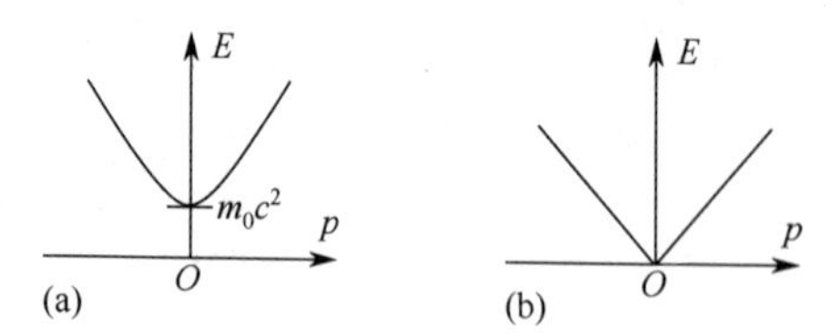

图 7.13 色散关系：(a)大质量粒子［式（7.62）］；(b)光子［式（7.3）］

下面将能量守恒定律和动量守恒定律应用于康普顿散射。根据能量守恒有

$$E_{\mathrm{pi}}+E_{\mathrm{ei}}=E_{\mathrm{pf}}+E_{\mathrm{ef}} \tag{7.63}$$

其中，

$$E_{\mathrm{pi}} = \hbar \nu_{\mathrm{i}} = \frac{hc}{\lambda_{\mathrm{i}}} \tag{7.64}$$

是光子的初始能量，

$$E_{\mathrm{ei}} = m_{\mathrm{e}} c^2 \tag{7.65}$$

是电子的初始能量，

$$E_{\mathrm{pf}} = \hbar \nu_{\mathrm{f}} = \frac{hc}{\lambda_{\mathrm{f}}} \tag{7.66}$$

是光子的最终能量，

$$E_{\mathrm{ef}} = \sqrt{(m_{\mathrm{e}} c^2)^2 + (p_{\mathrm{ef}} c)^2} \tag{7.67}$$

是电子的最终能量。将这些表达式代入式（7.63），得到

$$\frac{hc}{\lambda_{\mathrm{i}}} + m_{\mathrm{e}} c^2 = \frac{hc}{\lambda_{\mathrm{f}}} + \sqrt{(m_{\mathrm{e}} c^2)^2 + (p_{\mathrm{ef}} c)^2} \tag{7.68}$$

整理式（7.68）后得到

$$p_{\mathrm{ef}}^2 = \left(\frac{h}{\lambda_{\mathrm{i}}} - \frac{h}{\lambda_{\mathrm{f}}} + m_{\mathrm{e}} c\right)^2 - (m_{\mathrm{e}} c)^2 \tag{7.69}$$

下面考虑动量守恒：

$$\boldsymbol{p}_{\mathrm{pi}} + 0 = \boldsymbol{p}_{\mathrm{pf}} + \boldsymbol{p}_{\mathrm{ef}} \tag{7.70}$$

其中电子的初始动量 p_{ei} 为 0。在式（7.70）中，

$$p_{\mathrm{pi}} = \frac{h}{\lambda_{\mathrm{i}}} \tag{7.71}$$

是光子的初始动量，

$$p_{\mathrm{pf}} = \frac{h}{\lambda_{\mathrm{f}}} \tag{7.72}$$

是光子的最终动量。由式（7.70）求得电子的最终动量 p_{ef} 为

$$\begin{aligned} p_{\mathrm{ef}}^2 &= (\boldsymbol{p}_{\mathrm{pi}} - \boldsymbol{p}_{\mathrm{pf}})(\boldsymbol{p}_{\mathrm{pi}} - \boldsymbol{p}_{\mathrm{pf}}) \\ &= p_{\mathrm{pi}}^2 + p_{\mathrm{pf}}^2 - 2p_{\mathrm{pi}}p_{\mathrm{pf}}\cos\theta \\ &= \left(\frac{h}{\lambda_{\mathrm{i}}}\right)^2 + \left(\frac{h}{\lambda_{\mathrm{f}}}\right)^2 - 2\left(\frac{h}{\lambda_{\mathrm{i}}}\right)\left(\frac{h}{\lambda_{\mathrm{f}}}\right)\cos\theta \end{aligned} \tag{7.73}$$

设分别由能量守恒［式（7.69）］和动量守恒［式（7.73）］求得的两个 p_{ef}^2 的表达式相等，得到

$$\left(\frac{hc}{\lambda_{\mathrm{i}}} - \frac{hc}{\lambda_{\mathrm{f}}} + m_{\mathrm{e}}c^2\right)^2 - (m_{\mathrm{e}}c^2)^2 = \left(\frac{hc}{\lambda_{\mathrm{i}}}\right)^2 + \left(\frac{hc}{\lambda_{\mathrm{f}}}\right)^2 - 2\left(\frac{hc}{\lambda_{\mathrm{i}}}\right)\left(\frac{hc}{\lambda_{\mathrm{f}}}\right)\cos\theta \tag{7.74}$$

整理式（7.74），最终得到

$$\lambda_{\mathrm{f}} - \lambda_{\mathrm{i}} = \frac{h}{m_{\mathrm{e}}c}(1 - \cos\theta)$$

这与康普顿的实验结果一致。物理量 $\dfrac{h}{m_{\mathrm{e}}c} = 2.43\times10^{-12}\mathrm{m}$ 被称为电子的**康普顿波长**。

如本节开头提到的那样，康普顿实验结果的重要意义是证明了光子具有粒子般的动量，$p = h/\lambda$。

习题

7.1 求质量为 12.0g、以音速运动的一颗子弹的德布罗意波长。设音速为 331m/s。

7.2 求一个动能为 13.6eV 的电子的德布罗意波长（$1\mathrm{eV} = 1.60\times10^{-19}\,\mathrm{J}$）。

7.3 求密度为 $10^{20}\,\mathrm{m}^{-3}$ 的铷原子气体形成玻色—爱因斯坦凝聚态的温度。铷原子是一种化学元素，符号为 Rb，原子序数为 37，标准原子量为 85.47。质子的质量为 $1.67\times10^{-27}\,\mathrm{kg}$。

7.4 计算氢原子第一玻尔轨道上电子的德布罗意波长。

7.5 粒子的静质量为 m_0，运动速度为 v，相对论能量和动量分别为

$$E = mc^2 = \frac{m_0c^2}{\sqrt{1-\left(\frac{v}{c}\right)^2}},\quad p = mv = \frac{m_0v}{\sqrt{1-\left(\frac{v}{c}\right)^2}}$$

式中，c 为真空中的光速。由这些表达式，证明

$$1-\left(\frac{v}{c}\right)^2=\frac{m_0^2c^2}{p^2+m_0^2c^2}$$

最后，证明能量与动量的关系为

$$E=\sqrt{(m_0c^2)^2+(cp)^2}$$

7.6 考虑图 7.11 中的康普顿散射，应用能量守恒和动量守恒定律，证明散射角ϕ满足

$$\cot\phi=\left(1+\frac{h}{m_\mathrm{e}c\lambda_\mathrm{i}}\right)\tan(\theta/2)$$

参考书目

[1] L. de Broglie, *The wave nature of the electron*, Nobel Lecture (1929).

[2] E. A. Cornell and C. E. Wieman, *The Bose–Einstein condensate,* Scientific American 278, 40 (1998).

[3] M. Jammer, *The Philosophy of Quantum Mechanics*, (Wiley 1974).

[4] H. C. Corben, *Another look through the Heisenberg microscope*, American Journal of Physics 47, 1036 (1979).

[5] B. G. Williams, *Compton scattering and Heisenberg's microscope*, American Journal of Physics 52, 425 (1984).

第 8 章　量子干涉：波粒二象性

1802 年，托马斯·杨的双缝实验证实了光的波动性，颠覆了牛顿关于光的微粒说假设。20 世纪初，波粒二象性概念深入人心，人们迫切需要深入解读双缝实验，尤其是当入射的是电子而不是光时会怎么样。实验表明，入射电子形成的干涉图样与入射光形成的图样相似，这令人震惊。理查德·费曼在其著名的《费曼讲义》中说过，杨氏电子双缝干涉实验包含了量子力学的最深奥秘，只有用波函数描述电子才能解读，但奥秘不止于此，如果在一次实验中能够获得电子的运动轨迹，干涉条纹就会消失。这就是波粒二象性的本质。

杨氏双缝实验也是阿尔伯特·爱因斯坦和尼尔斯·玻尔围绕量子力学基础的系列辩论的首次辩论的中心辩题。爱因斯坦提出了一个挑战玻尔互补原理的论点，他设计了一个巧妙的方案，能够在同一个实验中同时展示波动性和粒子性。玻尔通过引用海森堡不确定性关系成功地捍卫了互补原理。

双缝实验中体现的波粒二象性带来了延迟选择和量子擦除效应这两个高度反直觉的概念，说明了过去产生的信息的可用性或擦除是如何影响我们现在解释数据的。这些将在本章接下来的几节中讨论。

8.1　杨氏电子双缝实验

第 4 章讨论了光束通过两条狭缝时是如何在屏幕上产生干涉图样的，其中干涉图样即明暗相间的图样，如图 8.1(a)所示。亮条纹位于屏幕上两条狭缝发出的光波之间的距离差为零或者为波长 λ 的整数倍的位置，即发生相长干涉的位置，而暗条纹位于距离差为 $(n+1/2)\lambda$（n 为整数）的位置，即发生相消干涉的位置。

这种描述的核心是光的波动性。从狭缝入射到屏幕上的光用振幅为 E 的电场来描述，从狭缝 1 发出的光的复振幅是 $E_1=|E_1|\exp(\mathrm{i}\delta_1)$，从狭缝 2 发出的光的复振幅是 $E_2=|E_2|\exp(\mathrm{i}\delta_2)$，测得的光强是 $I=|E|^2$。

因此，当狭缝 2 闭合，光只能穿过狭缝 1 时，屏幕上的光强是

$$I_1=|E_1|^2 \tag{8.1}$$

如图 8.1(b)中的曲线 I_1 所示。类似地，当狭缝 1 闭合，光只能穿过狭缝 2 时，屏幕上的光强是

$$I_2 = |E_2|^2 \tag{8.2}$$

如图 8.1(b)中的曲线 I_2 所示。

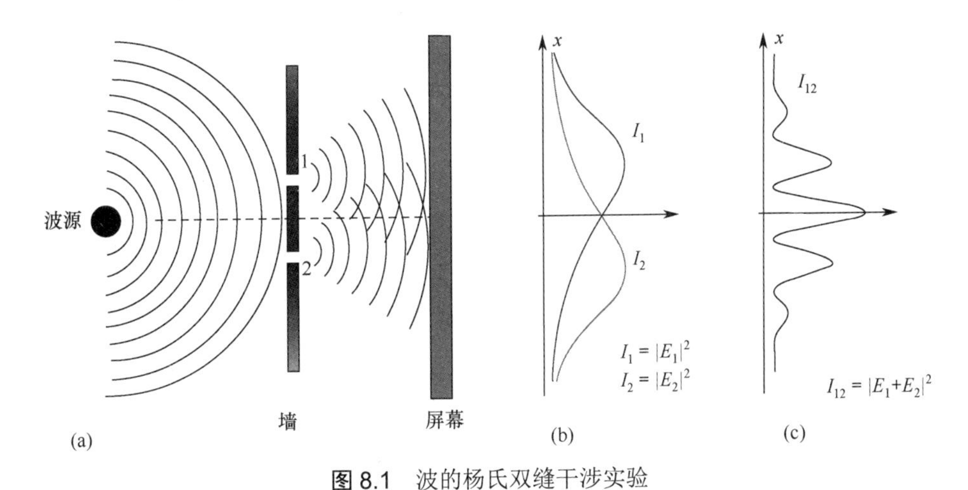

图 8.1　波的杨氏双缝干涉实验

当两条狭缝都打开时，屏幕上光的总振幅是 E_1+E_2，光强是

$$I_{12} = |E_1 + E_2|^2 \tag{8.3}$$

可以看出

$$I_{12} \neq I_1 + I_2 \tag{8.4}$$

相反，

$$\begin{aligned} I_{12} &= I_1 + I_2 + (E_1^* E_2 + E_1 E_2^*) \\ &= I_1 + I_2 + 2|E_1||E_2|\cos\delta \\ &= I_1 + I_2 + 2\sqrt{I_1 I_2}\cos\delta \end{aligned} \tag{8.5}$$

式中，$\delta = \delta_1 - \delta_2$ 是 E_1 和 E_2 的相位差。括号中的最后一项表示干涉。屏幕上的光强分布如图 8.1(c)中的曲线 I_{12} 所示。

下面考虑使用子弹这样的粒子进行双缝实验，如图 8.2 所示。其中，枪向前方发

射子弹，子弹散布的角度很广。子弹可以穿过墙上的 1 号孔和 2 号孔，击中屏幕并被探测到。与光波不同的是，这里不发生干涉。观察到的现象如下。

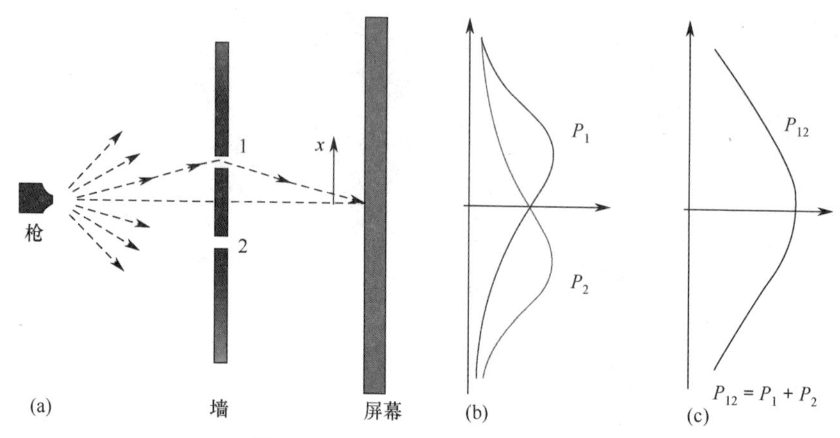

图 8.2　子弹的杨氏双缝干涉实验

当 2 号孔闭合时，子弹只能通过 1 号孔。一颗子弹击中屏幕上 x 点的概率用 P_1 表示，如曲线 P_1 所示，最大值 x 出现在枪和 1 号孔连成的直线上。大量子弹射向屏幕时，分布（与命中屏幕的子弹总数的比值）如曲线 P_1 所示。这条曲线与图 8.1(b)中波的曲线 I_1 相同。当 1 号孔闭合时，子弹只能穿过 2 号孔，得到对称的分布曲线 P_2。当两个孔都打开时，子弹可以穿过 1 号孔或 2 号孔，子弹在屏幕上的分布是

$$P_{12} = P_1 + P_2 \tag{8.6}$$

这个概率是二者之和。两个孔都打开时的效果是每个孔分别打开时的效果之和。这个结果称为**无干涉**观察结果。需要注意的是，对于屏幕上探测到的每颗子弹，都知道它来自哪个孔（至少理论上说如此），也就是说，知道每颗子弹的“路径”信息，也确实可以根据每颗子弹从开枪到击中屏幕的点来确定完整轨迹。

前面讨论了波和子弹的杨氏双缝干涉实验。在波的情况下，场振幅增加，发生干涉。然而，当用子弹重复同样的实验时，概率相加，不发生干涉。

那么电子的杨氏双缝干涉实验会怎样呢？电子的行为是像子弹还是像波？

用电子枪发射电子，电子束穿过图 8.3(a)中有两条狭缝的墙。这套装置与子弹双缝实验的装置相同，结果和子弹的一样吗？

狭缝 2 闭合时，电子只能穿过狭缝 1，单电子在 x 位置撞击屏幕的概率为 P_1，如

图 8.3(b)所示。狭缝 1 闭合时，电子只能穿过狭缝 2，得到对称的曲线 P_2。这些曲线与子弹射到屏幕上的曲线相同，也与光束入射时的强度分布相同。

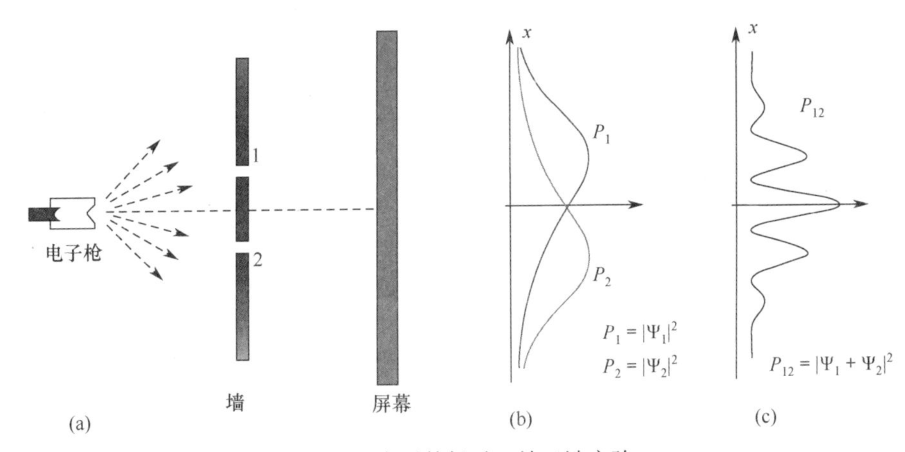

图 8.3　电子的杨氏双缝干涉实验

两条狭缝都打开时会发生什么？电子是像子弹那样呈粒子性还是像光束那样呈波动性？结果如图 8.4 所示，电子聚集在屏幕上。发射 100 个电子后，屏幕上的电子分布看上去比较随机。探测到 1000 个电子后，屏幕上的有些区域的电子似乎要比其他区域的电子密集，但是仍然很难得出任何关于电子的粒子性或波动性的结论。

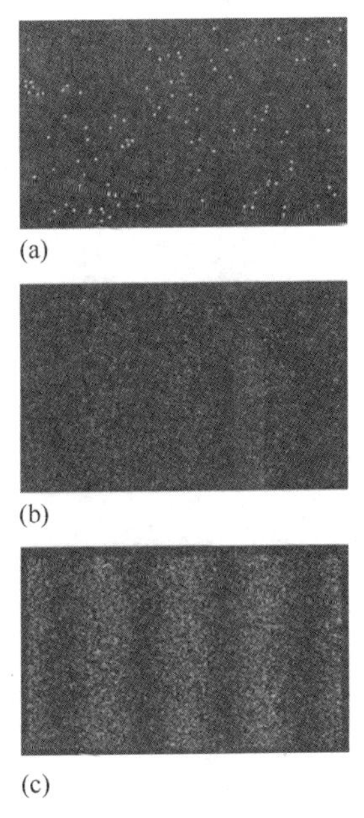

图 8.4　电子杨氏双缝干涉实验结果：(a)100 个电子；(b)1000 个电子；(c)10000 个电子

屏幕上探测到10000个电子后，出现了清晰可见的干涉图样，上面是明亮的条纹，中间隔着黑色的条纹。单个电子逐个地被探测到，但没有得到类似于子弹实验的图样，而是有的地方有，有的地方没有。这个结果很奇怪。电子怎么知道在哪里撞击屏幕才能看到大量电子撞击屏幕后出现的干涉图样？

这个实验由理查德·费曼于1965年在著名的《费曼讲义》中提出，当时他说道：

> 我们选择研究一种不可能、绝对不可能用任何经典理论解释的现象，蕴含着量子力学的核心。

他还说这个实验太难了，可能永远也没有人能够做出来。费曼显然不知道的是，克劳斯·约翰松于1961年就做出来了电子双缝实验。

世界真奇妙，实验变一变，结果大相径庭。

如图8.5所示，在两条狭缝之间放一个光源。电子穿过狭缝时，光被电子散射并提供路径信息。在这种情况下，干涉消失，结果如图8.5(c)所示，它与子弹双缝实验所得到的结果一样，而与图8.3所示实验的结果相反，图8.3中缺乏对每个电子路径的了解，而缺乏了解似乎是造成干涉的原因。

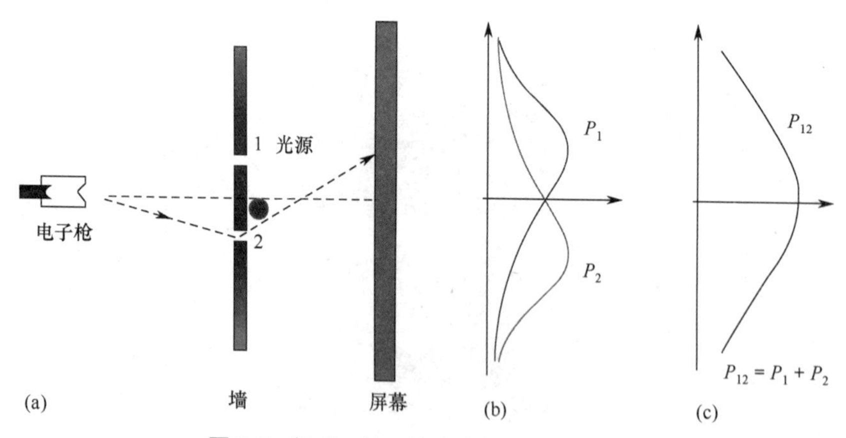

图8.5 杨氏双缝干涉实验的某条路径信息

因此，如果去“看”每个电子沿哪条路径走，干涉就消失了，屏幕上所得到的分布与粒子一样，所以要么没路径信息、有干涉，要么有路径信息、没干涉。

没有别的办法可以解释这种现象，只能使用第5章讨论的量子力学的基本原理来解释。

电子不再被描述为沿着明确轨迹运动的粒子，而被描述为波函数$\psi(\boldsymbol{r})$，即一个关于位置的复杂函数。屏幕上的任何一点 R 都有同一个电子分别通过两条狭缝的贡献$\psi_1(R)$和$\psi_2(R)$。

当狭缝 2 闭合时，R 处的总波函数是$\psi_1(R)$，发现电子的概率是

$$P_1 = |\psi_1|^2 \tag{8.7}$$

类似地，当狭缝 1 闭合时，R 处的总波函数是$\psi_2(R)$，发现电子的概率是

$$P_2 = |\psi_2|^2 \tag{8.8}$$

两条狭缝都打开时，R 处的总波函数是

$$\psi(R) = \psi_1(R) + \psi_2(R) \tag{8.9}$$

发现电子的概率是

$$\begin{aligned} P_{12} &= |\psi_1 + \psi_2|^2 = |\psi_1|^2 + |\psi_2|^2 + (\psi_1^*\psi_2 + \psi_1\psi_2^*) \\ &= |\psi_1|^2 + |\psi_2|^2 + 2|\psi_1||\psi_2|\cos\theta \end{aligned} \tag{8.10}$$

式中，$\psi_1 = |\psi_1|\exp(\mathrm{i}\theta_1), \psi_2 = |\psi_2|\exp(\mathrm{i}\theta_2), \theta = \theta_1 - \theta_2$。角度$\theta$取决于屏幕上的位置。最后一项是干涉项，它取决于$\theta$，在某些位置可与$|\psi_1|^2 + |\psi_2|^2$相等或相反，使这些位置发现电子的概率为零，并且导致干涉。波函数ψ_1和ψ_2似乎与波的杨氏双缝干涉实验中的复合场E_1和E_2的作用相同，但也有关键的不同：$I_1 = |E_1(R)|^2$和$I_2 = |E_2(R)|^2$是分别从狭缝 1 和狭缝 2 射到 R 点的光的强度，$|\psi_1(R)|^2$和$|\psi_2(R)|^2$是分别从狭缝 1 和狭缝 2 发射的电子在 R 点命中屏幕的概率。

如果做实验来确定电子是穿过狭缝 1 还是穿过狭缝 2，在屏幕上的 R 点发现电子的概率就是各个概率之和，即

$$P_{12} = P_1 + P_2 \tag{8.11}$$

并且干涉消失。

波粒二象性的概念自量子力学诞生之初就一直是激烈讨论的焦点。同一个电子怎样在一种情况下表现得像波，而在另一种情况下表现得像粒子？这太神奇了。波粒二

象性是阿尔伯特·爱因斯坦和尼尔斯·玻尔之间激烈争论的主题，下一节中将继续讨论。

理查德·费曼用下面的话表达了他对这些令人难以置信的结果的惊讶：

> 你可能还想问："这是怎么回事？法则背后的机制是什么？"没人发现法则背后有什么机制。没人能"详解"。没人能告诉你究竟发生了什么。没人说得清有什么底层机制能产生这些结果。

刚才讨论了用电子做这个实验，用光来做这个实验时，结果也一样。如果将杨氏双缝干涉实验中的光束视为由大量光子组成，那么情况与电子干涉实验相似。双缝实验中光束干涉缘于缺乏每个光子的路径信息。如果能以某种方式得到每个光子的路径信息，干涉就消失了。

这就是波粒二象性或玻尔互补原理的本质：*电子和光子没有路径信息就表现得像波，有了路径信息就表现得像粒子*。

8.2 爱因斯坦－玻尔关于互补性的辩论

1927年，尼尔斯·玻尔提出了互补原理，其陈述如下：*在任何量子力学实验中，某些物理概念是互补的*。如果实验清晰地揭示了一个概念，那么另一个概念就会完全模糊。例如，如果一种物质在实验中清晰地呈现了粒子性，那么波动性将完全模糊。因此，在双缝实验中，要么得到路径信息，要么得到干涉图样。根据玻尔的互补原理，它们永远不可能在同一个实验中同时被观察到。

爱因斯坦却想了个办法在同一个实验中同时获得路径信息（粒子性）和干涉（波动性），而这违背了玻尔互补原理。

在爱因斯坦提出的实验中，一面有两条缝的墙夹在滚筒间，可在垂直方向上下自由移动，如图8.6所示。这是一个思想实验。换句话说，实际上不必做实验，只是用想象和推理来代替。电子枪将电子射向墙，在那里电子可以穿过两条狭缝，落到后面的屏幕上，形成干涉图样。电子有正向动量，但电子束在扩散，在$+x$和$-x$方向上都可能有较小的动量分量。例如，穿过狭缝1的电子沿x轴的动量分量应等于p_1，穿过狭缝2的电子沿x轴的动量分量应等于p_2。穿过狭缝后，电子的动量发生变化。设穿过狭缝1的电子沿x方向的最终动量为p_1'，于是动量变化量是$\Delta p_1 = p_1' - p_1$。类似地，穿过狭缝2的电子的动量变化量是$\Delta p_2 = p_2' - p_2$。

爱因斯坦认为，如果墙在滚筒间，那么根据动量守恒定律就应以等于电子动量变化量的动量反冲。因此，通过上狭缝（狭缝 1）的电子应该会给墙带来 $-\Delta p_1$ 的动量。如图 8.6 所示，如果电子向下偏转，墙的动量就应该向上。类似地，电子通过下狭缝（狭缝 2）并向上偏转，将给墙带来向下的动量。因此，在屏幕上每个部署探测器的位置，墙接收到的动量由于命中的电子穿过狭缝 1 和狭缝 2 不同也有所不同。由于电子质量很小，动量变化非常小，所以很难测量墙的动量变化。然而，不论这个动量有多小，理论上都应该测得出来。所以在完全不需要干扰电子的情况下，也能通过观察墙来知道电子经过了哪条路径。

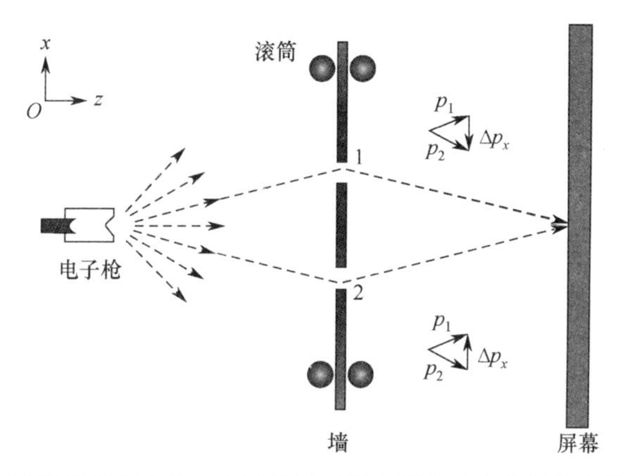

图 8.6 爱因斯坦思想实验。电子穿过可以上下自由移动的墙上的狭缝。传给墙的动量提供路径信息，同时穿过两条狭缝的电子在屏幕上形成干涉图样

爱因斯坦认为，穿过狭缝之后未受干扰的电子可以射向屏幕，并像以前一样生成干涉图样，同时也可通过测量每个电子通过后墙的动量来得到关于电子通过了哪条狭缝的信息。因此，既有路径信息，又有干涉，与玻尔的互补原理相矛盾。

这是对量子力学基本原理的有力反驳，玻尔不得不立即回应。莱昂·罗森菲尔德在其著作《基本粒子物理学的基本问题》中记录了这一经历：

> 爱因斯坦认为他发现了不确定性原理的一个反例。这对玻尔来说是个不小的打击，他一时没想明白，整个晚上都非常不开心，一个个找人倾诉，想说服他们那不可能，如果爱因斯坦是对的，物理学就完了；但他也说不清楚怎么反驳。我永远不会忘记两个对手离开（大学基金会）俱乐部时的情景：爱因斯坦趾高气昂，步伐轻快，露出一丝略带讽刺的笑意，玻尔在旁边一路小跑，激动不已……第二天早上，玻尔赢了。

玻尔引用海森堡不确定性原理来驳斥爱因斯坦的论证，挽救了互补原理。

根据海森堡不确定性原理，如果用不确定的Δp求其动量的 x 分量，就不能同时以比$\Delta x = \hbar/2\Delta p$更高的精度求出它的$x$坐标（见 7.4 节）。在爱因斯坦的论证中，有必要足够准确地知道电子穿墙前，墙的动量。这是必需的，因为需要知道电子穿过后墙在x方向上的动量变化，以便获得路径信息。然而，根据海森堡不确定性原理，不可能以任意精度知道墙在x方向上的位置。因此，精确测量动量意味着狭缝的位置变得不确定。狭缝位置的不确定意味着电子实际上可以看到一对模糊的狭缝。因此，电子撞击屏幕的位置变得随机，每个电子在干涉图样中心的位置也不同，从而消除了干涉图样。这表明杨氏双缝实验中路径信息抹掉了干涉图样。

为了定量分析这一结果，下面来看图 8.7 中与图 8.6 稍有不同的装置。一束电子首先沿z轴发射，穿过一面有 1 条狭缝的墙，狭缝只能通过沿z方向移动的电子。在撞墙之前，这些电子的动量的x分量为 0。穿过狭缝后，沿x方向衍射。电子可穿过距离这面墙L的另一面有双缝的墙。两条狭缝的间距为d。电子在另一面距离双缝墙L的屏幕上被探测到。第一面墙放在一个滚筒上，可以沿x方向上下自由移动。

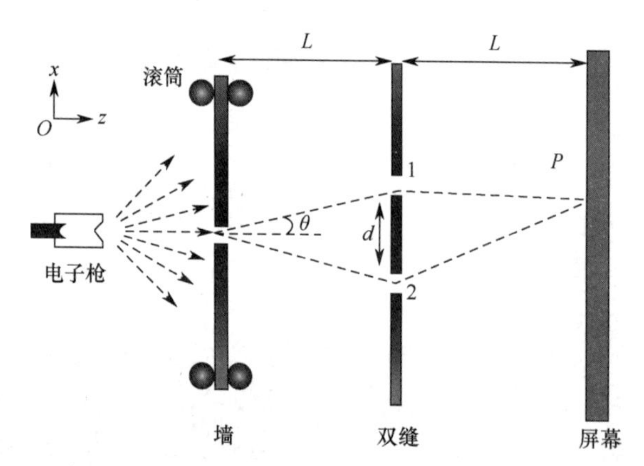

图 8.7 爱因斯坦的思想实验分析。电子穿过一面墙，根据入射电子是向下还是向上散射，是向上还是向下推墙，提供路径信息。这些电子然后穿过双缝墙并在屏幕上形成图样

入射电子沿z轴运动的动量是

$$p_0 = \frac{h}{\lambda} \tag{8.12}$$

式中，λ是电子的德布罗意波长。电子穿过第一面墙后获得x方向的动量。由于这些电子在距离第一面墙L处穿过两条分别位于$x = \pm(d/2)$的狭缝，动量的x分量的范围从z轴下方电子的$-p_0\sin\theta$到z轴上方电子的$+p_0\sin\theta$。根据动量守恒定律，相应的

第一面墙上的反冲动量范围从 $-p_0\sin\theta$（z 轴下方电子）到 $+p_0\sin\theta$（z 轴上方电子）。因此，反冲动量的测量精度极限是

$$\Delta p = +p_0\sin\theta - (-p_0\sin\theta) = 2p_0\sin\theta \approx 2p_0\theta = 2\frac{h}{\lambda}\frac{d}{2L} = \frac{hd}{\lambda L} \tag{8.13}$$

设 $\theta \ll 1$ 且 $\sin\theta \approx \theta$。根据海森堡不确定性原理，最初狭缝位置的最小不确定度为

$$\Delta x \approx \frac{h}{\Delta p} = \frac{\lambda L}{d} \tag{8.14}$$

其中代入了式（8.13）中的 Δp。因此，如果已知 x 方向的电子动量且精度足以明确穿过哪条狭缝的路径信息，第一面墙上狭缝的位置就无法确定，不确定程度见式（8.14），还导致电子撞击屏幕的位置相应地存在不确定性。双缝实验中的条纹间距是 $\lambda L/d$［见式（4.54）］。屏幕上的图样模糊到干涉图样消失。这清楚地表明，由于海森堡不确定性原理，获取路径信息导致了干涉图样消失，进而挽救了玻尔互补原理。

理查德 • 费曼在《费曼讲义》中这样阐述不确定性关系巩固了量子力学基础的地位：

> 不确定性原理“保护”了量子力学。海森堡认为，如果能够同时更精确地测量动量和位置，那么量子力学就会崩溃，所以他认为那一定是不可能的。有人想了很多办法，然而真的没人能以更高的精度测量随便什么东西的位置和动量——屏幕、电子、台球或者别的随便什么东西。量子力学简直有毒，但就是管用。

8.3　延迟选择

在杨氏双缝干涉实验中，能否得到干涉条纹取决于有没有路径信息。因此光子是表现得像波还是表现得像粒子取决于做的是哪种实验。如果决定在光子穿过狭缝时不去看它，它就表现得像波。然而，如果决定找出光子穿过哪条狭缝，它就表现得像粒子。波粒二象性很神奇，当要解决光子是否提前知道它应该表现出什么行为的问题时，就更神奇了。约翰•惠勒在其“延迟选择”思想实验中回答了这个问题。

在惠勒的思想实验中，光子由类星体等天体产生，如图 8.8 所示，它们兵分两路，以星系为引力透镜，要么沿着星系左边，要么沿着星系右边，穿行亿万里到达地球，被两种不同的实验装置之一探测到。

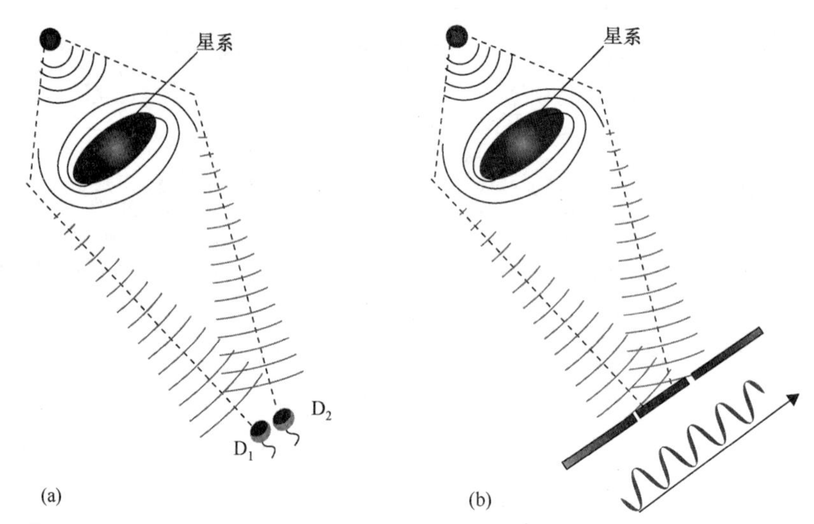

图 8.8　惠勒的延迟选择实验。亿万年前离开类星体的光可以表现得像粒子或波，具体取决于选择哪个实验装置

第一个实验装置中有两个探测器 D_1 和 D_2。光子沿左路可以命中探测器 D_1，沿右路可以命中探测器 D_2。因此，是命中 D_1 还是命中 D_2 就能够提供路径信息。例如，如果命中 D_1，就可得出光子一直都在左路的结论；类似地，如果命中 D_2，就可得出光子一直都在右路的结论。

还有一种可能是让它们做杨氏双缝干涉实验，穿过两条狭缝得到干涉图样。可以得出这样的结论：光子的行为就像波一样，从星系两侧穿过。

因此，对于前一种情况，光子似乎只通过星系的一侧，表现得像粒子；对于后一种情况，光子从星系两侧穿过，表现得像波。矛盾之处是，亿万年前产生的光子的行为到底是像粒子还是像波居然取决于实验者的“延迟选择”。在实验完成前，还确定不了光子的行为是表现得像粒子还是表现得像波。

8.4　量子擦除

波粒二象性还有一个更加违背直觉的地方，即马兰·斯库利和凯·德吕尔于 1982 年提出的“量子擦除”概念。在杨氏双缝干涉实验中，如果不知道光子通过了哪条狭缝，就会得到干涉图样。如果以某种方式得到了路径信息，干涉就会消失。于是，斯库利提出了一个问题：有没有可能在光子穿过狭缝并在屏幕上被探测到后，“抹去”路径信息并恢复干涉图样？量子擦除引出了量子力学领域中与时间有关的违反直觉的方面。

这里简单说说图 8.9 中的量子擦除。先不看两条狭缝，只看屏幕上两个原子的散射光。

两个原子分别位于位置 1 和 2。每个原子的类型如图 8.9 所示，分 4 个能级 a、b、b' 和 c，最初在能级 c，见 6.5 节中的氢原子。如果两个能级之间的能量差与入射光子的能量相等，那么原子可以吸收一个光子并从较低的能级跃迁到较高的能级。类似地，一个处于激发态的原子可以跃迁到较低的能级，发射出能量（和频率）与能级间距相匹配的光子。这些原子被脉冲 l_1 和 l_2 激发，它们携带的能量恰好能够分别将一个原子从能级 c 激发到能级 a，以及从能级 b 激发到能级 b'。

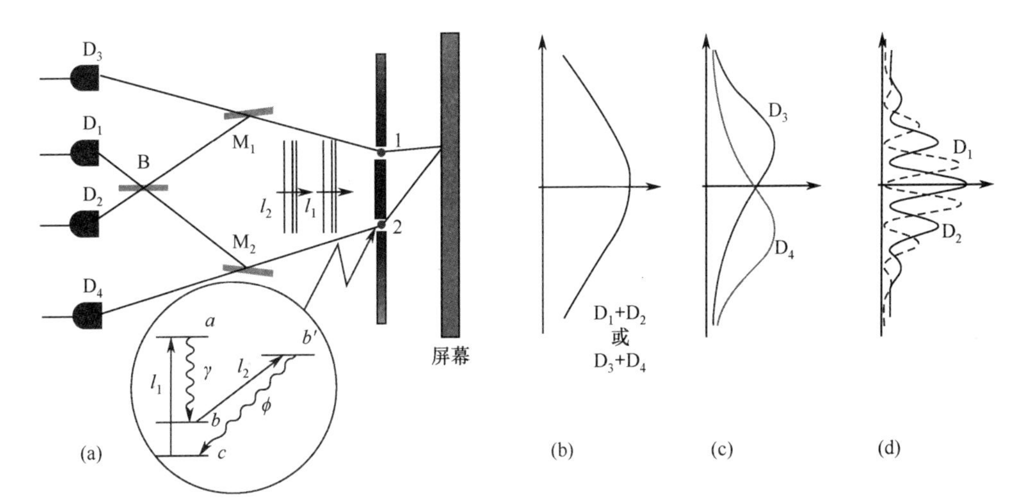

图 8.9　量子擦除实验示意图：(a)单光子脉冲 l_1 和 l_2 入射到两个原子上，使位置 1 的原子或位置 2 的原子产生两个光子 γ 和 ϕ，γ 光子射入屏幕，ϕ 光子进入左侧；(b)探测器 D_1 至 D_4 都没探测到 γ 光子的分布。要么去掉反射镜 M_1 和 M_2 且命中探测器 D_3 和 D_4，要么保留反射镜 M_1 和 M_2 且命中探测器 D_1 和 D_2；(c)命中 D_3 和 D_4 时 γ 光子的分布，路径信息破坏干涉；(d)命中 D_1 和 D_2 时 γ 光子的分布，这种情况下未获得路径信息和干涉图样

调谐到 c-a 跃迁的光子脉冲 l_1 将一个原子（不知道是哪一个原子）激发到能级 a，而另一个原子保持在能级 c。被激发的原子从能级 a 跃迁到能级 b，发射 1 个光子，称为 **γ 光子**。光子脉冲 l_2 将原子从能级 b 激发到能级 b'。原子最后从能级 b' 跃迁到能级 c，发出 ϕ 光子。因此，脉冲 l_1 和 l_2 通过后，其中 1 个原子（不知道是哪一个原子）产生了两个光子，即 γ 光子和 ϕ 光子，散射过程结束后，两个原子都处于基态 c。

多次重复这个散射过程。只考虑 γ 光子向右射向屏幕，而 ϕ 光子向左射向反射镜 M_1 和 M_2 的情况。与以往的双缝实验一样，γ 光子被屏幕接收，而 ϕ 光子通过由反射

镜 M_1、M_2 和分束器 B 组成的光学装置后，被探测器 D_1、D_2、D_3 或 D_4 探测到。分束器 B 的作用是让光子以相等的概率被透射或反射。例如，从反射镜 M_1 反射的光子可通过 B 反射并被 D_1 探测到，或者以相等的概率被透射并被 D_2 探测到。单光子分束器详见 9.4 节。1 号或 2 号原子发射的 γ 光子与杨氏双缝实验中穿过这两条狭缝的光的作用一样。用 ϕ 光子操纵路径信息的方法见下文。

这个实验得到的 γ 光子的分布如图 8.9 所示。然而，上面讨论的干涉条纹的出现和消失又是怎么一回事？为此，我们来看看向左移动的 ϕ 光子。

ϕ 光子如果由 1 号原子发射，就射向反射镜 M_1，如果由 2 号原子发射，就射向反射镜 M_2。设有两个原子的屏幕与反射镜 M_1 和 M_2 之间的距离远大于原子与探测 γ 光子的屏幕之间的距离。

每个 ϕ 光子都面临选择：M_1 和 M_2 要么都去掉，要么都留着。去掉反射镜 M_1 和 M_2 后，光子一往无前，击中探测器 D_3 或 D_4。留着反射镜 M_1 和 M_2，就击中探测器 D_1 或 D_2。

每次探测 γ 光子都有 4 种探测到对应 ϕ 光子的可能：根据反射镜 M_1 和 M_2 的去留，可以在探测器 D_1 或 D_2（有反射镜）或者在探测器 D_3 或 D_4（无反射镜）探测到该光子。下面来看这几种情况。

首先考虑去掉反射镜 M_1 和 M_2 的情况。这种情况下 D_3 或 D_4 能够探测到 ϕ 光子。

如果 D_3 探测到 ϕ 光子，就只有一条可能的路径，我们将其命名为 $1D_3$。ϕ 光子一定来自 1 号原子，由此获得产生 ϕ 光子的原子的信息。对应的 γ 光子一定也由 1 号原子生成，并且获得屏幕上 γ 光子的路径信息。

采用类似的方法可以推出如下结论：如果 D_4 探测到 ϕ 光子，那么它一定来自 2 号原子，对应的 γ 光子也一定由 1 号原子产生，还能获得屏幕上 γ 光子的路径信息。

接下来考虑保留反射镜 M_1 和 M_2 的情况。在这种情况下，D_1 或 D_2 可能探测到 ϕ 光子。

如果 D_1 探测到 ϕ 光子，光子就可能沿路径 $1M_1BD_1$ 来自位于 1 处的原子，或者沿路径 $2M_2BD_1$ 来自位于 2 处的原子。可见，已擦除有关哪个原子散射 ϕ 光子的信息，也没有相应的 γ 光子的路径信息。

同理，如果 D_2 探测到 ϕ 光子，那么光子沿路径 $1M_1BD_2$ 来自位于 1 处的原子或者沿路径 $2M_2BD_2$ 来自位于 2 处的原子的概率相等，不过移相 π，因为在前一种情况下发生了两次反射，在后一种情况下发生了一次反射和一次透射[①]。

重复多次这个实验后，在探测器 D_1、D_2、D_3 和 D_4 上分别探测到 ϕ 光子。未经排序而收集的全部 γ 光子的空间分布如图 8.9(b)所示。再来排序，分离出探测器 D_1、D_2、D_3 和 D_4 探测到 ϕ 光子的所有事件，对这四组事件，定位探测到的 γ 光子在屏幕上的位置。

现在关键结果来了！对于探测器 D_3 和 D_4 探测到 ϕ 光子的事件，由屏幕上的 γ 光子获得的图样与这些光子分别从位置 1 和 2 的原子散射获得的图样相同，如图 8.9(c)所示。也就是说，已知路径信息就得不到预期的干涉条纹。相反，对那些 D_1 和 D_2 探测到 ϕ 光子的事件，得到了移相干涉条纹，如图 8.9(d)所示。对于这组数据，不知道对应的 γ 光子路径信息。

可以这样用数学来理解斯库利－德吕尔量子擦除的基本结果：首先，位置 1 和 2 的原子散射的光子状态是

$$\Psi = \frac{1}{\sqrt{2}}(\psi_{\gamma_1}\psi_{\phi_1} + \psi_{\gamma_2}\psi_{\phi_2}) \tag{8.15}$$

要么位置 1 的原子发射光子对 γ_1 和 ϕ_1，要么位置 2 的原子发射光子对 γ_2 和 ϕ_2。如果 D_3 探测到 ϕ 光子，量子态就退化到 ψ_{γ_1}。D_4 探测到 ϕ 光子也得到类似的结果。在这种情况下，有路径信息，排序后的数据没有干涉条纹。

为了揭示条纹重现背后的物理过程，可以通过重写状态 Ψ 来实现[②]：

$$\Psi = \frac{1}{2}(\psi_{\gamma_1} + \psi_{\gamma_2})\psi_{\phi_+} + \frac{1}{2}(\psi_{\gamma_1} - \psi_{\gamma_2})\psi_{\phi_-} \tag{8.16}$$

式中，

$$\psi_{\phi_+} = \frac{1}{\sqrt{2}}(\psi_{\phi_1} + \psi_{\phi_2}) \tag{8.17}$$

是探测器 D_1 处 ϕ 光子通过分束器 B 后的对称态，

$$\psi_{\phi_-} = \frac{1}{\sqrt{2}}(\psi_{\phi_1} - \psi_{\phi_2}) \tag{8.18}$$

---

① π 相移用 9.3 节和 9.4 节中严谨推导的分束器的性质来理解。

② 应用 9.3 节和 9.4 节推导的分束器的性质，在探测器 D_1 和 D_2 处分别获得对称态 ψ_{ϕ_+} 和反对称态 ψ_{ϕ_-}。

是探测器 D_2 处 ϕ 光子通过分束器 B 后的反对称态。因此，D_1 或 D_2 探测到光子，令 γ 光子的状态退化为

$$\psi_{\gamma_+} = \frac{1}{\sqrt{2}}(\psi_{\gamma_1} + \psi_{\gamma_2}) \tag{8.19}$$

或

$$\psi_{\gamma_-} = \frac{1}{\sqrt{2}}(\psi_{\gamma_1} - \psi_{\gamma_2}) \tag{8.20}$$

分别根据式（8.9）和式（8.10）得到干涉条纹。

总之，D_3 或 D_4 探测到 ϕ 光子分别对应于在屏幕上探测到 γ 光子的概率 $\left|\psi_{\gamma_1}\right|^2$ 或 $\left|\psi_{\gamma_2}\right|^2$，导致不发生干涉。这种情况类似于杨氏双缝实验，路径信息如图 8.4 所示，结果如图 8.9(c)所示。D_1 或 D_2 探测到 ϕ 光子分别对应于在屏幕上探测到 γ 光子的概率 $\left|\psi_{\gamma_1} + \psi_{\gamma_2}\right|^2$ 或 $\left|\psi_{\gamma_1} - \psi_{\gamma_2}\right|^2$，由于缺乏路径信息（见图 8.3），导致这两种情况都发生干涉，结果如图 8.9(d)所示。

值得一提的是，我们可以将 ϕ 光子探测器 D_1、D_2、D_3 和 D_4 放在很远的地方，以便决定是去掉反射镜 M_1 和 M_2 来获得路径信息，还是放置反射镜，在屏幕上探测到 γ 光子后很久失去路径信息。因此，未来对 ϕ 光子的测量结果会影响我们看待今天（甚至昨天）测量的 γ 光子的方式。例如，我们可以根据 ϕ 光子通过去掉反射镜 M_1 和 M_2 被 D_3 或 D_4 探测到，从而成功确定路径信息得出结论：伴随它的 γ 光子（过去）由点 1 或点 2 发出；还可以根据 ϕ 光子通过放置反射镜 M_1 和 M_2 被 D_1 或 D_2 探测到，擦除路径信息得出无法确定伴随它的 γ 光子（过去）由点 1 或点 2 发出的结论，而在这个意义上描述为从两处发出。未来重塑过去，这是一个非常违反直觉和令人震惊的结果。上述量子擦除方案已在实验中实现。

布赖恩·格林在《宇宙的结构》一书中精辟地总结了量子擦除实验实现的违反直觉的结果：

> 这些实验公然挑战了传统的时空观。一些发生在很久之后、很远以外的事却对眼前这件事至关重要。不管怎么说，按常理都很离谱。当然，关键在于，在量子宇宙中常理本身错了。我记得听说这些实验几天后我感到非常高兴，我觉得自己瞥见了现实背后隐藏的奥秘。

习题

8.1 动量为 p 的电子打在一对距离为 d 的狭缝上。在距离狭缝 L 的屏幕上形成的干涉条纹图样上，相邻两个极大值之间的距离是多少？假设狭缝的宽度比电子的德布罗意波长小得多。

8.2 约恩松在 1961 年做了一个实验，实验中的电子由 50kV 的电压加速后，射向相距 $d = 2\times10^{-4}$cm 的两条狭缝，且在狭缝后面距离 $L = 35$cm 的屏幕上被探测到。计算电子的德布罗意波长 λ 和条纹间距 Δy 。假设电子的动能等于 eV。

8.3 在电子干涉实验中，发现最亮的条纹位于 $y = 7.0$cm 处，而 $y = 6.0$cm 处和 8.0cm 处的条纹稍暗，$y = 4.0$cm 处和 10.0cm 处的条纹也较暗。在 $y < 0$cm 处或者 $y > 14$cm 处未探测到电子。画出 $|\psi|^2$ 的图形。

参考书目

[1] R. P. Feynman, R. Leighton, and M. Sands, *The Feynman Lectures on Physics, Vol. IIIA* (Addison-Wesley, Reading, MA 1965).

[2] C. Jönsson, Zeitschrift für Physik, 161, 454 (1961); translated in C. Jönsson, *Electron Diffraction at Multiple Slits*, American Journal of Physics 42, 4 (1974).

[3] J. A. Wheeler, *The "Past" and the "Delayed-Choice Double-Slit Experiment"*, in A. R. Marlow, editor, *Mathematical Foundations of Quantum Theory*, Academic Press (1978).

[4] M. O. Scully and K. Drühl, *Quantum eraser: A proposed photon correlation experiment concerning observation and "delayed choice" in quantum mechanics*, Physical Review A 25, 2208 (1982).

[5] M. O. Scully, B. -G. Englert, and H. Walther, *Quantum optical tests of complementarity*, Nature 351,111 (1991).

[6] Y. Aharonov and M. S. Zubairy, *Time and the quantum: Erasing the past and impacting the future*, Science 307, 875 (2005).

[7] S. P. Walborn, M. O. Terra Cunha, S. Pádua, and C. H. Monken, *Double-slit quantum eraser*, Physical Review A 65, 033818 (2002).

[8] Y.-H. Kim, R. Yu, S. P. Kulik, Y. Shih, and M. O. Scully, *Delayed "choice" quantum eraser*, Physical Review Letters 84, 1 (2000).

[9] R. J. Scully and M. O. Scully, *The Demon and the Quantum* (John-Wiley-VCH, 2010).

[10] M. O. Scully and M. S. Zubairy, *Quantum Optics* (Cambridge University Press, 1997).

[11] B. Greene, *The Fabric of the Cosmos* (Alfred A. Knopf, New York 2004).

第 9 章　最简易的量子器件：偏振器与分束器

6.1 节提到，詹姆斯·克拉克·麦克斯韦证明了光由电场和磁场组成，它们在垂直于传播方向的方向上振动，且电场和磁场的振动方向也相互垂直。于是，电场方向、磁场方向和光传播方向都相互垂直，所以光是一种横电磁波。光的电磁波属性还带来了一个重要的性质——光的偏振。光的偏振与电磁波中电场的振动方向有关。偏振的经典性质已被研究了两个多世纪。偏振光在特定材料（称为**偏振器**）中的传播和光束通过偏振器后性质的变化，是该领域的一个重要问题。

单个光子的偏振性质是我们理解量子力学基本定律的主要资源之一。有趣的是，在量子力学奠基人之一保罗·狄拉克所写书籍的第一页中，就通过描述单个光子通过偏振器的过程来探讨量子力学的奥秘，这本书可能是量子力学史上的第一本书。本章采用这种方法来介绍如何通过分析最简单的系统——偏振器来理解量子力学的基本定律。本章还讨论分束器的变换性质，且将这些性质应用于单光个子时，会导致许多奇特的现象发生，后面的章节中也会涉及这些现象。

9.1　光的偏振

电磁波是一种横波，因为电磁波中电场 $\boldsymbol{E}$ 和磁场 $\boldsymbol{B}$ 的振动方向均与传播方向 $\boldsymbol{k}$ 垂直，如图 9.1 所示。它与纵波不同，例如，音波就是沿传播方向振动的。

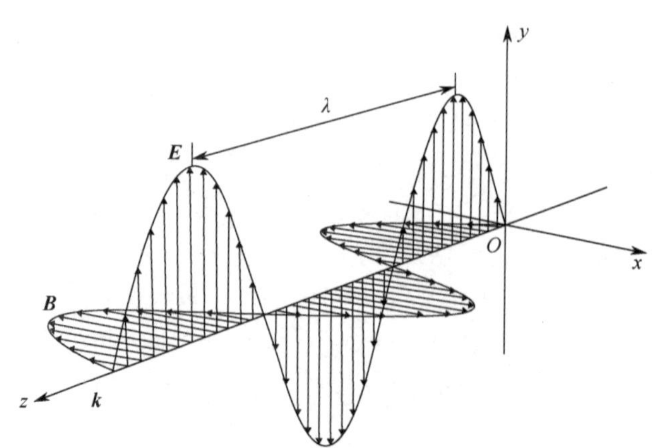

图 9.1　电磁波。电场 $\boldsymbol{E}$ 和磁场 $\boldsymbol{B}$ 的振动方向彼此垂直，且均与波矢 $\boldsymbol{k}$ 的传播方向垂直

1．光的偏振

电磁场的一个重要性质是偏振。电磁波的偏振用电场的振动方向来描述。由于场的振动方向同时包括正方向和负方向，将偏振方向描述为沿 $+y$ 轴方向和沿 $-y$ 轴方向是等效的，因此可能的偏振方向的角度范围是 π（从 0 到 π）。

自然光源如阳光，以及许多人造光源如灯泡，发射的光的偏振方向是随机的。对于一束来自这些光源的光，其电场振动方向等概率地分布在垂直于传播方向的平面的、所有可能的角度范围为 π 的方向上。这样的光束被称为**非偏振光**，因为它没有明确的偏振方向。当这样的光通过被称为**偏振器**的材料时，被滤过的光的电场就具有了取决于偏振器方向的振动方向，此时光变成偏振光。

2．偏振器

偏振器通常由具有特定轴（称为**偏振轴**）的晶体结构制成，电场 $\boldsymbol{E}$ 的振动方向与该轴垂直的光会被完全吸收而无法通过偏振器，而电场矢量与该轴平行的光能够通过。对于电场在其他方向上振动的光，可将电场矢量沿平行于偏振轴和垂直于偏振轴的方向分解。沿偏振轴方向的场分量能够通过，垂直于偏振轴方向的场分量被阻挡。透射场的电场矢量或偏振方向，变得朝向偏振轴方向，振幅减小，且减小的幅度与初始偏振方向和偏振轴的夹角有关。

例如，考虑一束光，它沿 z 轴传播并入射到具有沿 x 轴方向的偏振轴的偏振器上。设入射光偏振方向 $\boldsymbol{E}$ 与 x 轴方向的夹角为 θ，如图 9.2 所示。电场可以沿 x 轴和 y 轴方向分解为

$$\boldsymbol{E} = E_x\hat{\boldsymbol{x}} + E_y\hat{\boldsymbol{y}} = E\cos\theta\hat{\boldsymbol{x}} + E\sin\theta\hat{\boldsymbol{y}} \tag{9.1}$$

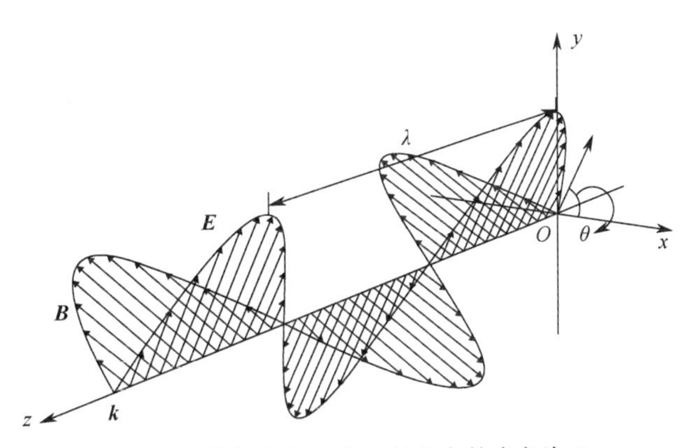

图 9.2　偏振方向 $\boldsymbol{E}$ 与 x 轴方向的夹角为 θ

式中，$E_x = E\cos\theta$是电场的 x 分量，$E_y = E\sin\theta$是电场的 y 分量。电场分量 $E_x = E\cos\theta$能够通过偏振器，而电场分量 $E_y = E\sin\theta$则被阻挡。透射场变成沿 x 轴方向的偏振光，其振幅 E_{T} 为

$$E_{\mathrm{T}} = E\cos\theta \tag{9.2}$$

透射场的场强与$|E_{\mathrm{T}}|^2$成正比，为

$$I_{\mathrm{T}} = I_0\cos^2\theta \tag{9.3}$$

式中，$I_0 = |E|^2$ 是入射场的场强。这就是马吕斯定律。

下面考虑另一个阐述偏振器性质的例子。

考虑一束光强为 I_0 的沿 z 轴传播的非偏振光，其偏振方向等概率地分布在与 z 轴垂直的 xy 平面的所有方向上，如图 9.3 所示。当光束通过一个偏振轴为 x 轴的偏振器时，仅有光强为 $I_0/2$ 的光能够透射。下面用马吕斯定律来证明这个结论。

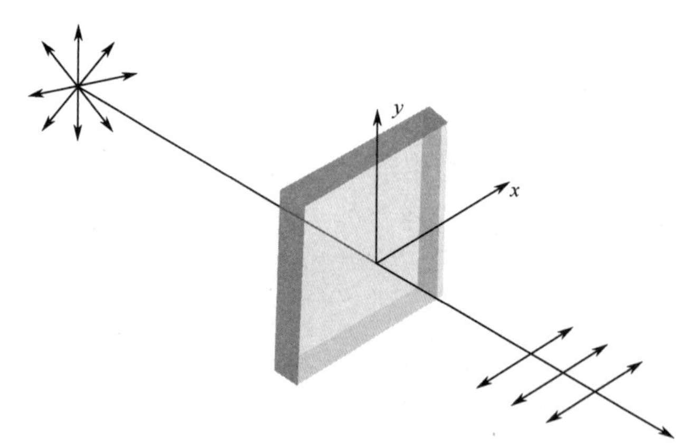

图 9.3　偏振光通过偏振轴沿 x 方向的偏振器

前面提到，偏振方向 θ 与 $\theta+\pi$ 是等效的。因此，对于非偏振光，其偏振角 θ 均匀地分布在 0 到 π 之间。根据马吕斯定律，原偏振方向为 θ 的透射光的光强等于 $I_0\cos^2\theta$。对于在范围 0 到 $\pi/2$ 内的任一角度ϕ，在范围 $\pi/2$ 到 π 之间有与之对应的角度 $\phi+\pi/2$ 。来自这两个角度的透射光的平均光强为

$$\frac{\cos^2\phi + \cos^2(\phi+\pi/2)}{2} = \frac{1}{2}$$

其中用到了公式 $\cos(\phi+\pi/2)=-\sin\phi$ 和 $\cos^2\phi+\sin^2\phi=1$。因此，透射光的光强为 $I_0/2$ 且偏振方向为沿 x 轴方向。

上面为沿 x 轴方向的偏振器证明了这个结论，而且这是一个通用的结论。如果光强为 I_0 的非偏振光束通过朝 xy 平面中任意方向的偏振器，透射光的光强就都是 $I_0/2$ 且偏振方向与偏振器的一致。

下面考虑三个偏振器 A、B 和 C，如图 9.4 所示。令一束非偏振光入射到偏振方向为 x 轴的偏振器 A 上。如前面讨论的那样，只有一半的入射光强能够通过偏振器，且透射光的偏振方向为沿 x 轴方向。接着考虑具有不同朝向的偏振器 B 和 C 的输出光强。

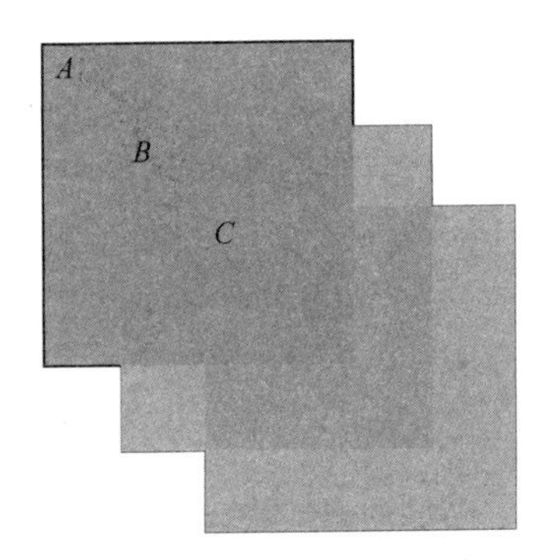

图 9.4　三个偏振器 A、B 和 C

首先，考虑偏振器 B 的朝向也是 x 轴的情况，如图 9.5(a)所示。因为光束通过 A 后已是沿 x 轴的偏振光，入射到 B 的光的偏振方向都沿 x 轴方向。因此，所有入射到 B 的光都被透射，且透射光的光强等于入射到 A 的光强的一半。这也可用马吕斯定律推导出来。如果入射光是非偏振的且光强为 I_0，那么当它通过偏振器 A 后，光强变为

$$I_A=\frac{I_0}{2} \tag{9.4}$$

通过偏振器 B 后的光强，由马吕斯定律可以求得：

$$I_B=I_A\cos^2 0°=\frac{I_0}{2}\cos^2 0°=\frac{I_0}{2} \tag{9.5}$$

因此，整个 AB 系统对于水平偏振光是全通的。

下面考虑当偏振器 B 的偏振轴为 y 轴时的情况，如图 9.5(b)所示。同理，通过偏

振器 A 后的光强为

$$I_A = \frac{I_0}{2} \tag{9.6}$$

且透射光的偏振方向沿 x 轴方向。光束通过偏振器 B 后，根据马吕斯定律可以求得其光强变为

$$I_B = I_A \cos^2 90° = \frac{I_0}{2} \cos^2 90° = 0 \tag{9.7}$$

因此，整个 AB 系统对于水平偏振光是不透光的。

于是出现了一个有趣的问题：如果在分别朝向 x 轴和 y 轴的两个偏振器 A 和 B 之间插入第三个偏振器 C［见图 9.5(c)］，结果会如何？第一眼看去，可以猜想，无论 C 的偏振轴朝向何处，整个 ABC 系统应该对任意的非偏振光是不透光的。然而，实际上，在这种情况下，只有当 C 的偏振轴沿 x 轴或 y 轴方向时这才会发生。在任何其他方向上，整个 ABC 系统都将变得透光。

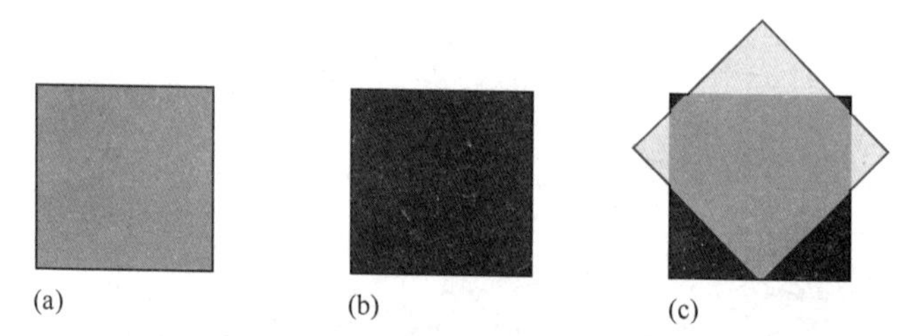

图 9.5　偏振器 A 和 B 放置在一起：(a)两个偏振器的偏振轴相互平行；(b)两个偏振器的偏振轴相互垂直；(c)在(b)的基础上，45°方向的偏振器 C 插入到偏振器 A 和 B 之间

为了证明这一点，首先考虑 C 的朝向与 x 轴呈 45°夹角的情况。同理，光束通过偏振器 A 后，其光强变为

$$I_A = \frac{I_0}{2} \tag{9.8}$$

这个 x 轴方向的偏振光通过 C 后，透射光的光强为

$$I_C = I_A \cos^2 45° = \frac{I_0}{2} \cos^2 45° = \frac{I_0}{4} \tag{9.9}$$

注意，此时透射光的偏振方向与 C 的偏振轴方向一致，即与 x 轴方向呈 45°夹角。偏振方向用矢量表示为

$$\frac{\hat{\boldsymbol{x}}+\hat{\boldsymbol{y}}}{\sqrt{2}}$$

当光束继续通过沿 y 轴方向的偏振器 B 时，C 与 B 的偏振轴夹角为 45°。因此在通过整个 ABC 系统后，透射光的光强为

$$I_B = I_C \cos^2 45° = \frac{I_0}{4}\cos^2 45° = \frac{I_0}{8} \tag{9.10}$$

其偏振方向为 y 轴方向。因此，插入有一定角度的偏振器后，整个系统变得部分透光。

下面考虑另一个例子。在如图 9.6 所示的由三个偏振器组成的系统中，假设这些偏振器的偏振轴的朝向与 x 轴的夹角分别为 θ_1、θ_2 和 θ_3。入射光为非偏振光，光强为 I_0。现在计算通过这三个偏振器后的透射光束的光强。

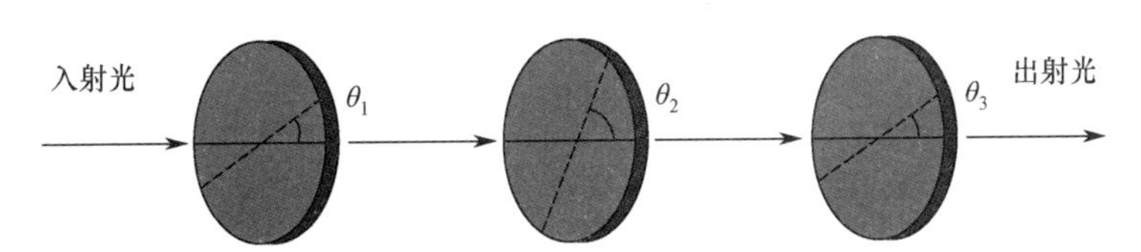

图 9.6　一束非偏振光入射到与 x 轴的夹角分别为 θ_1、θ_2 和 θ_3 的偏振器上

通过第一个朝向 θ_1 的偏振器后，光束光强变为 $I_0/2$ 且沿 θ_1 方向偏振。根据马吕斯定律，通过第二个朝向 θ_2 的偏振器后，光束光强变为

$$\frac{I_0}{2}\cos^2(\theta_1 - \theta_2) \tag{9.11}$$

且沿 θ_2 方向偏振。通过第三个朝向 θ_3 的偏振器后，光束光强变为

$$\frac{I_0}{2}\cos^2(\theta_1 - \theta_2)\cos^2(\theta_2 - \theta_3) \tag{9.12}$$

且沿 θ_3 方向偏振。

注意，图 9.5(c)中所示的系统对应于此处 $\theta_1 = 0°$、$\theta_2 = 45°$和 $\theta_3 = 90°$的情况。

9.2 单个光子的马吕斯定律——狄拉克左矢－右矢符号

前面分析了光的偏振。马吕斯定律描述了特定偏振光通过偏振器前后，入射光与出射光光强的关系。出射光的比例取决于偏振器的朝向。

本节讨论由“光子”组成的光束在量子力学中的概念。在这一概念中，光由独立的粒子组成。于是，现在的马吕斯定律就不再以光强而以通过偏振器的光子的数量来表示。例如，公式

$$I_T = I_0 \cos^2\theta \tag{9.13}$$

可以重写为

$$n_T = n_0 \cos^2\theta \tag{9.14}$$

式中，n_0是入射光光子数量，n_T是出射光光子数量，θ是单个光子的偏振方向与偏振器的偏振轴方向之间的夹角。这两个公式是相同的。一个隐藏的假设是，光强与光子数量成正比，即$I_0 \propto n$。这个关系可以这样理解：对于一束频率为ν的光，每个光子的能量为$\hbar\nu$，因此有

$$I_0 = n\hbar\nu \tag{9.15}$$

将上式代入式（9.13）中的I_0，得到式（9.14），即$n_T = I_T/\hbar\nu$，$n_0 = I_0/\hbar\nu$。因此n_T和n_0可视为无量纲的光强。

现在的问题是，当单个光子通过偏振器时发生了什么？答案隐藏在量子力学的新特性中，它允许我们将它运用到某些实际应用中，如量子通信。

单个光子与光束之间最大的区别是，它没有如式（9.13）或式（9.14）的关系。单个光子不能用强度来描述。光通过偏振器的过程是用光强的分量来表示的，一部分光强分量被吸收，另一部分光强分量能够通过。然而，单个光子是不可分的，它不能部分吸收而部分通过。光子要么整个通过偏振器，要么完全不通过偏振器。

下面证明，对单个光子的情况应当用概率而非强度来描述。单个光子情况下的问题变成：一个偏振方向已知的光子通过朝向已知的偏振器的概率是多少？概率描述是量子力学的标志，它会频繁地出现在后面的章节中。

不过，首先遇到的问题是如何描述单个光子的偏振方向。光子的偏振状态是用一个矢量——态矢量来描述的。态矢量的性质与二维空间中的矢量十分相似，下面讨论这个近似的类比。

如第 2 章中提到的那样，二维空间是用两个相互垂直的单位矢量描述的。假设 $\hat{\boldsymbol{x}}$ 和 $\hat{\boldsymbol{y}}$ 分别是沿 x 轴和 y 轴的矢量。归一化条件要求 $\hat{\boldsymbol{x}}$ 和 $\hat{\boldsymbol{y}}$ 满足单位长度，即

$$\hat{\boldsymbol{x}} \cdot \hat{\boldsymbol{x}} = 1, \ \ \hat{\boldsymbol{y}} \cdot \hat{\boldsymbol{y}} = 1 \tag{9.16}$$

并且满足正交条件

$$\hat{\boldsymbol{x}} \cdot \hat{\boldsymbol{y}} = \hat{\boldsymbol{y}} \cdot \hat{\boldsymbol{x}} = 0 \tag{9.17}$$

任意一个矢量 $\boldsymbol{A}$（见图 9.7）都可按 x 分量和 y 分量分解为

$$\boldsymbol{A} = A_x \hat{\boldsymbol{x}} + A_y \hat{\boldsymbol{y}} \tag{9.18}$$

式中，

$$A_x = A\cos\theta, \ \ A_y = A\sin\theta \tag{9.19}$$

注意，这里选择单位矢量 $\hat{\boldsymbol{x}}$ 和 $\hat{\boldsymbol{y}}$ 构成 (x, y) 坐标系是非常随意的。同样，可以选择由单位矢量 $\hat{\boldsymbol{X}}$ 和 $\hat{\boldsymbol{Y}}$ 构成的 (X, Y) 坐标系。(X, Y) 坐标系与 (x, y) 坐标系之间只是旋转了角度ϕ，如图 9.7(b)所示。矢量 $\boldsymbol{A}$ 可以分解为 X 分量和 Y 分量：

$$\boldsymbol{A} = A_X \hat{\boldsymbol{X}} + A_Y \hat{\boldsymbol{Y}} \tag{9.20}$$

式中，

$$A_X = A\cos(\theta - \phi), \ \ A_Y = A\sin(\theta - \phi) \tag{9.21}$$

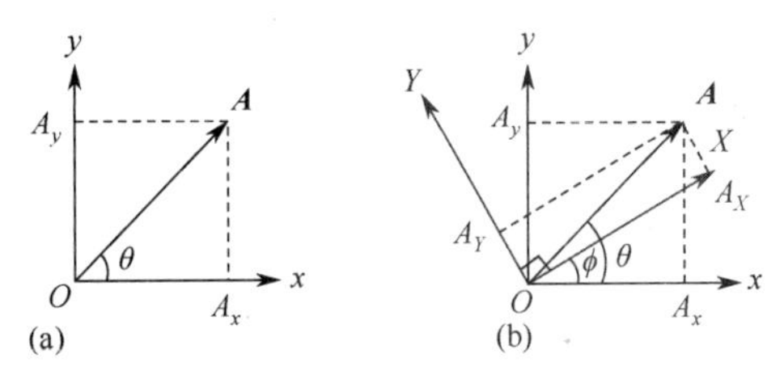

图 9.7　(a)矢量 $\boldsymbol{A}$ 及其 x 分量 A_x 和 y 分量 A_y；(b)同一个矢量 $\boldsymbol{A}$ 处于两个相互旋转了角度ϕ的坐标系(x, y)和(X, Y)中

我们可用两个坐标系之间旋转的角度来建立(x,y)坐标系与(X,Y)坐标系之间的关系。例如，如果(X,Y)坐标系是由(x,y)坐标系旋转45°得到的，就有

$$\hat{\boldsymbol{X}}=\frac{1}{\sqrt{2}}(\hat{\boldsymbol{x}}+\hat{\boldsymbol{y}}),\ \hat{\boldsymbol{Y}}=\frac{1}{\sqrt{2}}(-\hat{\boldsymbol{x}}+\hat{\boldsymbol{y}}) \tag{9.22}$$

且由式（9.18）和式（9.20）有

$$A_X=\frac{1}{\sqrt{2}}(A_x+A_y),\ A_Y=\frac{1}{\sqrt{2}}(A_y-A_x) \tag{9.23}$$

基于以上任意矢量在坐标系下的描述，可以先用矢量符号描述偏振光束的马吕斯定律，进而解答单个光子偏振的问题。

首先建立如图9.8(a)所示的位于xy平面内的坐标系。考虑一束偏振方向为$\boldsymbol{A}$的偏振光，它与x轴的夹角为θ，光强可以表示为

$$\boldsymbol{E}=E_x\hat{\boldsymbol{x}}+E_y\hat{\boldsymbol{y}}=E\cos\theta\hat{\boldsymbol{x}}+E\sin\theta\hat{\boldsymbol{y}} \tag{9.24}$$

如果这束光通过一个偏振轴与x轴的夹角为ϕ的偏振器，即

$$\hat{\boldsymbol{n}}=\cos\phi\hat{\boldsymbol{x}}+\sin\phi\hat{\boldsymbol{y}} \tag{9.25}$$

那么通过偏振器的场分量由如下点积给出：

$$\begin{aligned}\hat{\boldsymbol{n}}\cdot\boldsymbol{E}&=(\cos\phi\hat{\boldsymbol{x}}+\sin\phi\hat{\boldsymbol{y}})\cdot(E\cos\theta\hat{\boldsymbol{x}}+E\sin\theta\hat{\boldsymbol{y}})\\&=E\cos\phi\cos\theta\hat{\boldsymbol{x}}\cdot\hat{\boldsymbol{x}}+E\cos\phi\sin\theta\hat{\boldsymbol{x}}\cdot\hat{\boldsymbol{y}}+\\&\quad E\sin\phi\cos\theta\hat{\boldsymbol{y}}\cdot\hat{\boldsymbol{x}}+E\sin\phi\sin\theta\hat{\boldsymbol{y}}\cdot\hat{\boldsymbol{y}}\\&=E\cos(\theta-\phi)\end{aligned} \tag{9.26}$$

其中用到了$\hat{\boldsymbol{x}}\cdot\hat{\boldsymbol{x}}=1$，$\hat{\boldsymbol{y}}\cdot\hat{\boldsymbol{y}}=1$，$\hat{\boldsymbol{x}}\cdot\hat{\boldsymbol{y}}=\hat{\boldsymbol{y}}\cdot\hat{\boldsymbol{x}}=0$和$\sin\phi\sin\theta+\cos\phi\cos\theta=\cos(\theta-\phi)$。透射光的光强正比于$|\hat{\boldsymbol{n}}\cdot\boldsymbol{E}|^2$，即

$$I_{\mathrm{T}}=I_0\cos^2(\theta-\phi) \tag{9.27}$$

式中，I_0是入射光的光强。这可从前面讨论的马吕斯定律推出。

下面考虑单个光子的偏振。描述方式与前面的相同，但首先需要一种描述光子的量子态的符号。保罗•狄拉克率先完成了这项工作，因此这个符号以他命名，称为狄

拉克符号。

在狄拉克符号中，处于与x轴的夹角为θ的偏振态的单个光子记为$|\theta\rangle$，如图 9.8(b) 所示。记沿x轴的偏振态为$|\rightarrow\rangle$，沿y轴的偏振态为$|\uparrow\rangle$。$|\rightarrow\rangle$和$|\uparrow\rangle$也可以分别记为$|\mathrm{H}\rangle$和$|\mathrm{V}\rangle$，其中 H 表示水平偏振，V 表示垂直偏振。因此，偏振态$|\theta\rangle$可以写为$|\rightarrow\rangle$和$|\uparrow\rangle$的组合或者叠加，即

$$|\theta\rangle = \cos\theta|\rightarrow\rangle + \sin\theta|\uparrow\rangle \tag{9.28}$$

对比上式与式（9.24），偏振矢量按x分量和y分量分解了。称$|\theta\rangle$为**狄拉克右矢符号**。

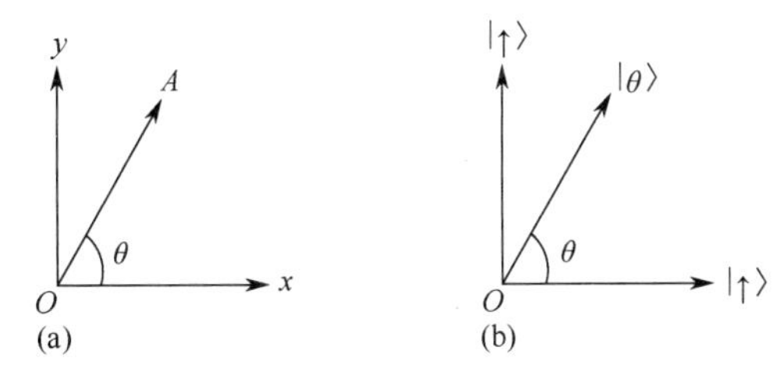

图 9.8　矢量 $\boldsymbol{A}$ 与单个光子态矢量$|\theta\rangle$的对比。正如矢量可被分解为x分量和y分量，态矢量$|\theta\rangle$也可分解为态矢量$|\rightarrow\rangle$和$|\uparrow\rangle$分量

重要的一点是，如前面提到的那样，场的振动方向包括正方向和负方向，沿$+x$轴的偏振方向与沿$-x$轴的偏振方向等效。更一般地，沿θ的偏振方向与沿$\theta+\pi$或$\theta-\pi$的偏振方向等效。因此，对单个光子而言，有$|\rightarrow\rangle \equiv |\leftarrow\rangle$和$|\uparrow\rangle \equiv |\downarrow\rangle$。更一般地，$|\theta\rangle \equiv |\theta \pm \pi\rangle$。

下面定义另一个符号，即**狄拉克左矢符号**$\langle\phi|$。左矢（bra）和右矢（ket）符号源于单词 bracket（括号），bra 和 ket 分别表示 bra c ket 即$\langle||\rangle$的左边和右边。我们常将$\langle\phi||\theta\rangle$写为$\langle\phi|\theta\rangle$，用于表示点积。偏振态$|\rightarrow\rangle$和$|\uparrow\rangle$与单位矢量$\hat{\boldsymbol{x}}$和$\hat{\boldsymbol{y}}$一样，都是归一化的。因此，类比$\hat{\boldsymbol{x}}\cdot\hat{\boldsymbol{x}}=1$和$\hat{\boldsymbol{y}}\cdot\hat{\boldsymbol{y}}=1$，有

$$\langle\rightarrow|\rightarrow\rangle = \langle\uparrow|\uparrow\rangle = 1 \tag{9.29}$$

同样，类比正交关系$\hat{\boldsymbol{x}}\cdot\hat{\boldsymbol{y}}=\hat{\boldsymbol{y}}\cdot\hat{\boldsymbol{x}}=0$，有

$$\langle\rightarrow|\uparrow\rangle = \langle\uparrow|\rightarrow\rangle = 0 \tag{9.30}$$

那么左矢符号和右矢符号的物理意义是什么呢？右矢符号$|\theta\rangle$表示光子的量子态，而左矢符号$\langle\phi|$定义为用$\langle\phi|\theta\rangle$表示$|\theta\rangle$态向$\langle\phi|$的投影。物理量$\langle\phi|\theta\rangle$指光子从$|\theta\rangle$态变为$|\phi\rangle$态的“概率幅”，其模平方$|\langle\phi|\theta\rangle|^2$是相应的概率。这是一个非常重要的定义，它在本章和后面的章节中将被广泛使用。

类比式（9.25），一个偏振轴与x轴的夹角为ϕ的偏振器可以描述为

$$|\phi\rangle = \cos\phi|\rightarrow\rangle + \sin\phi|\uparrow\rangle \tag{9.31}$$

处于$|\theta\rangle$态的光子能够通过处于$|\phi\rangle$态的偏振器的概率幅为

$$\langle\phi|\theta\rangle = \left(\cos\phi\langle\rightarrow| + \sin\phi\langle\uparrow|\right)\left(\cos\theta|\rightarrow\rangle + \sin\theta|\uparrow\rangle\right) \tag{9.32}$$

由$|\rightarrow\rangle$态和$|\uparrow\rangle$态的正交性质与归一化性质，有

$$\langle\phi|\theta\rangle = \cos\phi\cos\theta + \sin\phi\sin\theta = \cos(\theta-\phi) \tag{9.33}$$

光子能够通过偏振器的量子力学概率为$\langle\phi|\theta\rangle$的模平方，即

$$P_\theta = |\langle\phi|\theta\rangle|^2 = \cos^2(\theta-\phi) \tag{9.34}$$

这就是单个光子的马吕斯定律。

这个公式与式（9.27）十分相似，唯一的区别是光强I_T换成了概率P_θ。这一点也需要着重强调，因为它代表了经典力学概念与量子力学概念的区别。在经典力学概念中，光束用光强来描述。在偏振器处，光束的一部分能够通过，而剩余的部分被吸收。我们可以确定哪部分光能够通过，哪部分光会被吸收。这在量子力学中却不成立。在量子力学对单个光子的描述中，整个光子不是通过就是被吸收，且无法确定地预测会发生什么。唯一能够知道的量是这个光子会通过或被吸收的概率。

举个特殊的例子，偏振方向与x轴的夹角为θ的光子能够通过水平朝向（偏振轴沿x轴方向）的偏振器的概率为

$$|\langle\rightarrow|\theta\rangle|^2 = \cos^2\theta \tag{9.35}$$

类似地，这个光子能够通过垂直朝向（偏振轴沿y轴方向）的偏振器的概率为

$$\left|\langle\uparrow|\theta\rangle\right|^2=\sin^2\theta \tag{9.36}$$

垂直偏振的光子通过偏振轴沿 x 轴方向的偏振器的概率为 0，即

$$\left|\langle\uparrow|0°\rangle\right|^2=\left|\langle\uparrow|\rightarrow\rangle\right|^2=\cos^2 90°=0 \tag{9.37}$$

垂直偏振的光子通过偏振轴沿 y 轴方向的偏振器的概率为 1，即

$$\left|\langle\uparrow|90°\rangle\right|^2=\left|\langle\uparrow|\uparrow\rangle\right|^2=\cos^2 0°=1 \tag{9.38}$$

前面定义了如何用水平偏振态 $|\rightarrow\rangle$ 和垂直偏振态 $|\uparrow\rangle$ 来表示偏振态 $|\theta\rangle$：

$$|\theta\rangle=\cos\theta\,|\rightarrow\rangle+\sin\theta|\uparrow\rangle \tag{9.39}$$

这与前面定义的用单位矢量 $\hat{\boldsymbol{x}}$ 和 $\hat{\boldsymbol{y}}$ 来表示任意矢量 $\boldsymbol{A}$ 的方式十分相似：

$$\boldsymbol{A}=A\cos\theta\hat{\boldsymbol{x}}+A\sin\theta\hat{\boldsymbol{y}} \tag{9.40}$$

在矢量分析中，$\hat{\boldsymbol{x}}$ 和 $\hat{\boldsymbol{y}}$ 组成可以扩展任意矢量 $\boldsymbol{A}$ 的基。同理，将 $|\rightarrow\rangle$ 和 $|\uparrow\rangle$ 偏振态作为基，其他任意的偏振态 $|\theta\rangle$ 都可用它们来表示。前面讨论过，观测到光子处于偏振态 $|\rightarrow\rangle$ 的概率为 $\left|\langle\rightarrow|\theta\rangle\right|^2=\cos^2\theta$，处于偏振态 $|\uparrow\rangle$ 的概率为 $\left|\langle\uparrow|\theta\rangle\right|^2=\sin^2\theta$。需要着重注意的一点是，这些结果与偏振器的朝向 θ 有关。

回顾之前令人惊奇的结果，在水平偏振器 A 和垂直偏振器 B 之间插入一个 45°的偏振器 C 后，光通过了原本不能通过的垂直偏振器［见图 9.5(c)］。如果不是一束光，而是单个光子，相应的结果是什么样呢？考虑一个初始偏振方向为 x 轴方向的单个光子，它入射到如图 9.9 所示的三个偏振器，此时入射光子的偏振态为 $|\rightarrow\rangle$。

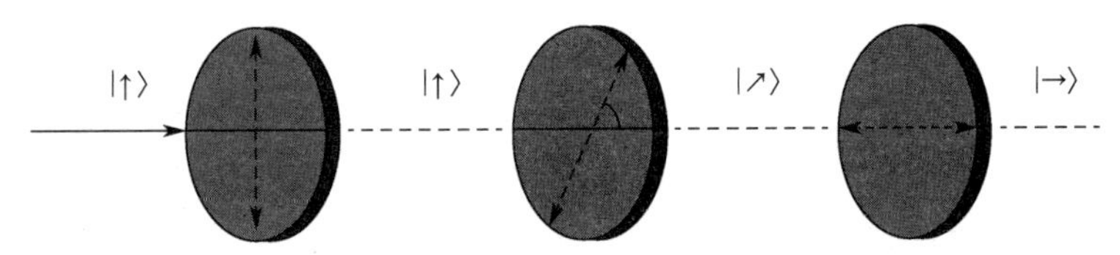

图 9.9　初始偏振态为沿 y 轴方向的单个光子通过连续的偏振轴方向分别为沿 y 轴、沿与 x 轴呈 45°夹角、沿 x 轴方向的三个偏振器

在通过第一个偏振轴沿 x 轴方向的偏振器后，光子顺利通过并且仍然处于偏振态

$|\rightarrow\rangle$。处于水平偏振态$|\rightarrow\rangle$的光子通过朝向为45°的偏振器的概率为

$$\left|\langle\theta=45°|\rightarrow\rangle\right|^2=\left|\langle\nearrow|\rightarrow\rangle\right|^2=\cos^2 45°=\frac{1}{2} \tag{9.41}$$

如果光子通过了第二个偏振器，它的偏振方向变为与水平方向呈 45°夹角。记这样的偏振态为$|\nearrow\rangle$。一个指向45°方向的单位矢量可以写为x和y方向的单位矢量的叠加。和它一样，处于偏振态$|\nearrow\rangle$的光子也可写为$|\uparrow\rangle$和$|\rightarrow\rangle$的线性组合，即

$$|\nearrow\rangle=\frac{1}{\sqrt{2}}\left(|\rightarrow\rangle+|\uparrow\rangle\right) \tag{9.42}$$

因此，光子能够通过最终的垂直朝向的偏振器的概率为

$$\left|\langle\uparrow|\nearrow\rangle\right|^2=\frac{1}{2} \tag{9.43}$$

其中用到了$\langle\uparrow|\rightarrow\rangle=0$和$\langle\uparrow|\uparrow\rangle=1$。在中间有一个45°偏振器的情况下，从垂直偏振器出射的光子能够通过最终的水平偏振器的概率为

$$\left|\langle\uparrow|\nearrow\rangle\right|^2\left|\langle\nearrow|\rightarrow\rangle\right|^2=\frac{1}{2}\cdot\frac{1}{2}=\frac{1}{4} \tag{9.44}$$

这个结果与经典情况下一束光强为I_0的入射光得到的结果十分相似，只有$I_0/4$的光通过了如图9.5所示的ACB偏振系统。对单个光子而言，相应的结果是光子能够通过系统的概率为1/4。

9.3 经典分束器的输入－输出关系

本节讨论分束器的经典描述。下一节讨论量子分束器，它对后续章节中讨论的一些量子装置十分重要。

分束器是一片玻璃，两束光a_1和a_2以相同的频率和幅度入射到玻璃上，如图9.10(a)所示。假设玻璃片是无损的，即它不吸收任何能量。当这两束光通过分束器时，它们被反射和透射，最终得到两束幅度分别为b_1和b_2的输出光。我们希望找到输入幅度a_1, a_2与输出幅度b_1, b_2之间的关系。

从图9.10(a)可以看出，b_1由a_1的反射光部分与a_2的透射光部分组成。类似地，b_2由a_1的透射光部分和a_2的反射光部分组成。因此，可以写出如下的输入－输出

关系：

$$b_1 = r_1 a_1 + t_2 a_2 \tag{9.45}$$

$$b_2 = t_1 a_1 + r_2 a_2 \tag{9.46}$$

式中，r_1 和 r_2 是反射系数，t_1 和 t_2 是透射系数；通常情况下它们都是复数。这些系数一般也是固定值。

对于无损分束器，输入总能量等于输出总能量。注意，光场的能量与光场幅度的模平方成正比。根据能量守恒定律，有

$$|b_1|^2 + |b_2|^2 = |a_1|^2 + |a_2|^2 \tag{9.47}$$

将上式中 b_1, b_2 分别用式（9.45）和式（9.46）替换，得到

$$\begin{aligned}|b_1|^2 + |b_2|^2 &= (t_2 a_2 + r_1 a_1)(t_2^* a_2^* + r_1^* a_1^*) + (t_1 a_1 + r_2 a_2)(t_1^* a_1^* + r_2^* a_2^*) \\ &= (|t_1|^2 + |r_1|^2)|a_1|^2 + (|t_2|^2 + |r_2|^2)|a_2|^2 + (t_1 r_2^* + t_2^* r_1) a_1 a_2^* + (t_1^* r_2 + t_2 r_1^*) a_1^* a_2\end{aligned} \tag{9.48}$$

且当

$$|t_1|^2 + |r_1|^2 = |t_2|^2 + |r_2|^2 = 1 \tag{9.49}$$

$$t_1 r_2^* + t_2^* r_1 = t_1^* r_2 + t_2 r_1^* = 0 \tag{9.50}$$

成立时，式（9.47）成立。注意，反射系数 r_1, r_2 与透射系数 t_1, t_2 之间的关系式只在分束器无损的条件下才成立。所有无损分束器都满足这些关系。在这些约束下，这些系数的具体值取决于玻璃片的厚度和材质。

取值 $-t_1 = t_2 = \sin\theta$ 和 $r_1 = r_2 = \cos\theta$ 满足上面的条件，于是有

$$b_1 = \cos\theta a_1 + \sin\theta a_2 \tag{9.51}$$

$$b_2 = \cos\theta a_2 - \sin\theta a_1 \tag{9.52}$$

式中，θ 是一个参数，$\sin^2\theta$ 和 $\cos^2\theta$ 分别是分束器的传输系数和反射系数，即若光强为 I 的光入射到分束器上，则 $\sin^2\theta$ 部分的光发生透射，而 $\cos^2\theta$ 部分的光发生反射。

这就是分光器的经典概念。

对于一般的分束器，有 $t_1 = t_2 = \sin\theta$，$r_1 = -r_2 = \cos\theta$，这与式（9.51）和式（9.52）有少许差别。不过，在后续章节中将继续使用式（9.51）和式（9.52）中的输入－输出关系式，因为在遇到一些更复杂的光学装置时，能够得到较为简单的计算过程。在实验室中，对于系数分别为 $t_1 = t_2 = \sin\theta$ 和 $r_1 = -r_2 = \cos\theta$的分束器，可以通过在分束器的输入 a_2 处加装一个相位为π的移相器来实现式（9.51）和式（9.52）的变换关系，如图 9.10(b)所示。

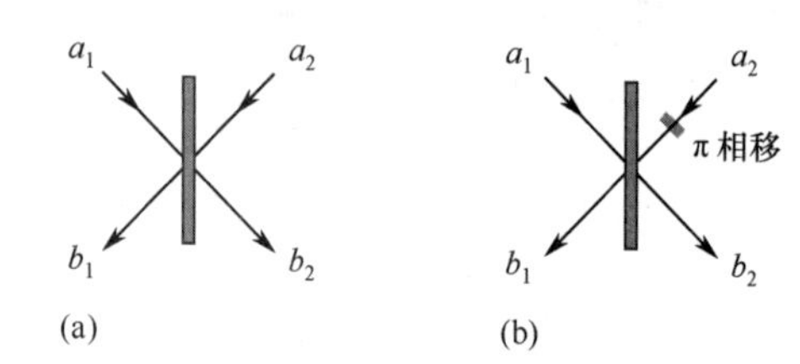

图 9.10　分束器，输入幅度为 a_1 和 a_2，输出幅度为 b_1 和 b_2。输入－输出关系由式（9.45）和式（9.46）给定。两个系统等价于：(a) $-t_1 = t_2 = \sin\theta$和 $r_1 = r_2 = \cos\theta$; (b) $t_1 = t_2 = \sin\theta$，$r_1 = -r_2 = \cos\theta$，分束器的输入 a_2 处有相位为π的移相器

9.4　单个光子态与分束器

如果分束器只输入一个光子时会发生什么？更准确地说，当其中一个端口的输入是单个光子态$|1\rangle$，而另一个端口是零光子态$|0\rangle$时，光子的输出态是什么？需要注意的是，单个光子态$|1\rangle$输入端口 1 或者输入端口 2 时，两种情况对应的输出态是不同的。我们用端口 1 表示左侧的端口，用端口 2 表示右侧的端口，如图 9.10 所示。我们用总输入态$|10\rangle$表示光子从左侧入射［见图 9.11(a)］，用总输入态$|01\rangle$表示光子从右侧入射［见图 9.11(b)］。由于输入只有一个光子，它不可分，因此输出有两种可能：被反射或者被透射。和前面一样，反射系数为 $\cos\theta$，透射系数为 $\sin\theta$。类比经典输入－输出关系即式（9.51）和式（9.52），得到如下单个光子的输入－输出关系：

$$|10\rangle \to \cos\theta|10\rangle + \sin\theta|01\rangle \tag{9.53}$$

$$|01\rangle \to \cos\theta|01\rangle - \sin\theta|10\rangle \tag{9.54}$$

光子被反射的概率等于 $R = \cos^2\theta$，而光子被透射的概率等于 $T = \sin^2\theta$。

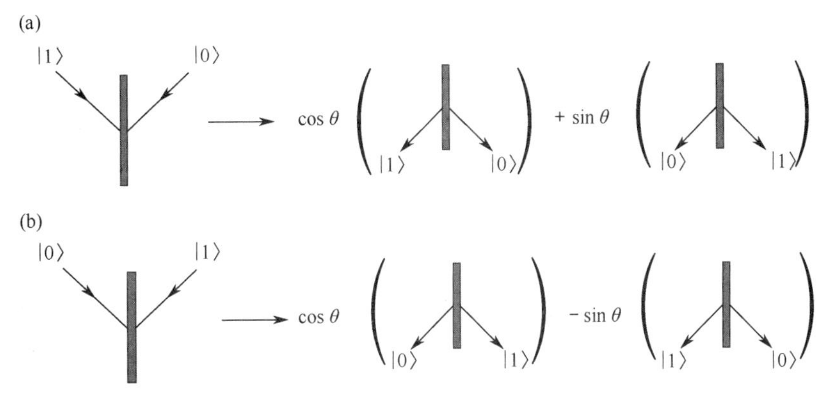

图 9.11 单个光子从左手侧入射和从右手侧入射的输入—输出关系

9.5 偏振分束器与普克尔盒

本节讨论如何测量偏振态。偏振器并不是一种方便的装置，因为光子不是被透射，就是被吸收。一种更符合需求的装置应当具有如下功能：让某种偏振态（如$|\rightarrow\rangle$）的光沿一个方向出射，而让另一种偏振态（如$|\uparrow\rangle$）的光沿另一方向出射。偏振分束器能够完成这些功能。

考虑一个准备好的单个光子，它处于偏振态

$$|\theta\rangle = \cos\theta|\rightarrow\rangle + \sin\theta|\uparrow\rangle \tag{9.55}$$

当这个光子入射到偏振分束器时，如图 9.12 所示，它可以以水平偏振态$|\rightarrow\rangle$继续前进，或者以垂直偏振态$|\uparrow\rangle$向下前进。当探测器 D_1 或者 D_2 检测到光子时，就能知道光子的偏振态。D_1 检测到光子表明光子处于偏振态$|\rightarrow\rangle$，D_2 检测到光子表明光子处于偏振态$|\uparrow\rangle$。D_1 检测到光子的概率是$|\langle\rightarrow|\theta\rangle|^2 = \cos^2\theta$，$D_2$ 检测到光子的概率是$|\langle\uparrow|\theta\rangle|^2 = \sin^2\theta$。

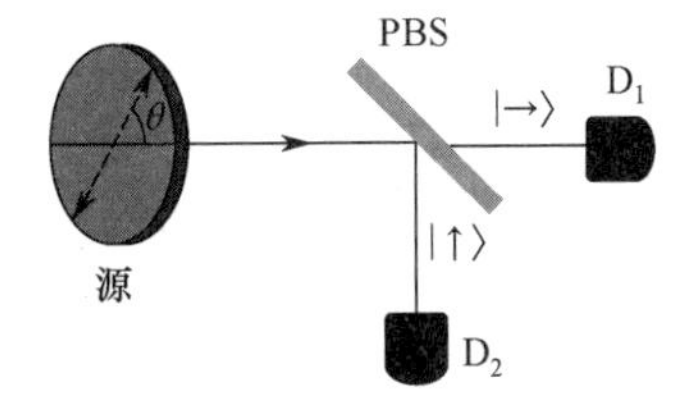

图 9.12 若偏振方向与偏振轴的夹角为 θ 的光子入射到偏振分束器（PBS），则它可能以偏振态$|\rightarrow\rangle$继续前进，或者以偏振态$|\uparrow\rangle$被反射到下方

与偏振器不同，偏振分束器不能轻易地旋转从而沿其他轴（如沿水平方向旋转角度 α 的轴）来测量偏振态。因此，需要在偏振分束器前面插入一个偏振旋转器。即将到来的光子在通过偏振分束器之前，这个装置可将其偏振态旋转角度 α。普克尔盒就是这样的装置。它是一种电光装置，可在入射光通过时，让其偏振方向与施加的电压成比例地旋转。例如，通过施加适当的电压，普克尔盒可使光子的偏振方向旋转角度 α，如图 9.13 所示。结果是，水平偏振态 $|\rightarrow\rangle$ 和垂直偏振态 $|\uparrow\rangle$ 的光子分别经过了如下变换：

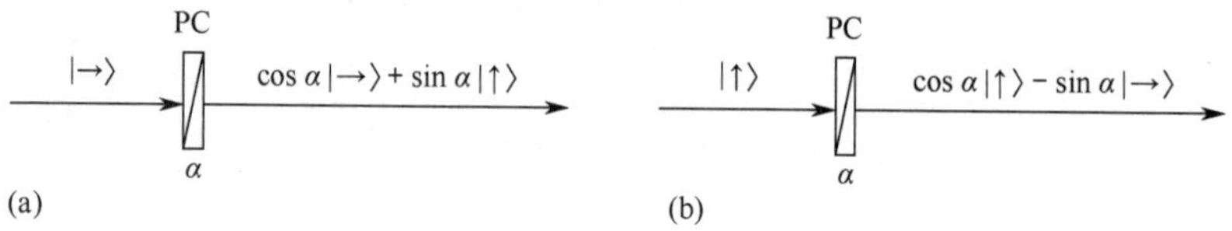

图 9.13 普克尔盒（PC）使入射光子的偏振方向旋转角度 α：(a)态 $|\rightarrow\rangle$ 被转换成态 $|\alpha\rangle$；(b)态 $|\uparrow\rangle$ 被转换成态 $|\alpha+\pi/2\rangle$

$$|\rightarrow\rangle\rightarrow|+\alpha\rangle\equiv|\alpha\rangle=\cos\alpha|\rightarrow\rangle+\sin\alpha|\uparrow\rangle \tag{9.56}$$

$$|\uparrow\rangle\rightarrow|-\alpha\rangle\equiv|\alpha\pm\pi/2\rangle=\cos\alpha|\uparrow\rangle-\sin\alpha|\rightarrow\rangle \tag{9.57}$$

注意，和偏振态对 $\{|\rightarrow\rangle,|\uparrow\rangle\}$ 一样，偏振态对 $\{|+\alpha\rangle,|-\alpha\rangle\}$ 也是归一化和相互正交的，即

$$\langle+\alpha|+\alpha\rangle=\langle-\alpha|-\alpha\rangle=1 \tag{9.58}$$

$$\langle+\alpha|-\alpha\rangle=\langle-\alpha|+\alpha\rangle=0 \tag{9.59}$$

偏振分束器可以确定入射光子的偏振态是 $|\rightarrow\rangle$ 还是 $|\uparrow\rangle$。一个有趣的问题是，怎么确定入射光子的偏振方向与水平方向是呈夹角 α 还是呈夹角 $\alpha+\pi/2$？相应的偏振态分别是 $|+\alpha\rangle\equiv|\alpha\rangle$ 和 $|-\alpha\rangle\equiv|\alpha+\pi/2\rangle$。一种方法是先将入射光子的偏振角度旋转角度 $-\alpha$，即先将偏振态 $|\alpha\rangle$ 和 $|\alpha+\pi/2\rangle$ 分别转换成偏振态 $|\rightarrow\rangle$ 和 $|\uparrow\rangle$。这一步可以这样实现：先让光子通过一个普克尔盒，使光子的偏振方向旋转角度 $-\alpha$。然后让光子通过偏振分束器，如图 9.14 所示。如果 D_1 检测到光子，就表明入射光子的偏振方向与水平方向的夹角为 α（处于偏振态 $|\alpha\rangle$）；如果 D_2 检测到光子，就表明入射光子的偏振方向与水平方向的夹角为 $\alpha+\pi/2$（处于偏振态 $|\alpha+\pi/2\rangle$）。

例如，要想知道光子是处于偏振态 $|\theta=45°\rangle\equiv|\nearrow\rangle$ 还是处于偏振态 $|\theta=135°\rangle\equiv|\nwarrow\rangle$，可以考虑使用图 9.14 所示的装置，并使 $\alpha=45°$。使偏振方向旋转-45°，偏振态 $|\theta=45°\rangle\equiv|\nearrow\rangle$ 变成水平偏振态 $|\rightarrow\rangle$，偏振态 $|\theta=135°\rangle\equiv|\nwarrow\rangle$ 变成垂直偏振态 $|\uparrow\rangle$。因此，

D_1 检测到光子就表明入射光子处于偏振态$|\nearrow\rangle$，D_2 检测到光子就表明入射光子处于偏振态$|\nwarrow\rangle$。

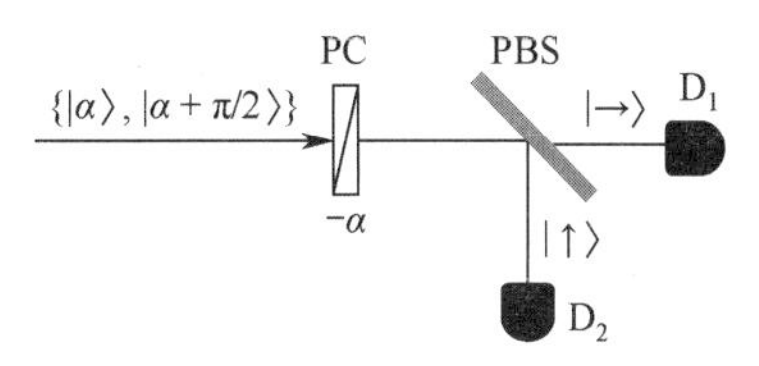

图 9.14　能够使光子偏振方向旋转角度$-\alpha$的普克尔盒，后面设有分束器来确定入射光子的偏振态。D_1 检测到光子时，表明入射光子的偏振方向与水平方向的夹角为α; D_2 检测到光子时，表明入射光子的偏振方向与水平方向的夹角为$\alpha+\pi/2$

习题

9.1　光强为 I 的水平偏振光入射到 N 个连续的偏振器上，其中 N 非常大。第一个偏振器的朝向与水平方向的夹角为$\varepsilon=\pi/2N$，后一个偏振器的朝向与上一个偏振器的朝向的夹角为ε，这样一直到最后一个偏振器（最后一个偏振器恰好为垂直朝向）。求最后一个偏振器的出射光及其偏振方向。

9.2　考虑一个非偏振光子，使它射向连续 5 个朝向分别与水平方向的夹角为 0°, 22.5°, 45°, 67.5°和 90°的偏振器。求光子能够通过全部 5 个偏振器的概率。如果将第二个和第四个偏振器，即朝向 22.5°和 67.5°的偏振器挪走，光子能够通过剩余 3 个偏振器的概率是多少？将第三个偏振器即朝向 45°的偏振器也挪走呢？

9.3　考虑一个处于偏振态$|\theta\rangle=\sin\theta|\uparrow\rangle+\cos\theta|\rightarrow\rangle$的光子。它通过一个可使偏振方向旋转角度$\alpha$的普克尔盒后，再通过一个偏振分束器，如图 9.15 所示。分别求探测器 D_1 和 D_2 能够检测到光子的概率。

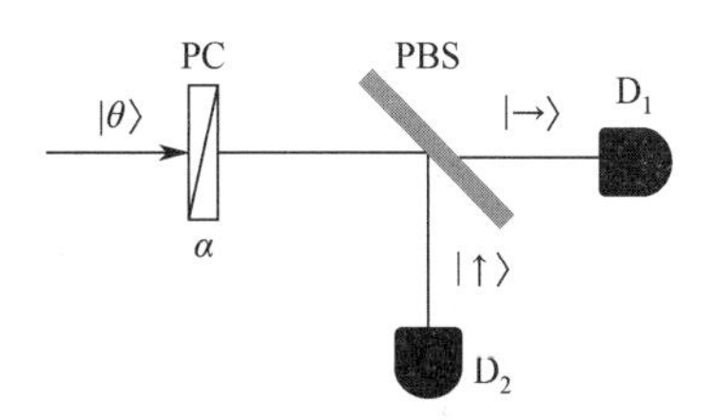

图 9.15　习题 9.3 的光学装置

9.4　考虑如图 9.16 所示的实验设置。假设入射光子的初始偏振态为

$$|\theta\rangle = \sin\theta|\uparrow\rangle + \cos\theta|\rightarrow\rangle$$

普克尔盒 PC_1 和 PC_2 分别使偏振方向旋转角度 α 和 β，求探测器 D_1、D_2 和 D_3 检测到光子的概率。

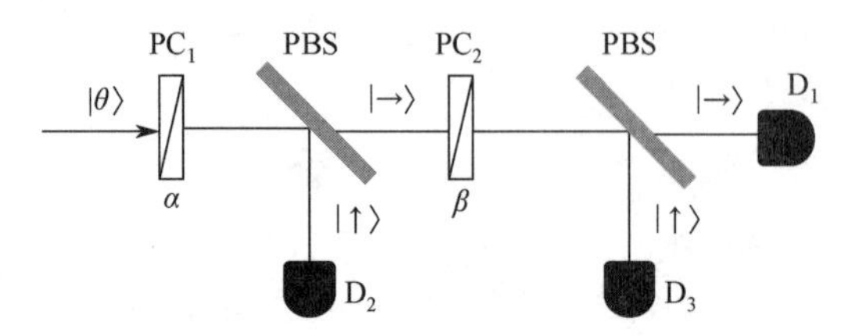

图 9.16　习题 9.4 的光学装置

参考书目

[1] S. Prasad, M. O. Scully, and W. Martienssen, *A quantum description of the beam-splitter*, Optics Communications 62, 139 (1987).

[2] R. A. Campos and B. E. A. Saleh, *Quantum mechanical lossless beam splitter: SU(2) symmetry and photon statistics*, Physical Review A 40, 1371 (1989).

[3] C. H. Holbrow, E. Galvez, and M. E. Parks, *Photon quantum mechanics and beam splitters*, American Journal of Physics 70, 260 (2002).

[4] V. Scarani, L. Chua, and S. Y. Liu, *Six Quantum Pieces: A First Course in Quantum Mechanics* (World Scientific 2010).

[5] W. P. Schleich, *Quantum Optics in Phase Space*, (Wiley VCH 2001), p 350.

第 10 章　量子叠加与纠缠

第 8 章介绍了量子干涉的新特性。在杨氏双缝干涉实验装置中，电子呈现出了干涉图样。为了理解这个实验，需要引入波函数来描述电子，波函数可以处于狭缝 1 和狭缝 2 的叠加态。

本章以偏振光子为例，正式介绍量子叠加的概念。与电子双缝实验一样，系统状态也取决于实验设置，偏振器的方向决定了偏振状态。本章还将探讨量子叠加导致的一些悖论，也就是说，微观叠加可以转化为宏观物体的叠加：*一只猫可以同时是死的和活的*。这就是著名的薛定谔的猫悖论的本质。

还有一个重要的结论是，多个物体可以处于量子力学中的纠缠态。两个物体，譬如两个光子，无论相距多远，都能保持纠缠态，进而可以相互影响。量子纠缠最先由薛定谔研究量子力学悖论时引入，近年来越看越像量子通信和量子计算的宝库，相关研究方兴未艾，详见本书的后续章节。

10.1　相干叠加态

一般来说，如果一个系统有两种状态，那么它要么处于这种状态，要么处于那种状态，但是不会同时处于两种状态。例如，一扇门要么开着，要么关着，但是不能同时处于既开着又关着的状态。类似地，一个小球要么在匣子里，要么在匣子外，但是永远不会同时处于既在匣子里又在匣子外的状态。然而，量子系统却可以处于“相干叠加态”。

前几章说过，一个相对于水平方向以任意角度 θ 偏振的光子可以写成垂直偏振态和水平偏振态的相干叠加（见图 10.1），即

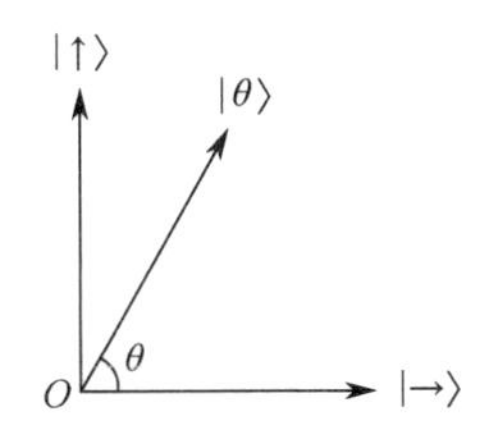

图 10.1　处于 $|\theta\rangle$ 偏振态的光子是 $|\rightarrow\rangle$ 偏振态和 $|\uparrow\rangle$ 偏振态的相干叠加

$$|\theta\rangle = \cos\theta|\rightarrow\rangle + \sin\theta|\uparrow\rangle \tag{10.1}$$

也就是说，光子同时处于水平偏振态和垂直偏振态。这种情况一直保持到被干扰或被测量为止，除非你想测一测或“看一看”光子处在哪个偏振态。如果测量偏振态，会怎么样？

首先，我们注意到测量过程涉及 9.5 节讨论的让光子通过普克尔盒和偏振分束器，实验装置如图 9.14 所示，该装置用于求任意方向上的偏振态。例如，要确定光子的偏振态是$|\alpha\rangle$还是$|\alpha+\pi/2\rangle$，可以将入射光子的偏振方向沿水平方向旋转角度$-\alpha$，然后让它通过偏振分束器。如果发现光子处于$|\rightarrow\rangle$偏振态，就知道入射光子处于$|\alpha\rangle$偏振态。如果发现光子处于$|\uparrow\rangle$偏振态，就知道入射光子处于$|\alpha+\pi/2\rangle$偏振态，因此，图 9.14 中的设置相当于有效地将偏振分束器旋转了角度α。下文提及偏振分束器旋转角度α时，指的就是这套设置。

可以证明，测量处于式（10.1）所示偏振态的光子的结果取决于偏振分束器的方向。如果偏振测量设备被设置为$\alpha=0$，则偏振态$|\theta\rangle$“坍缩”，结果要么是水平偏振的光子$|\rightarrow\rangle$，要么是垂直偏振的光子$|\uparrow\rangle$，叠加态在测量过程中被破坏。

测量过程可以通过将“左矢”运算符$\langle\rightarrow|$应用于状态$|\theta\rangle$而由数学公式表示，结果是

$$\langle\rightarrow|\theta\rangle = \cos\theta \tag{10.2}$$

测量结果为$|\rightarrow\rangle$的概率是

$$P_{|\rightarrow\rangle} = |\langle\rightarrow|\theta\rangle|^2 = \cos^2\theta \tag{10.3}$$

类似地，发现光子处于垂直偏振态$|\uparrow\rangle$的概率是

$$P_{|\uparrow\rangle} = |\langle\uparrow|\theta\rangle|^2 = \sin^2\theta \tag{10.4}$$

可见，处于偏振态$|\theta\rangle$的光子一旦被测量，就会以概率$P_{|\rightarrow\rangle}=\cos^2\theta$处于$|\rightarrow\rangle$偏振态，或者以概率$P_{|\uparrow\rangle}=\sin^2\theta$处于$|\uparrow\rangle$偏振态。相干叠加（10.1）（同时处于$|\rightarrow\rangle$和$|\uparrow\rangle$偏振态的能力）不测才有，一测就没有了。

乍看之下，这个结果并不奇怪，毕竟我们见得太多了。如果一扇窗户 40%的时间

开着，另外 60%的时间关着，那么在我们还没看到它之前，就只能说有 40%的概率开着，有 60%的概率关着。然而，看到这扇窗户时就会发现它要么开着，要么关着，从来不会出现既开着又关着的情况。那么量子“相干叠加态”有什么特别之处呢？

正如矢量 $\boldsymbol{A}$ 可用任何相互垂直的基来表示那样（见 2.2 节），偏振态也可用任何正交基来表示。垂直偏振光子可以表示成任何其他正交基态的线性叠加，例如，对于 $|45°\rangle$ 和 $|135°\rangle$，我们不妨分别设为 $|\nearrow\rangle$ 和 $|\nwarrow\rangle$。偏振态 $|\nearrow\rangle$ 和 $|\nwarrow\rangle$ 像 $|\rightarrow\rangle$ 和 $|\uparrow\rangle$ 一样，组成了另一组基态。

两组基态 $\{|\rightarrow\rangle,|\uparrow\rangle\}$ 和 $\{|\nearrow\rangle,|\nwarrow\rangle\}$ 通过类似于 8.2 节讨论的矢量坐标系(x, y)和(X, Y)之间的旋转关系相互关联：

$$|\nearrow\rangle \equiv |45°\rangle = \frac{1}{\sqrt{2}}\left(|\uparrow\rangle + |\rightarrow\rangle\right) \tag{10.5}$$

$$|\nwarrow\rangle \equiv |135°\rangle = \frac{1}{\sqrt{2}}\left(|\uparrow\rangle - |\rightarrow\rangle\right) \tag{10.6}$$

这些关系可由图 10.2 验证。

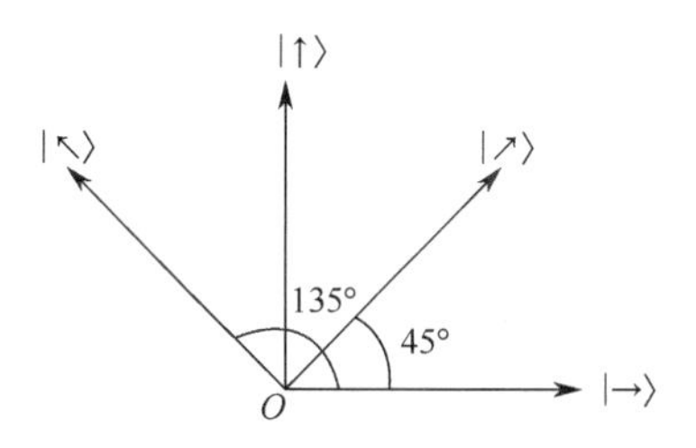

图 10.2　两组基态：$\{|\rightarrow\rangle,|\uparrow\rangle\}$ 和 $\{|\nearrow\rangle,|\nwarrow\rangle\}$

反过来，原来的基可表示为

$$|\uparrow\rangle = \frac{1}{\sqrt{2}}\left(|\nearrow\rangle + |\nwarrow\rangle\right) \tag{10.7}$$

$$|\rightarrow\rangle = \frac{1}{\sqrt{2}}\left(|\nearrow\rangle - |\nwarrow\rangle\right) \tag{10.8}$$

可以证明

$$\langle\nearrow|\nearrow\rangle = \langle\nwarrow|\nwarrow\rangle = 1 \tag{10.9}$$

$$\langle \nearrow | \nwarrow \rangle = \langle \nwarrow | \nearrow \rangle = 0 \tag{10.10}$$

代入式（10.7）和式（10.8）中的$|\rightarrow\rangle$和$|\uparrow\rangle$，偏振态

$$|\theta\rangle = \cos\theta|\rightarrow\rangle + \sin\theta|\uparrow\rangle \tag{10.11}$$

可在新基中重写为

$$|\theta\rangle = \cos\phi|\nearrow\rangle + \sin\phi|\nwarrow\rangle \tag{10.12}$$

式中，

$$\cos\phi = \frac{1}{\sqrt{2}}(\sin\theta + \cos\theta)，\ \sin\phi = \frac{1}{\sqrt{2}}(\sin\theta - \cos\theta) \tag{10.13}$$

因此，对于同一个偏振态$|\theta\rangle$，在新的基中可以得到新的振幅（$\cos\phi$ 和 $\sin\phi$，而不是$\cos\theta$和$\sin\theta$），用$\{|\rightarrow\rangle, |\uparrow\rangle\}$基测量这个光子的偏振得到$|\rightarrow\rangle$偏振态或$|\uparrow\rangle$偏振态，概率分别是 $\cos^2\theta$ 和 $\sin^2\theta$，用$\{|\nearrow\rangle, |\nwarrow\rangle\}$基测量同一个光子的偏振得到$|\nearrow\rangle$偏振态或$|\nwarrow\rangle$偏振态，概率分别是 $\cos^2\phi$ 和 $\sin^2\phi$。因此，结果取决于测量仪器的设置，在本例中是偏振分束器的方向。同一物体的实验结果依赖于装置的方向，这是以往经典描述与现在量子描述之间的显著区别。

现在，出现了一个重要的问题：能不能客观地定义单个光子的偏振态？后面我们将发现这个问题是量子力学概念基础的核心。根据上述讨论，诸如“这个光子处于哪个偏振态？”之类的问题既不确切又不完整。确切的提问应该说明实验设备的状态（在这种情况下，指测量设备偏振分束器的方向）。所以完整的问题应是：“如果这个光子通过θ方向的偏振分束器，将测出什么偏振态？”下面进一步说明测量对于定义偏振之类的物理性质的作用。

$|\uparrow\rangle$偏振态的光子通过45°偏振分束器会怎么样？光子的$|\uparrow\rangle$偏振态可以分解为分束器（即测量装置）的$\{|\nearrow\rangle, |\nwarrow\rangle\}$基上的分量［见图 10.3(a)］：

$$|\uparrow\rangle = \frac{1}{\sqrt{2}}\left(|\nearrow\rangle + |\nwarrow\rangle\right)$$

实验结果表明，系统将以概率$|\langle\nearrow|\uparrow\rangle|^2 = 1/2$处于$|\nearrow\rangle$偏振态，以概率$|\langle\nwarrow|\uparrow\rangle|^2 = 1/2$处

于 $|\nwarrow\rangle$ 偏振态。假设这次光子被测出偏振态 $|\nearrow\rangle$，如果这次测量后再用原来的基 $\{|\rightarrow\rangle, |\uparrow\rangle\}$ 测量，以往的直觉表明结果应该 100%是 $|\uparrow\rangle$ 偏振态，但情况并非如此。为了理解这一点，再看一下光子通过 $\{|\rightarrow\rangle, |\uparrow\rangle\}$ 基偏振分束器的过程。偏振态 $|\nearrow\rangle$ 用偏振器的 $\{|\rightarrow\rangle, |\uparrow\rangle\}$ 基分解［见图 10.3(b)］：

$$|\nearrow\rangle = \frac{1}{\sqrt{2}}\left(|\uparrow\rangle + |\rightarrow\rangle\right)$$

现在，偏振分量 $|\uparrow\rangle$ 和 $|\rightarrow\rangle$ 的概率相等，即如果用最初的 $\{|\rightarrow\rangle, |\uparrow\rangle\}$ 基再次测量偏振态，结果将是 $|\uparrow\rangle$ 或 $|\rightarrow\rangle$，这两个结果出现的概率相等。因此，有 50%的机会发现光子处于水平偏振态 $|\rightarrow\rangle$。这是经典力学无法预料且违反直觉的结果。

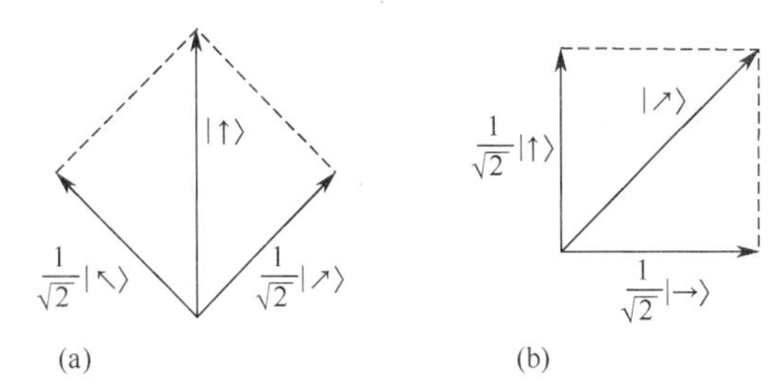

图 10.3　(a) $|\uparrow\rangle$ 偏振态的光子可视为 $|\nearrow\rangle$ 偏振态和 $|\nwarrow\rangle$ 偏振态的叠加；(b) $|\nearrow\rangle$ 偏振态的光子可视为 $|\rightarrow\rangle$ 偏振态和 $|\uparrow\rangle$ 偏振态的叠加

这一结果又带来了另一个问题：能把两个偏振分量 $|\uparrow\rangle$ 和 $|\nearrow\rangle$ 关联到同一个光子上吗？答案是绝对不可以！

上述分析精辟地例证了玻尔互补原理，即对于一对可观测的物理量，如果其中之一尽在掌握之中意味着另一个量的各种测量结果等概率出现，那么它们是互补的。在刚才这个例子中，用 $\{|\rightarrow\rangle, |\uparrow\rangle\}$ 基测量偏振态得到 $|\uparrow\rangle$，后来用 $\{|\nearrow\rangle, |\nwarrow\rangle\}$ 基测量结果仍然不确定，$|\nearrow\rangle$ 和 $|\nwarrow\rangle$ 的概率各为 50%。测量对系统产生了干扰。这一结果为后面介绍的安全通信领域的成就奠定了基础。

10.2　量子纠缠和贝尔基

刚才提到，量子系统能够存在于相干叠加态是量子力学的新特性。量子系统还有一个有意思的地方，即能以纠缠态存在。量子纠缠不仅是一种反直觉的效应，而且是一种宝贵的资源，详见第 15 章和第 16 章介绍的量子计算。

对于由两个独立物体组成的一个系统，理论上可能会因为相距太远而无法以任何方式相互作用。这样一来，根据经典力学，它们就是相互独立的，其中任何一个物体都不受另一个物体的影响。譬如有两个小球，一个是红色的，一个是蓝色的，彼此相距很远。不管近处的这个小球做了什么，远处的那个小球的属性都不会受到影响，并且在任何经典系统中都这样。

量子力学系统很不一样。例如，两个光子 A 和 B 处于量子态

$$\left|\psi_{AB}\right\rangle=\frac{1}{\sqrt{2}}\left(\left|\rightarrow_{A}\right\rangle\left|\uparrow_{B}\right\rangle+\left|\uparrow_{A}\right\rangle\left|\rightarrow_{B}\right\rangle\right) \tag{10.14}$$

让这些光子传播很远的距离，以致相互失联。不妨让光子 A 留在张三身边，而让光子 B 远在李四身边。显然，张三测量光子时有两种可能：如果测出 $\left|\rightarrow_{A}\right\rangle$ 偏振态，那么李四的光子肯定处于 $\left|\uparrow_{B}\right\rangle$ 偏振态；如果测出 $\left|\uparrow_{A}\right\rangle$ 偏振态，那么李四的光子肯定处于 $\left|\rightarrow_{B}\right\rangle$ 偏振态。

这个结果没什么特别。前面两个小球的例子也可以这么说：如果张三发现自己的小球是红色的，李四的小球就一定是蓝色的，反之亦然。

如果张三决定用 $\{|\nearrow\rangle,|\nwarrow\rangle\}$ 基测量光子，让光子通过相对于水平线方向 45° 的偏振器，情况就不一样了（见图 10.1）。根据变换式（10.7）和式（10.8），即

$$|\uparrow\rangle=\frac{1}{\sqrt{2}}(|\nearrow\rangle+|\nwarrow\rangle), \qquad |\rightarrow\rangle=\frac{1}{\sqrt{2}}(|\nearrow\rangle-|\nwarrow\rangle)$$

双光子态变成

$$\left|\psi_{AB}\right\rangle=\frac{1}{2}\left[\left|\nearrow_{A}\right\rangle\left(\left|\uparrow_{B}\right\rangle+\left|\rightarrow_{B}\right\rangle\right)+\left|\nwarrow_{A}\right\rangle\left(\left|\rightarrow_{B}\right\rangle-\left|\uparrow_{B}\right\rangle\right)\right] \tag{10.15}$$

于是，张三测出光子处于 $\left|\nearrow_{A}\right\rangle$ 偏振态的结果让李四的光子的偏振态“坍缩”到

$$\left\langle\nearrow_{A} \mid \psi_{AB}\right\rangle=\frac{1}{\sqrt{2}}\left(\left|\uparrow_{B}\right\rangle+\left|\rightarrow_{B}\right\rangle\right)=\left|\nearrow_{B}\right\rangle \tag{10.16}$$

然而，如果张三测出光子处于 $\left|\nwarrow_{A}\right\rangle$ 偏振态，那么李四的光子的偏振态就坍缩为

$$\langle \nwarrow_A | \psi_{AB} \rangle = \frac{1}{\sqrt{2}}\left(|\rightarrow_B\rangle - |\uparrow_B\rangle \right) = -|\nwarrow_B\rangle \tag{10.17}$$

因此，即使张三和李四的光子无法相互作用，李四的光子的量子态也取决于张三的决定。张三的光子同样如此——它的量子态也受李四对他自己的光子的作用的影响。这对光子即使相距很远，也相互“纠缠”。在经典力学中没有相应的现象。

之所以这样，是因为两个光子最初处于不可分离、相互纠缠的量子态（10.14）。现在可以正式定义“可分离”态和“量子纠缠”态。

如果 AB 系统的总态矢 $|\psi_{AB}\rangle$ 可以分解成 A 和 B 各自的状态，即 AB 系统的状态可以分离，即

$$|\psi_{AB}\rangle = |\psi_A\rangle |\psi_B\rangle \tag{10.18}$$

如果不能这样分离，AB 系统就是纠缠的，即 $|\psi_{AB}\rangle$ 不能写成 $|\psi_A\rangle$ 与 $|\psi_B\rangle$ 的积。量子纠缠态定义为满足以下条件的量子态：

$$|\psi_{AB}\rangle \neq |\psi_A\rangle |\psi_B\rangle \tag{10.19}$$

接下来举例说明这些概念。先看一个例子，量子态

$$|\psi_{AB}\rangle = \frac{1}{\sqrt{2}}\left(|\uparrow_A\rangle |\uparrow_B\rangle + |\uparrow_A\rangle |\rightarrow_B\rangle \right) \tag{10.20}$$

可以写成单个光子 A 和 B 的量子态的乘积。可以确定单个光子的量子态是

$$|\psi_A\rangle = |\uparrow_A\rangle, \quad |\psi_B\rangle = \frac{1}{\sqrt{2}}\left(|\uparrow_B\rangle + |\rightarrow_B\rangle \right)$$

于是我们说这两个光子的状态是可分离的。

接下来看这两个光子的量子态：

$$|\psi_{AB}\rangle = \frac{1}{\sqrt{2}}\left(|\rightarrow_A\rangle |\uparrow_B\rangle + |\uparrow_A\rangle |\rightarrow_B\rangle \right) \tag{10.21}$$

AB 系统的这种量子态不能写成两个独立的量子态的乘积。因此这种量子态就是纠缠态的一个例子。我们可以证明量子态（10.21）的纠缠行为如下。

不妨设$|\psi_{AB}\rangle$可分离，这时有

$$|\psi_{AB}\rangle = |\psi_A\rangle|\psi_B\rangle \tag{10.22}$$

A光子和B光子最一般的叠加态是

$$|\psi_A\rangle = c_1|\uparrow_A\rangle + c_2|\rightarrow_A\rangle,\quad |\psi_B\rangle = d_1|\uparrow_B\rangle + d_2|\rightarrow_B\rangle \tag{10.23}$$

式中，c_1, c_2, d_1和d_2是复数，并且满足

$$|c_1|^2 + |c_2|^2 = 1 \tag{10.24}$$

$$|d_1|^2 + |d_2|^2 = 1 \tag{10.25}$$

于是，若态$|\psi_{AB}\rangle$可分离，则

$$\frac{1}{\sqrt{2}}\left(|\rightarrow_A\rangle|\uparrow_B\rangle + |\uparrow_A\rangle|\rightarrow_B\rangle\right) = \left(c_1|\uparrow_A\rangle + c_2|\rightarrow_A\rangle\right)\left(d_1|\uparrow_B\rangle + d_2|\rightarrow_B\rangle\right) \tag{10.26}$$

成立的条件是

$$c_1 d_2 = c_2 d_1 = \frac{1}{\sqrt{2}},\quad c_1 d_1 = c_2 d_2 = 0 \tag{10.27}$$

但这是不可能的，因为没有任何4个复数c_1, c_2, d_1和d_2可以同时满足条件（10.27）。可见，假设$|\psi_{AB}\rangle = |\psi_A\rangle|\psi_B\rangle$错误，因此态$|\psi_{AB}\rangle$是纠缠态。

通常，由两个分别可能有$|0\rangle$和$|1\rangle$两种量子态的物体1和2组成的系统有4种可能的量子态：两个物体都处于$|0\rangle$量子态；第一个物体处于$|0\rangle$量子态，第二个物体处于$|1\rangle$量子态，第一个物体处于$|1\rangle$量子态，第二个物体处于$|0\rangle$量子态；两个物体都处于$|1\rangle$量子态。这些量子态

$$|0_1, 0_2\rangle, |0_1, 1_2\rangle, |1_1, 0_2\rangle, |1_1, 1_2\rangle \tag{10.28}$$

构成双粒子系统的基本状态集，就像$|0\rangle$和$|1\rangle$形成单粒子系统的基本状态集一样。两个粒子最一般的状态是

$$|\psi_{12}\rangle = c_{00}|0_1, 0_2\rangle + c_{01}|0_1, 1_2\rangle + c_{10}|1_1, 0_2\rangle + c_{11}|1_1, 1_2\rangle \tag{10.29}$$

式中，c_{00}, c_{01}, c_{10} 和 c_{11} 是复数，并且满足条件

$$|c_{00}|^2 + |c_{01}|^2 + |c_{10}|^2 + |c_{11}|^2 = 1 \tag{10.30}$$

系数 c_{00}, c_{01}, c_{10} 和 c_{11} 的物理含义解释如下。双光子系统处于量子态 $|0_1, 0_2\rangle$ 的联合概率 $P(1, 2)$是

$$P(0_1, 0_2) = |\langle 0_1, 0_2 | \psi_{12} \rangle|^2 = |c_{00}|^2 \tag{10.31}$$

类似地，有

$$P(0_1, 1_2) = |\langle 0_1, 1_2 | \psi_{12} \rangle|^2 = |c_{01}|^2 \tag{10.32}$$

$$P(1_1, 0_2) = |\langle 1_1, 0_2 | \psi_{12} \rangle|^2 = |c_{10}|^2 \tag{10.33}$$

$$P(1_1, 1_2) = |\langle 1_1, 1_2 | \psi_{12} \rangle|^2 = |c_{11}|^2 \tag{10.34}$$

我们还可借助 2.4 节中的方法来确定单个粒子所处量子态的概率。例如，发现第一个光子处于 $|0\rangle$ 量子态的概率由发现第一个光子处于 $|0_1\rangle$ 量子态且第二个光子处于 $|0_2\rangle$ 量子态以及第一个光子处于 $|0_1\rangle$ 量子态且第二个光子处于 $|1_2\rangle$ 量子态的概率相加得到，即

$$P(0_1) = P(0_1, 0_2) + P(0_1, 1_2) = |c_{00}|^2 + |c_{01}|^2 \tag{10.35}$$

类似地，有

$$P(1_1) = P(1_1, 0_2) + P(1_1, 1_2) = |c_{10}|^2 + |c_{11}|^2 \tag{10.36}$$

$$P(0_2) = P(0_1, 0_2) + P(1_1, 0_2) = |c_{00}|^2 + |c_{10}|^2 \tag{10.37}$$

$$P(1_2) = P(0_1, 1_2) + P(1_1, 1_2) = |c_{01}|^2 + |c_{11}|^2 \tag{10.38}$$

下一个问题是，一般态（10.29）在什么条件下是纠缠态？为此，我们定义量

$$C = 2|c_{00}c_{11} - c_{01}c_{10}| \tag{10.39}$$

不难发现，$0 \leqslant C \leqslant 1$。当且仅当 $C > 0$ 时，态（10.29）纠缠。量 C 称为**纠缠的**

并发度，它度量的是纠缠程度。当 $C=0$ 时，两个粒子态无纠缠或者可分离；当 $C=1$ 时，两个粒子态最大纠缠。

以下这些态称为**贝尔基态**（或者简称**贝尔态**），属于两个粒子的最大纠缠态，此时 $C=1$：

$$|B_{00}(1,2)\rangle=\frac{1}{\sqrt{2}}\left(|0_1,0_2\rangle+|1_1,1_2\rangle\right) \tag{10.40}$$

$$|B_{01}(1,2)\rangle=\frac{1}{\sqrt{2}}\left(|0_1,1_2\rangle+|1_1,0_2\rangle\right) \tag{10.41}$$

$$|B_{10}(1,2)\rangle=\frac{1}{\sqrt{2}}\left(|0_1,0_2\rangle-|1_1,1_2\rangle\right) \tag{10.42}$$

$$|B_{11}(1,2)\rangle=\frac{1}{\sqrt{2}}\left(|0_1,1_2\rangle-|1_1,0_2\rangle\right) \tag{10.43}$$

这些态相互正交。例如，$\langle B_{01}|B_{00}\rangle=\langle B_{01}|B_{10}\rangle=\langle B_{01}|B_{11}\rangle=\langle B_{11}|B_{00}\rangle=0$。贝尔基态的重要意义之一是，可将一般纠缠态（10.29）写成贝尔态的线性叠加。

10.3 薛定谔的猫悖论

埃尔温·薛定谔参与提出了量子力学，但他却总觉得哪儿不对劲，于是想了一些自相矛盾的东西，薛定谔的猫悖论（1935 年）就是其中之一。薛定谔的猫实验是一例思想实验，也就是说，并没有真做实验，而用想象和推理代替了实验。

薛定谔关注的是相干叠加态的概念。如前所述，一个系统可以同时处于两个量子态，测量时发现系统要么处于这个态，要么处于那个态。薛定谔认为，将用于诸如电子、光子或原子之类微观物体的想法扩展到宏观世界，可能会出现离奇的结果，比如猫可以同时处于既活着又死了的状态。既然没人见过既活着又死了的猫，那么量子力学的解释一定有哪里不对劲。

在薛定谔的思想实验中，一只猫放在钢匣子中（见图 10.4），匣子中还有一个放射性原子、一台盖革计数器、一把锤子和一小瓶毒药。在衰变过程中，放射性原子不稳定的原子核发射大量 α 粒子、β 粒子以及没有质量的伽马射线（光子）并失去能量。在单原子尺度上，放射性衰变是一个随机过程。根据量子理论，不能预测某个特定的放射性原子何时衰变。盖革计数器探测到发射的粒子。在薛定谔的设定中，盖革计数器检测到放射性物质衰变，放铁锤，放毒药，杀死猫，于是就有两种可能：要么不衰变，猫还活着；要么衰变，猫死了。

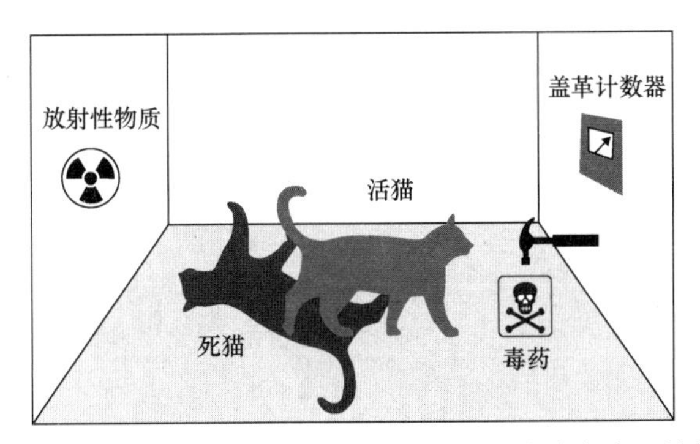

图 10.4　薛定谔的思想实验：一个放射性原子发生衰变，盖革计数器检测到放射性粒子，释放锤子打碎瓶子以放毒药杀死猫，猫的状态（死活）取决于放射性原子的状态（是否衰变）

因此，就有了放射性原子和猫的微观状态：

$$\left|\psi_{AC}\right\rangle = c_a\left|\text{不衰变}\right\rangle\left|\text{活猫}\right\rangle + c_b\left|\text{衰变}\right\rangle\left|\text{死猫}\right\rangle \tag{10.44}$$

式中，系数 c_a 和 c_b 是幅度。于是，$\left|c_a\right|^2$ 和 $\left|c_b\right|^2$ 分别表示原子不衰变猫还活着的概率和原子衰变猫死了的概率。式（10.44）对应于原子状态和猫状态之间的纠缠态。

将原子状态 $\left(\left|\text{不衰变}\right\rangle+\left|\text{衰变}\right\rangle\right)/\sqrt{2}$ 代入状态 $\left|\text{衰变}\right\rangle$，将原子状态 $\left(\left|\text{不衰变}\right\rangle-\left|\text{衰变}\right\rangle\right)/\sqrt{2}$ 代入状态 $\left|\text{不衰变}\right\rangle$，再测量放射性原子，可得到猫的相干“叠加”态：

$$\left|\psi_{C}\right\rangle = c_a\left|\text{活猫}\right\rangle + c_b\left|\text{死猫}\right\rangle \tag{10.45}$$

如果原子处于 $\left|\text{不衰变}\right\rangle$ 态，就会导致猫处于叠加态（10.45），显然自相矛盾，因为现实中不会看到既活着又死了的猫。

打开匣子之前，观察者并不知道猫是死是活。猫的命运与原子状态密切相关。一打开匣子，就会发现猫是死是活，但不处于“叠加”态——猫要么活着，要么死了，但不会又死又活。

下面来看看薛定谔自己是如何说猫的悖论的：

> 还能想出相当荒谬的情况。一只猫被关在钢制的房间里，还有如下这些装置（必须保证不受猫的直接干扰）：在一台盖革计数器中，有一点儿放射性物质，非常少，在一小时内有一个原子衰变的概率只有一半，没有原子衰变的概率也是一半；如果发生衰变，计数器管放电，通过继电器释放锤子击碎一小瓶氢氰酸。如果将这个系统不加干扰地放在那里一小时，就会说：假如这段时间没有原子衰变，那只猫就还活着，一旦有第一个原子衰变，就能毒死猫。系统的函数竟然表达了活猫死猫（抱歉这么说）掺半的状态……在这种典型情况下，原本局限于原子领域的不确定性转变为宏观的不确定性，结果一目了然，让我们很难天真地相信"模糊模型"能有效地表征现实。模型本身没有哪里不清楚或自相矛盾。照片没拍清楚和快照拍到云遮雾罩可不一样。

爱因斯坦在写给薛定谔的信中提出了如下耐人寻味的观点，其实是夸薛定谔精辟地阐述了"现实"①：

> 除了劳厄，你是唯一一位认为诚实的人无法绕过对现实的假设的当代物理学家。大多数当代物理学家完全无视戏弄现实的巨大风险——现实是独立于实验建立的东西。然而，他们的解读被你建立的系统巧妙地驳斥了，这套系统由放射性原子、放大器、火药装药、匣子里的猫组成，系统的Ψ函数既包含活猫又包含死猫。没人真的怀疑猫在不在与你看不看没啥关系。

第 12 章中将详细讨论爱因斯坦所理解的现实和他本人对量子力学的批评。

10.4 量子隐形传态

"瞬移"是 20 世纪 60 年代电视剧《星际迷航》带火的科幻概念。"把我瞬移上去，斯科特！"柯克船长要从遥远的星球回到"进取"号星舰时，向指挥总工程师斯科特下达的这一指令一直是这部电视剧中最有名的台词之一。瞬移成了一种运输方式——柯克船长在星球上消失，再在星舰内的一块甲板上出现。

能在现实生活中实现瞬移吗？如果瞬移成为可能，不需要汽车或飞机就能从一个地方到达另一个地方。到目前为止，人类瞬移还只在科幻小说中实现，即使是原子瞬移也需要无穷的能量。然而，有了量子纠缠，双态量子系统瞬移就成为现实。查尔

---

① 爱因斯坦于 1950 年 12 月 22 日写给薛定谔谈及对薛定谔的猫的这封信，见卡尔·普尔兹布拉姆主编的《波动力学通信》（纽约哲学图书馆 1967 年版）的第 39 页。

斯·本内特、吉列斯·布拉萨德、克劳德·克雷波、理查德·乔萨、阿舍·佩雷斯和威廉·伍特斯提出的双态系统的量子隐形传态是量子纠缠的绝佳案例。

隐形传态问题可以这么描述：A 地的张三有个东西处于未知量子态

$$|\psi(A)\rangle = c_0|0_A\rangle + c_1|1_A\rangle \tag{10.46}$$

这里“未知”的意思是系数 c_0 和 c_1 未知。二元状态 $|0\rangle$ 和 $|1\rangle$ 可以是任何双态系统的状态，如两个原子能级、两个偏振态等。C 地的李四有一个双态系统。就像电视连续剧《星际迷航》中那样，我们要销毁系统中张三这边的未知量子态（10.46），而在李四那边建立同样的量子态。

具体来说，设张三这边有一个基态 $|g\rangle$ 和激发态 $|e\rangle$ 的未知相干叠加的原子：

$$|\psi(A)\rangle = c_g|g\rangle + c_e|e\rangle \tag{10.47a}$$

李四那边有一个双能级原子。能让 $|\psi(A)\rangle$ 态瞬移到李四那边的原子，使其状态变成如下状态吗？

$$|\psi(C)\rangle = c_g|g\rangle + c_e|e\rangle \tag{10.47b}$$

量子隐形传态的关键在于张三和李四之间有两条交换信息的信道，如图 10.5 所示。第 1 条信道是所谓的量子信道，它允许两个制备成纠缠态的物体 B 和 C 发送给张三和李四（B 给张三，C 给李四）。第 2 条信道是传统信道，如电话线，张三用它来将测量结果发给李四。

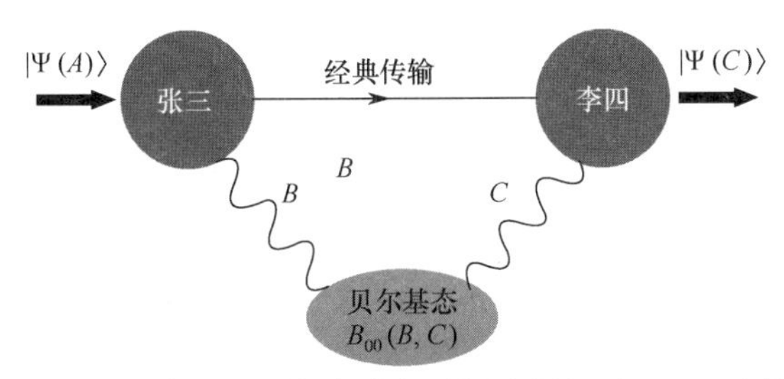

图 10.5　状态 $|\psi(A)\rangle$ 从张三这边瞬移到李四那边。$|B_{00}(B,C)\rangle$ 是产生的纠缠态。在这对粒子中，B 给张三，C 给李四。张三通过传统信道将状态 A 和 B 的贝尔基测量结果传给李四。李四相应地在本地调整 C 粒子，这样一来状态 $|\psi(A)\rangle$ 就瞬移到了李四这边

式（10.46）所示量子态的瞬移可分如下 3 步完成。

步骤 1 制备两个处于纠缠态的物体 B 和 C：

$$|B_{00}(B,C)\rangle = \frac{1}{\sqrt{2}}\left[|0_B,0_C\rangle + |1_B,1_C\rangle\right] \tag{10.48}$$

式中，B_{00} 是 10.2 节介绍过的一种贝尔态。B 粒子发给掌握 A 粒子的张三。C 粒子发给李四。现在 A 粒子和 B 粒子在张三这边，C 粒子在李四那边。A、B、C 系统的组合状态为

$$|\psi(A,B,C)\rangle = \frac{1}{\sqrt{2}}\left[c_0\left(|0_A,0_B,0_C\rangle + |0_A,1_B,1_C\rangle\right) + c_1\left(|1_A,0_B,0_C\rangle + |1_A,1_B,1_C\rangle\right)\right] \tag{10.49}$$

对于 AB 系统，我们可以根据贝尔基态（10.40）～（10.43）重写$|\psi(A,B,C)\rangle$。首先，注意到

$$|0_A,0_B\rangle = \frac{1}{\sqrt{2}}\left[|B_{00}(A,B)\rangle + |B_{10}(A,B)\rangle\right] \tag{10.50}$$

$$|0_A,1_B\rangle = \frac{1}{\sqrt{2}}\left[|B_{01}(A,B)\rangle + |B_{11}(A,B)\rangle\right] \tag{10.51}$$

$$|1_A,0_B\rangle = \frac{1}{\sqrt{2}}\left[|B_{00}(A,B)\rangle - |B_{11}(A,B)\rangle\right] \tag{10.52}$$

$$|1_A,1_B\rangle = \frac{1}{\sqrt{2}}\left[|B_{00}(A,B)\rangle - |B_{10}(A,B)\rangle\right] \tag{10.53}$$

然后，将这些表达式代入式（10.49），有

$$\begin{aligned}|\psi(A,B,C)\rangle = \frac{1}{2}\Big[&|B_{00}(A,B)\rangle\left(c_0|0_C\rangle + c_1|1_C\rangle\right) + |B_{01}(A,B)\rangle\left(c_0|1_C\rangle + c_1|0_C\rangle\right) + \\ &|B_{10}(A,B)\rangle\left(c_0|0_C\rangle - c_1|1_C\rangle\right) + |B_{11}(A,B)\rangle\left(c_0|1_C\rangle - c_1|0_C\rangle\right)\Big]\end{aligned} \tag{10.54}$$

到目前为止，系统 A 在张三这边的状态没有改变。

步骤 2 同时拥有 A 系统和 B 系统的张三在贝尔基上对 AB 系统进行联合测量，可以得到如下结果之一：$|B_{00}(A,B)\rangle, |B_{01}(A,B)\rangle, |B_{10}(A,B)\rangle$ 或$|B_{11}(A,B)\rangle$。现在，有意思的结果来了！由式（10.54）可见，如果得到的结果是$|B_{00}(A,B)\rangle$，那么李四那边的系统 C 就退化为$c_0|0_C\rangle + c_1|1_C\rangle$，即

$$|B_{00}(A,B)\rangle \to c_0|0_C\rangle + c_1|1_C\rangle \tag{10.55}$$

类似地，有

$$|B_{01}(A,B)\rangle \to c_0|0_C\rangle + c_1|0_C\rangle \tag{10.56}$$

$$|B_{10}(A,B)\rangle \to c_0|0_C\rangle - c_1|1_C\rangle \tag{10.57}$$

$$|B_{11}(A,B)\rangle \to c_0|0_C\rangle - c_1|0_C\rangle \tag{10.58}$$

这值得一提，因为系数 c_0 和 c_1 中包含的未知态的细节已被“瞬移”给李四，理论上，李四可能距离张三很远，但是在这个阶段，李四不知道自己所处的状态，因为他不知道张三用贝尔基测量的结果。

步骤 3　张三通过一条传统信道（如电话线）将其测量结果告诉李四。如果测量结果是 $|B_{00}(A,B)\rangle$，李四就知道自己这边的系统 C 的状态是 $c_0|0_C\rangle + c_1|1_C\rangle$，而这正是张三想瞬移给李四的状态，所以李四什么都不用做就知道系统 C 的状态正是想要的。

若张三告诉李四其测量结果是 $|B_{01}(A,B)\rangle$，李四就知道系统 C 的状态是 $c_0|1_C\rangle + c_1|0_C\rangle$，这时通过量子振幅变换 $|0_C\rangle \to |1_C\rangle$ 和 $|1_C\rangle \to |0_C\rangle$ 就能让系统 C 回到想要的状态 $c_0|0_C\rangle + c_1|1_C\rangle$。

若张三告诉李四其测量结果是 $|B_{10}(A,B)\rangle$，李四就知道系统 C 的状态是 $c_0|0_C\rangle - c_1|1_C\rangle$，这时通过量子相位变换 $|0_C\rangle \to |0_C\rangle$ 和 $|1_C\rangle \to -|1_C\rangle$ 就能让系统 C 回到想要的状态。

最后，若张三告诉李四其测量结果是 $|B_{11}(A,B)\rangle$，李四就知道 C 的状态是 $c_0|1_C\rangle - c_1|0_C\rangle$。这时通过量子振幅变换 $|0_C\rangle \to |1_C\rangle$ 和 $|1_C\rangle \to |0_C\rangle$ 和量子相位变换 $|0_C\rangle \to |0_C\rangle$ 和 $|1_C\rangle \to -|1_C\rangle$ 就能让系统 C 的状态回到所需的状态。

这样一来，就完成了隐形传态协议——状态 $|\psi(A)\rangle = c_0|0_A\rangle + c_1|1_A\rangle$ 已从张三瞬移到李四。在隐形传态过程中，用到的重要资源是量子纠缠。

有几点值得一提。首先，隐形传态过程不能用来传输比光速更快的信息。如果这都能实现，就违背了另一个重要的物理学理论——爱因斯坦相对论。乍看之下，张三似乎可以通过在状态 $|\psi(A)\rangle$ 中对信息编码来超光速发送信息，一旦完成贝尔基测量，关于 $|\psi(A)\rangle$ 的信息就瞬移到李四。然而，事实并非如此，因为在张三通过传统信道告

诉李四其测量结果之前，李四无法重现张三的状态，在传统信道上，信息以低于或等于光速的速度传输。

其次，在隐形传态过程中，状态$|\psi(A)\rangle = c_0|0_A\rangle + c_1|1_A\rangle$消失在张三这边早于重新出现在李四那边。张三测量贝尔态后，关于$|\psi(A)\rangle$的任何信息（包含在系数c_0和c_1中）都消失了。因此，张三的状态不可能在隐形传态过程中被复制或克隆。

10.5 纠缠交换

设张三（A）和李四（B）是非常亲密的朋友。同样，王五（C）和赵六（D）也是非常亲密的朋友。李四和王五可以互动，但张三和赵六从未见过面。事实上，他们（张三和赵六）相距很远，从未交流过，甚至不能以任何方式相互交流。李四和王五之间的互动有可能导致张三和赵六之间产生非常亲密的友谊吗？

一个等价的量子问题表述为：张三和李四有一对纠缠的物体，比如光子，处于状态

$$|\Psi_{AB}\rangle = |B_{00}(A,B)\rangle = \frac{1}{\sqrt{2}}\left(|0_A,0_B\rangle + |1_A,1_B\rangle\right) \tag{10.59}$$

同样，王五和赵六也有一对纠缠的光子，处于状态

$$|\Psi_{CD}\rangle = |B_{00}(C,D)\rangle = \frac{1}{\sqrt{2}}\left(|0_C,0_D\rangle + |1_C,1_D\rangle\right) \tag{10.60}$$

张三和赵六相距太远，无法交流。李四和王五能否对他们拥有的光子进行联合测量，以便在张三和赵六拥有的光子之间产生纠缠？如下所述，答案是可以！

在这个过程中，另一件有趣的事情发生了：最终，李四和王五之间、张三和赵六之间发生了纠缠，但张三和李四之间、王五和赵六之间失去了纠缠。这就像张三和李四之间、王五和赵六之间的友谊换成了张三和赵六之间以及李四和王五之间的友谊那样。

$ABCD$ 系统的全态是张三和李四之间、王五和赵六之间纠缠态的产物［见图 10.6(a)］：

$$\begin{aligned}|\Psi_{ABCD}\rangle &= |\Psi_{AB}\rangle|\Psi_{CD}\rangle \\ &= \frac{1}{2}\left[|0_A\rangle|0_B,0_C\rangle|0_D\rangle + |0_A\rangle|0_B,1_C\rangle|1_D\rangle + \right. \\ &\quad \left. |1_A\rangle|1_B,0_C\rangle|0_D\rangle + |1_A\rangle|1_B,1_C\rangle|1_D\rangle\right]\end{aligned} \tag{10.61}$$

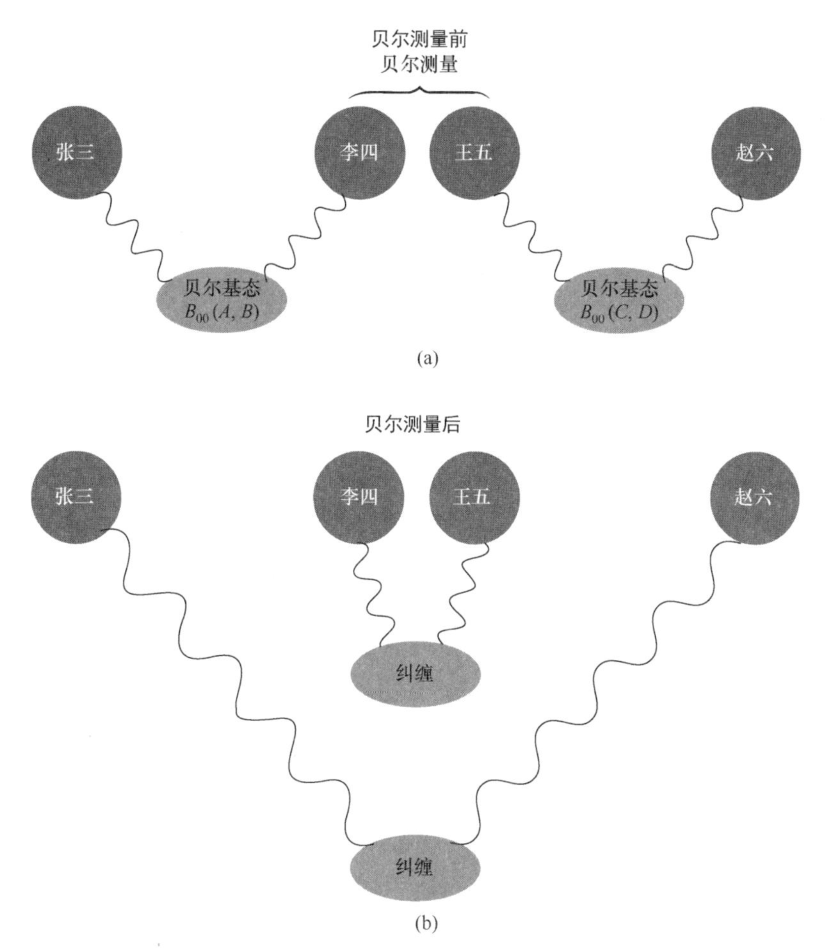

图 10.6　纠缠交换：(a)张三和李四、王五和赵六的光子处于纠缠态。在李四和王五之间进行贝尔态测量；(b)结果是测量后原来的纠缠消失，且张三和赵六之间、李四和王五之间形成了新的纠缠态

接下来，这一状态用 BC 系统的贝尔基表示，可借助转换

$$\left|0_B, 0_C\right\rangle = \frac{1}{\sqrt{2}}\left[\left|B_{00}(B,C)\right\rangle + \left|B_{10}(B,C)\right\rangle\right] \tag{10.62}$$

$$\left|0_B, 1_C\right\rangle = \frac{1}{\sqrt{2}}\left[\left|B_{01}(B,C)\right\rangle + \left|B_{11}(B,C)\right\rangle\right] \tag{10.63}$$

$$\left|1_B, 0_C\right\rangle = \frac{1}{\sqrt{2}}\left[\left|B_{01}(B,C)\right\rangle - \left|B_{11}(B,C)\right\rangle\right] \tag{10.64}$$

$$|1_B,1_C\rangle=\frac{1}{\sqrt{2}}\left[|B_{00}(B,C)\rangle-|B_{10}(B,C)\rangle\right] \tag{10.65}$$

得到的$|\Psi_{ABCD}\rangle$表达式为

$$\begin{aligned}|\Psi_{ABCD}\rangle=&\frac{1}{2\sqrt{2}}\{|0_A\rangle\left[|B_{00}(B,C)\rangle+|B_{10}(B,C)\rangle\right]|0_D\rangle+\\&|0_A\rangle\left[|B_{01}(B,C)\rangle+|B_{11}(B,C)\rangle\right]|1_D\rangle+\\&|1_A\rangle\left[|B_{01}(B,C)\rangle-|B_{11}(B,C)\rangle\right]|0_D\rangle+\\&|0_A\rangle\left[|B_{00}(B,C)\rangle-|B_{10}(B,C)\rangle\right]|1_D\rangle\}\\=&|B_{00}(A,D)\rangle|B_{00}(B,C)\rangle+|B_{01}(A,D)\rangle|B_{01}(B,C)\rangle+\\&|B_{10}(A,D)\rangle|B_{10}(B,C)\rangle+|B_{11}(A,D)\rangle|B_{11}(B,C)\rangle\end{aligned} \tag{10.66}$$

这时，李四和王五用贝尔基联合测量，有 4 种可能的结果，即$|B_{00}(B,C)\rangle$,$|B_{01}(B,C)\rangle$，$|B_{10}(B,C)\rangle$和$|B_{11}(B,C)\rangle$，这些结果出现的概率相等。由式（10.66）可知，李四和王五的联合测量结果$|B_{00}(B,C)\rangle$让张三和赵六的状态塌缩到纠缠态$|B_{00}(A,D)\rangle$，即

$$|B_{00}(B,C)\rangle\rightarrow\frac{1}{\sqrt{2}}\left[|0_A,0_D\rangle+|1_A,1_D\rangle\right]=|B_{00}(A,D)\rangle \tag{10.67}$$

类似地，有

$$|B_{01}(B,C)\rangle\rightarrow\frac{1}{\sqrt{2}}\left[|0_A,1_D\rangle+|1_A,0_D\rangle\right]=|B_{01}(A,D)\rangle \tag{10.68}$$

$$|B_{10}(B,C)\rangle\rightarrow\frac{1}{\sqrt{2}}\left[|0_A,0_D\rangle-|1_A,1_D\rangle\right]=|B_{10}(A,D)\rangle \tag{10.69}$$

$$|B_{11}(B,C)\rangle\rightarrow\frac{1}{\sqrt{2}}\left[|0_A,1_D\rangle-|1_A,0_D\rangle\right]=|B_{11}(A,D)\rangle \tag{10.70}$$

最终结果是张三和李四之间、王五和赵六之间的纠缠变成了张三和赵六之间、李四和王五之间的纠缠，如图 10.6(b)所示。

量子纠缠交换在量子通信可以这么用：首先将总传输距离分成较短的几段，然后在中间位置进行贝尔态测量，进而创建远距离物体的纠缠。

习题

10.1　对于以下这些双光子态，求证所有态都已归一化。其中的哪些态纠缠？将不纠缠的状态写成单光子态的显式乘积形式。

$$|\psi_1\rangle = \frac{1}{2}\left[|\rightarrow_1,\rightarrow_2\rangle + |\rightarrow_1,\uparrow_2\rangle + |\uparrow_1,\rightarrow_2\rangle + |\uparrow_1,\uparrow_2\rangle\right]$$
$$|\psi_2\rangle = \frac{1}{2}\left[|\rightarrow_1,\rightarrow_2\rangle + |\rightarrow_1,\uparrow_2\rangle + |\uparrow_1,\rightarrow_2\rangle - |\uparrow_1,\uparrow_2\rangle\right]$$
$$|\psi_3\rangle = \cos\theta|\rightarrow_1,\rightarrow_2\rangle + \sin\theta|\uparrow_1,\uparrow_2\rangle$$
$$|\psi_4\rangle = \frac{1}{2}\left[|\rightarrow_1,\rightarrow_2\rangle - |\rightarrow_1,\uparrow_2\rangle - |\uparrow_1,\rightarrow_2\rangle + |\uparrow_1,\uparrow_2\rangle\right]$$

10.2　求证如下状态已归一化、相互正交，并且是最大纠缠态（$C=1$）。

$$|C_{00}\rangle = \frac{1}{2}\left[-|0_1,0_2\rangle + |0_1,1_2\rangle + |1_1,0_2\rangle + |1_1,1_2\rangle\right]$$
$$|C_{01}\rangle = \frac{1}{2}\left[|0_1,0_2\rangle - |0_1,1_2\rangle + |1_1,0_2\rangle + |1_1,1_2\rangle\right]$$
$$|C_{10}\rangle = \frac{1}{2}\left[|0_1,0_2\rangle + |0_1,1_2\rangle - |1_1,0_2\rangle + |1_1,1_2\rangle\right]$$
$$|C_{11}\rangle = \frac{1}{2}\left[|0_1,0_2\rangle + |0_1,1_2\rangle + |1_1,0_2\rangle - |1_1,1_2\rangle\right]$$

10.3　对于纠缠态 $|\psi\rangle = \frac{1}{\sqrt{54}}\left[2|\rightarrow_1,\rightarrow_2\rangle + 3|\rightarrow_1,\uparrow_2\rangle + 4|\uparrow_1,\rightarrow_2\rangle - 5|\uparrow_1,\uparrow_2\rangle\right]$，求发现第 1 个光子处于 $|\rightarrow\rangle$ 态的概率和发现第 2 个光子处于 $|\uparrow\rangle$ 态的概率。

10.4　将双粒子态 $|\psi_{12}\rangle = c_{00}|0_1,0_2\rangle + c_{01}|0_1,1_2\rangle + c_{10}|1_1,0_2\rangle + c_{11}|1_1,1_2\rangle$ 表示为如下贝尔态的线性叠加：

$$|\psi_{12}\rangle = d_{00}|B_{00}\rangle + d_{01}|B_{01}\rangle + d_{10}|B_{10}\rangle + d_{11}|B_{11}\rangle$$

由系数 c_{00}, c_{01}, c_{10} 和 c_{11}，求系数 d_{00}, d_{01}, d_{10} 和 d_{11}。由新系数求纠缠并发度 C。

10.5　求 B 和 C 的初始纠缠态 $|B_{01}(B,C)\rangle = \frac{1}{\sqrt{2}}\left(|0_B,1_C\rangle + |1_B,0_C\rangle\right)$ 的量子隐形传态 $|\psi(A)\rangle = c_0|0_A\rangle + c_1|1_A\rangle$。

参考书目

[1]　M. Ray, *Quantum Physics: Illusion or Reality*? (Cambridge University Press 2012).

[2]　S. Barnett, *Quantum Informatics* (Oxford University Press 2009).

[3]　J. Gribbin, *In Search of Schrödinger's Cat: Quantum Physics and Reality* (Bantam 1984).

[4] J. A. Wheeler and W.H. Zurek (eds.), *Quantum Theory and Measurement* (Princeton University Press 1983).

[5] C. H. Bennett, G. Brassard, C. Crépeau, R. Jozsa, A. Peres, and W. K. Wootters, *Teleporting an unknown quantum state via dual classical and Einstein-Podolsky-Rosen channels*, Physical Review Letters 70, 1895 (1993).

第 11 章　不可克隆定理与量子复制

海森堡不确定性关系和玻尔互补原理构成了量子力学的基础。如果违反了它们，整个量子力学体系就会崩溃。因此，必须格外小心地检查可能违反这些神圣规则的过程。克隆量子态就是这样一个过程。一个有趣的问题是，在不破坏初始状态的情况下，有没有可能完美地复制或者克隆一个未知的量子态 $|\psi\rangle$ 呢？如果这是可能的，就可以制作任意多个量子态 $|\psi\rangle$ 的副本，从而可以任意精度测量任意未知量，进而导致违反海森堡不确定性关系和互补原理。

为了说明这一点，我们先回到第 10 章中的例子，该例使用不同的基测量了光子偏振态。当用 $\{|\rightarrow\rangle,|\uparrow\rangle\}$ 基观察一个光子时，它可能处于偏振态 $|\uparrow\rangle$ 或者偏振态 $|\rightarrow\rangle$；然而，当用 $\{|\nearrow\rangle,|\nwarrow\rangle\}$ 基观察同一个光子时，它可能处于偏振态 $|\nearrow\rangle$ 或者偏振态 $|\nwarrow\rangle$。互补原理不允许同时用两组基测量光子的偏振态；然而，如果克隆量子态成为可能，就可以制作多个一模一样的偏振态 $|\psi\rangle$ 的副本，然后将它们中的一半用 $\{|\rightarrow\rangle,|\uparrow\rangle\}$ 基测量，另一半用 $\{|\nearrow\rangle,|\nwarrow\rangle\}$ 基测量。这些测量可以得到互补物理量的精确值，从而违反了互补原理。类似地，可以证明，如果可以克隆量子态，那么同样违反了海森堡不确定性关系。

本章将证明任意量子态都无法被克隆，从而维护量子力学的基础。11.2 节中讨论的不可克隆定理是 1982 年由威廉・伍特斯和沃伊切赫・楚雷克在一篇经典论文中提出的。提出不可克隆定理的动机是，同年早些时候尼克・赫伯特发表的一篇论文，文中证明光子克隆可以实现超光速（比光速还快）通信，从而违反了现代物理学的另一个基石——爱因斯坦相对论。根据相对论，信息的传输速度不可能超过光速。

在讨论不可克隆定理之前，下面几节首先讨论怎么用量子克隆实现超光速通信。后面还将讨论当量子态的完美复制不可实现时，如何才能尽可能完美地复制量子态。

11.1　量子克隆与超光速通信

生活经验告诉我们物体都可被完整地复制。例如，本书的某页可被复制——只要复印机的质量足够好，副本就可尽可能地接近原件。理论上，应该可以用高质量的复印机制作出完美的副本。

对于符合经典物理定律的宏观物体，这些经验的确是正确的。这里，我们尝试解决如下问题：对于未知的量子态，是否可以制作完全一样的副本？例如，考虑单个光子，它处于偏振态

$$|\psi\rangle = \cos\theta|\rightarrow\rangle + \sin\theta|\uparrow\rangle \tag{11.1}$$

式中，$|\rightarrow\rangle$ 是水平偏振态，$|\uparrow\rangle$ 是垂直偏振态。系数 cosθ 和 sinθ 是未知的。那么是否可以为这样的光子制作一模一样的副本呢？答案是不可以！不可能对量子态 $|\psi\rangle$ 制作完美的副本。因此，我们引出不可克隆定理。

在证明不可克隆定理之前，我们首先证明，如果可以制作量子态的完美副本，就可以实现超光速通信——通信的速度超过光速。如前面提到的那样，根据爱因斯坦相对论，信息的传输速度不可能超过光速。因此，量子态克隆是不可能的，不可克隆定理因此挽救了爱因斯坦相对论！

考虑以光子为载体的信息传输。信息假设是二进制的“0”或“1”。论证的关键是两组共轭基——$\{|\rightarrow\rangle, |\uparrow\rangle\}$ 基和 $\{|\nearrow\rangle, |\nwarrow\rangle\}$ 基，且

$$|\nearrow\rangle = \frac{1}{\sqrt{2}}\left(|\rightarrow\rangle + |\uparrow\rangle\right) \tag{11.2}$$

$$|\nwarrow\rangle = \frac{1}{\sqrt{2}}\left(|\uparrow\rangle - |\rightarrow\rangle\right) \tag{11.3}$$

是基 $\{|\rightarrow\rangle, |\uparrow\rangle\}$ 旋转 45°后得到的偏振态。

通信协议的关键在于张三（A）与李四（B）共享一对处于纠缠态的光子，他们之间可以相距很远。光子的纠缠态可以是如下形式：

$$|\Psi_{AB}\rangle = \frac{1}{\sqrt{2}}\left(|\rightarrow_A, \uparrow_B\rangle + |\uparrow_A, \rightarrow_B\rangle\right) \tag{11.4}$$

也就是说，如果张三的光子是沿水平方向偏振的，李四的光子就是沿垂直方向偏振的，反之亦然。根据式（11.2）和式（11.3），$\{|\rightarrow\rangle, |\uparrow\rangle\}$ 可以写成 $\{|\nearrow\rangle, |\nwarrow\rangle\}$ 的形式：

$$|\uparrow\rangle = \frac{1}{\sqrt{2}}\left(|\nearrow\rangle + |\nwarrow\rangle\right) \tag{11.5}$$

$$|\rightarrow\rangle=\frac{1}{\sqrt{2}}\left(|\nearrow\rangle-|\nwarrow\rangle\right) \tag{11.6}$$

因此，将式（11.5）和式（11.6）中的$|\rightarrow\rangle$和$|\uparrow\rangle$代入式（11.4），得到纠缠态［式（11.4）］等效于

$$|\Psi_{AB}\rangle=\frac{1}{\sqrt{2}}\left(|\nearrow_A,\nearrow_B\rangle-|\nwarrow_A,\nwarrow_B\rangle\right) \tag{11.7}$$

因此，张三－李四的纠缠态取决于基的选择，可以是

$$|\Psi_{AB}\rangle=\frac{1}{\sqrt{2}}\left(|\rightarrow_A,\uparrow_B\rangle+|\uparrow_A,\rightarrow_B\rangle\right)$$

或

$$|\Psi_{AB}\rangle=\frac{1}{\sqrt{2}}\left(|\nearrow_A,\nearrow_B\rangle-|\nwarrow_A,\nwarrow_B\rangle\right)$$

使用哪组基取决于所做实验的设置。如果偏振器是在$\{|\rightarrow\rangle,|\uparrow\rangle\}$基或⊕基上垂直偏振的，就会测得光子处于偏振态$|\rightarrow\rangle$或者偏振态$|\uparrow\rangle$；如果偏振器是在旋转后的$\{|\nearrow\rangle,|\nwarrow\rangle\}$基或⊗基上垂直偏振的，就会测得光子处于偏振态$|\nearrow\rangle$或者偏振态$|\nwarrow\rangle$。

通信协议的流程如下：如果张三要传输“0”，就用$\{|\rightarrow\rangle,|\uparrow\rangle\}$基测量他的光子。如果他的测量结果是$|\rightarrow_A\rangle$，则李四的光子偏振态就塌缩成$\langle\rightarrow_A|\Psi_{AB}\rangle=|\uparrow_B\rangle$；如果他的测量结果是$|\uparrow_A\rangle$，李四的光子偏振态就塌缩成$\langle\uparrow_A|\Psi_{AB}\rangle=|\rightarrow_B\rangle$。这里用式（11.4）的形式代替了$|\Psi_{AB}\rangle$。张三观察到光子处于偏振态$|\rightarrow_A\rangle$或$|\uparrow_A\rangle$的概率都是 50%。如果张三要传输“1”，就用$\{|\nearrow\rangle,|\nwarrow\rangle\}$基测量他的光子，李四的光子的偏振态塌缩成$\langle\nearrow_A|\Psi_{AB}\rangle=|\nearrow_B\rangle$或$\langle\nwarrow_A|\Psi_{AB}\rangle=|\nwarrow_B\rangle$，具体为哪个偏振态取决于张三的测量结果是$|\nearrow_A\rangle$还是$|\nwarrow_A\rangle$。

如果李四无法克隆张三的光子，就无法进行超光速通信。例如，如果张三决定传输“0”，就用$\{|\rightarrow\rangle,|\uparrow\rangle\}$基测量他的光子，并使测量结果为$|\rightarrow_A\rangle$。如果李四也用$\{|\rightarrow\rangle,|\uparrow\rangle\}$基测量他的光子，那么结果是$|\uparrow_B\rangle$。但是，如果李四用$\{|\nearrow\rangle,|\nwarrow\rangle\}$基测量他的光子，那么他的结果有 50%的概率是$|\nearrow_B\rangle$，有 50%的概率是$|\nwarrow_B\rangle$。因此李四没有

办法知道张三是发送了“0”还是发送了“1”。

如果克隆量子态是可能的呢？如果克隆机真的存在，那么除了输入态$|\psi\rangle$，它还会将一些处于特定态$|0\rangle$（$|0\rangle$可以是$|\rightarrow\rangle$或$|\uparrow\rangle$）的辅助系统全部转化成$|\psi\rangle$。克隆机的行为如下。对任意量子态$|\psi\rangle$，

$$U_{克隆}|\psi\rangle|0\rangle=|\psi\rangle|\psi\rangle \tag{11.8}$$

克隆机$U_{克隆}$可以制作许多与量子态$|\psi\rangle$一模一样的副本，如图 11.1 所示。

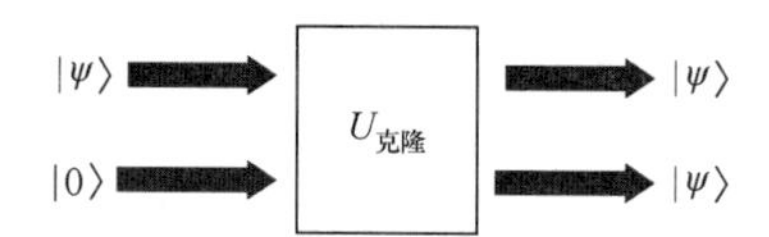

图 11.1 克隆机可以制作未知态$|\psi\rangle$的完美副本

在张三测量其光子的偏振态后，李四的光子的偏振态塌缩为与张三选择的基有关的某个偏振态。李四的策略是首先为他的光子制作大量一模一样的副本，然后用$\{|\rightarrow\rangle,|\uparrow\rangle\}$基测量所有的克隆光子，接下来李四就能知道张三发送的是“0”还是“1”。

首先考虑张三发送“0”的情况。在这种情况下，张三用$\{|\rightarrow\rangle,|\uparrow\rangle\}$基测量他的光子。如果他的测量结果是$|\rightarrow_A\rangle$，李四的光子就会塌缩成偏振态$|\uparrow_B\rangle$。如果李四将所有的克隆光子都用$\{|\rightarrow\rangle,|\uparrow\rangle\}$基测量，结果就会是所有光子都处于偏振态$|\uparrow_B\rangle$。李四立即就知道张三发送了“0”。

下面考虑张三发送“1”的情况。在这种情况下，张三用$\{|\nearrow\rangle,|\nwarrow\rangle\}$基测量他的光子。如果张三的测量结果是$|\nearrow_A\rangle$，李四的光子的偏振态也塌缩成$|\nearrow_B\rangle$。李四所有的克隆光子也都处于$|\nearrow_{\mathrm{B}}\rangle$态。由于

$$|\nearrow\rangle=\frac{1}{\sqrt{2}}\left(|\rightarrow\rangle+|\uparrow\rangle\right)$$

李四用$\{|\rightarrow\rangle,|\uparrow\rangle\}$基测量的结果是处于$|\rightarrow\rangle$态和$|\uparrow\rangle$态的光子各占一半。因此，当克隆光子的数量足够多时，李四就可以知道张三发送了“1”。

因此，克隆的存在允许超光速通信，而这种情况不被爱因斯坦的相对论所允许。

11.2　不可克隆定理

设$|\psi\rangle$是未知的量子态。未知的意思是，对于某个量子态，

$$|\psi\rangle = \cos\theta|\rightarrow\rangle + \sin\theta|\uparrow\rangle \tag{11.9}$$

暂时不知道θ的值。那么是否能制作出克隆机来对任意未知态$|\psi\rangle$实现形如下式的操作呢？

$$U_{克隆}|\psi\rangle|0\rangle = |\psi\rangle|\psi\rangle$$

这样的机器是不可能存在的！这就是不可克隆定理。我们可以用反证法来证明不可克隆定理，也就是说，假设克隆机存在，那么最终会推导出已知是错误的结论。

为了证明不可克隆定理，首先假设存在克隆机，使得对于系统中的任意两个态$|\psi\rangle$和$|\phi\rangle$（$|\varphi\rangle \neq |\phi\rangle$），有

$$U_{克隆}|\psi\rangle|0\rangle = |\psi\rangle|\psi\rangle \tag{11.10}$$

$$U_{克隆}|\varphi\rangle|0\rangle = |\varphi\rangle|\varphi\rangle \tag{11.11}$$

式中，$|0\rangle$是目标系统的某个特定的初始态。下面考虑态

$$|\sigma\rangle = \frac{1}{\sqrt{2}}\left(|\psi\rangle + |\varphi\rangle\right) \tag{11.12}$$

并应用U_{clone}操作符，由式（11.10）和式（11.11），有

$$\begin{aligned} U_{克隆}|\sigma\rangle|0\rangle &= U_{克隆}\frac{1}{\sqrt{2}}\left(|\psi\rangle + |\varphi\rangle\right)|0\rangle \\ &= \frac{1}{\sqrt{2}}\left(|\psi\rangle|\psi\rangle + |\varphi\rangle|\varphi\rangle\right) \end{aligned} \tag{11.13}$$

然而，一个真正的克隆机应该克隆$|\sigma\rangle$态本身，也就是说，我们期望

$$\begin{aligned} U_{克隆}|\sigma\rangle|0\rangle &= |\sigma\rangle|\sigma\rangle \\ &= \frac{1}{\sqrt{2}}\left(|\psi\rangle|\psi\rangle + |\psi\rangle|\varphi\rangle + |\varphi\rangle|\psi\rangle + |\varphi\rangle|\varphi\rangle\right) \end{aligned} \tag{11.14}$$

但这与式（11.13）并不相同。这表明，如果克隆机对$|\psi\rangle$态和$|\phi\rangle$态有效，就不能对式（11.12）所示的$|\sigma\rangle$态有效。因此，能克隆所有量子态的通用克隆机不可能存在，这就证明了不可克隆定理。

11.3 量子复制

前面说过，完美的量子复制机是不存在的。一个有趣的问题是，如果不能精确地复制量子态，那么在最好的条件下能将任意态复制到什么程度呢？为了回答这个问题，首先应该定义一个量来衡量一个复制的副本有多好。

衡量量子态的一个合适的量是**保真度**，其定义如下。如果初始态为$|\psi\rangle$，最终态为$|\phi\rangle$，那么保真度定义为

$$F=\left|\langle\psi|\phi\rangle\right|^2 \tag{11.15}$$

对于完美的副本，有$|\psi\rangle=|\phi\rangle$和$F=\left|\langle\psi|\phi\rangle\right|^2=\left|\langle\psi|\psi\rangle\right|^2=1$。我们可以用类比矢量的方式来说明为什么保真度是衡量量子态矢量副本质量的优秀方式。

回想 9.2 节可知，$\langle\psi|\phi\rangle$可以类比成两个矢量的点积。有了这一基础，我们考虑一个单位矢量$\boldsymbol{A}$，并且试图制作一个一模一样的副本。为此，考虑另一个单位振幅的矢量$\boldsymbol{B}$。如果矢量$\boldsymbol{B}$与矢量$\boldsymbol{A}$平行，它就是$\boldsymbol{A}$的一个完美副本（方向除外）。当它发生时，$\boldsymbol{A}$和$\boldsymbol{B}$的点积为 1，即

$$\boldsymbol{A}\cdot\boldsymbol{B}=\pm1,\quad |\boldsymbol{A}|=|\boldsymbol{B}|$$

而最差的副本对应矢量$\boldsymbol{A}$与$\boldsymbol{B}$垂直的情况，也就是$\boldsymbol{A}$与$\boldsymbol{B}$的点积为 0，即

$$\boldsymbol{A}\cdot\boldsymbol{B}=0,\quad \boldsymbol{A}\perp\boldsymbol{B}$$

一般情况下，如果单位矢量$\boldsymbol{A}$与$\boldsymbol{B}$之间的夹角为θ，这两个矢量的点积就为$\cos\theta$，即

$$\boldsymbol{A}\cdot\boldsymbol{B}=\cos\theta$$

因此，可用点积来表示矢量$\boldsymbol{A}$和$\boldsymbol{B}$间的“相似度”，其范围随θ从 0 到$\pi/2$变化而从 1 到 0 变化。然而，当θ的变化范围是$\pi/2<\theta<3\pi/2$时，$\boldsymbol{A}\cdot\boldsymbol{B}$就会变成负数，因此，如果不关心副本矢量的方向，就可以将矢量之间的相似度的定义从$\boldsymbol{A}\cdot\boldsymbol{B}$改为$(\boldsymbol{A}\cdot\boldsymbol{B})^2$。

类似地，假设态$|\phi\rangle$是复制态$|0\rangle$得到的副本，那么$|\langle\phi|0\rangle|^2$就是复制质量的一种衡量方式。这里使用模平方的原因是，通常情况下，内积$\langle\phi|0\rangle$可能是复数，而$|\langle\phi|0\rangle|^2$总是从 0 到 1 之间的正实数。因此，当$|\phi\rangle=|0\rangle$时，保真度$F=|\langle\phi|0\rangle|^2=|\langle 0|0\rangle|^2=1$，$|\phi\rangle$是$|0\rangle$的完美副本。但当$|\phi\rangle=|1\rangle$时，$F=|\langle\phi|0\rangle|^2=|\langle 1|0\rangle|^2=0$，此时$|\phi\rangle$是$|0\rangle$在最坏情况下的副本。一般来说，当

$$|\phi\rangle=\cos\theta|0\rangle+\sin\theta|1\rangle \tag{11.16}$$

时，保真度$F=|\langle\phi|0\rangle|^2=\cos^2\theta$，它的值随$\theta$从 0 到$\pi/2$变化而从 1 到 0 变化。

现在考虑将一个处于特定态$|\psi\rangle$的系统（如一个光子）复制给另一个系统的概率。在复制过程中，初始态的质量（用保真度F来衡量）降低，直到两个系统的质量相同。这相当于将原件复制到空白页上。复制机准备两个完全相同的副本，且这两个副本的质量都低于原件。这里讨论的量子复制机由弗拉基米尔·布泽克和马克·希利里率先于 1996 年提出。

首先考虑系统 1 的态：

$$|\phi_1\rangle=\cos\theta|0_1\rangle+\sin\theta|1_1\rangle \tag{11.17}$$

我们希望将这个态转换为初始态为$|0_2\rangle$的系统 2。我们期望量子复制机执行如下操作：

$$U_{复制}|\phi_1\rangle|0_2\rangle=|\psi_1\rangle|\psi_2\rangle \tag{11.18}$$

然而，由于不可克隆定理的存在，保真度$F=|\langle\phi|\psi\rangle|^2$应该小于 1。这表明只有两个态的复制机可能不能提供最高的保真度。

为了实现最高的保真度，需要一个辅助系统 3，其初始态也为$|0_3\rangle$。辅助系统 3 的作用仅仅是为了帮助系统 2 制作高保真度的副本，在复制过程中我们并不关心辅助系统的态。系统 1 可以处于态$|0_1\rangle$或态$|1_1\rangle$，也可以处于态$|0_1\rangle$和态$|1_1\rangle$的任一线性叠加态。系统 2 和系统 3 的初始态分别为$|0_2\rangle$和$|0_3\rangle$，因此整个系统的初始态为

$$|\Phi_{123}\rangle=|\phi_1\rangle|0_2\rangle|0_3\rangle \tag{11.19}$$

具有最高保真度的复制机可以使用以下变换求得：

$$U_{复制}|0_1\rangle|0_2\rangle|0_3\rangle=\sqrt{\frac{2}{3}}|0_1\rangle|0_2\rangle|0_3\rangle-\frac{1}{\sqrt{6}}\left(|0_1\rangle|1_2\rangle|1_3\rangle+|1_1\rangle|0_2\rangle|1_3\rangle\right) \tag{11.20}$$

$$U_{复制}|1_1\rangle|0_2\rangle|0_3\rangle=-\sqrt{\frac{2}{3}}|1_1\rangle|1_2\rangle|1_3\rangle+\frac{1}{\sqrt{6}}\left(|0_1\rangle|1_2\rangle|0_3\rangle+|1_1\rangle|0_2\rangle|0_3\rangle\right) \tag{11.21}$$

这些变换将三元系统的初始正交态$|0_1\rangle|0_2\rangle|0_3\rangle$和$|1_1\rangle|0_2\rangle|0_3\rangle$映射到其他正交态，它们可在不同量子系统中进行实验来实现。一般情况下，未知量子态（11.17）的分量经过式（11.20）和式（11.21）独立变换后，得到（取 $c\equiv\cos\theta$，$s\equiv\sin\theta$）

$$\begin{aligned}|\Psi_{123}\rangle&=U_{复制}|\Phi_{123}\rangle=U_{复制}|\phi_1\rangle|0_2\rangle|0_3\rangle\\&=\cos\theta U_{复制}|0_1\rangle|0_2\rangle|0_3\rangle+\sin\theta U_{复制}|1_1\rangle|0_2\rangle|0_3\rangle\\&=\sqrt{\frac{2}{3}}\left(\cos\theta|000\rangle-\sin\theta|111\rangle\right)-\frac{\cos\theta}{\sqrt{6}}\left(|011\rangle+|101\rangle\right)+\frac{\sin\theta}{\sqrt{6}}\left(|010\rangle+|100\rangle\right)\end{aligned} \tag{11.22}$$

为简便起见，我们使用简写符号$|000\rangle$表示三元系统态$|0_1\rangle|0_2\rangle|0_3\rangle$，使用符号$|111\rangle$表示三元系统态$|1_1\rangle|1_2\rangle|1_3\rangle$，以此类推。我们希望弄明白由映射（11.22）描述的复制机是怎样将态（11.17）高质量、高保真度地复制给系统 2 的。

为了阐述映射（11.22）是怎么得到高保真度的副本的，首先考虑$\theta=\pi/2$时的简单例子。这个简单的例子有助于阐明复制的过程。需要被复制的初始态是$|\phi_1\rangle=|1_1\rangle$，于是三元系统的初始态为

$$|\Phi_{123}\rangle=|\phi_1\rangle|0_2\rangle|0_3\rangle=|1_1\rangle|0_2\rangle|0_3\rangle \tag{11.23}$$

由式（11.21）得

$$\begin{aligned}|\Psi_{123}\rangle&=U_{复制}|\Phi_{123}\rangle\\&=U_{复制}|\phi_1\rangle|0_2\rangle|0_3\rangle\\&=U_{复制}|1_1\rangle|0_2\rangle|0_3\rangle\\&=-\sqrt{\frac{2}{3}}|111\rangle+\frac{1}{\sqrt{6}}\left(|010\rangle+|100\rangle\right)\end{aligned} \tag{11.24}$$

因此可能出现的态只剩下$|1_1\rangle|1_2\rangle|1_3\rangle$, $|0_1\rangle|1_2\rangle|0_3\rangle\rangle$和$|1_1\rangle|0_2\rangle|0_3\rangle$。下表列出了将$U_{复制}$应用于初始态后，每种可能的结果出现的概率。例如，得到态$|0_1\rangle|1_2\rangle|0_3\rangle$的概率是$|\langle010|\Psi_{123}\rangle|^2=1/6$。

结 果	概 率	结 果	概 率
$\|000\rangle$	0	$\|100\rangle$	1/6
$\|001\rangle$	0	$\|101\rangle$	0
$\|010\rangle$	1/6	$\|110\rangle$	0
$\|011\rangle$	0	$\|111\rangle$	2/3

考虑系统 1 被发现处于态$|1_1\rangle$的情况。它可能在两种情况下发生。从表中可知，发现系统 1 处于态$|1_1\rangle$的概率是发现整个系统$|\Psi_{123}\rangle$处于态$|100\rangle$和$|111\rangle$的概率之和，这两个概率分别等于 1/6 和 2/3。因此，系统 1 处于态

$$|\phi_1\rangle = |1_1\rangle$$

的概率等于

$$\frac{1}{6} + \frac{2}{3} = \frac{5}{6}$$

类似地，发现系统 2 处于态$|1_2\rangle$的概率是发现整个系统$|\Psi_{123}\rangle$处于态$|010\rangle$和$|111\rangle$的概率之和，这两个概率分别等于 1/6 和 2/3。因此，得到结果

$$|\phi_2\rangle = |1_2\rangle$$

的概率也等于 5/6。

系统 1 和系统 2 各自处于态$|1_1\rangle$和$|1_2\rangle$的概率都等于 5/6。因此，初始态$|1_1\rangle$不一定还处于态$|1_1\rangle$，而是会被发现以保真度 5/6 = 0.83 处于该态，于是系统 1 的保真度从 1 降低到 0.83。应用复制操作$U_{复制}$的结果是，初始态为$|0_2\rangle$、保真度为$F = |\langle\phi_2|0_2\rangle|^2 = |\langle 1_2|0_2\rangle|^2 = 0$的系统 2 会被发现以 83%的概率处于态$|1_2\rangle$，系统 2 的保真度从 0 提升到 0.83。这就是量子复制的精髓。

下面讨论上例中计算两个系统的保真度的正式过程。可以这样计算系统 1 的保真度：在不考虑系统 2、系统 3 的态的情况下，考虑系统 1 处于态$|1_1\rangle$的各种可能的情况。系统 2 和系统 3 有 4 种可能的组合，即$|0_2\rangle|0_3\rangle, |0_2\rangle|1_3\rangle, |1_2\rangle|0_3\rangle$和$|1_2\rangle|1_3\rangle$。因此，系统 1 的保真度就是它们的和：

$$|\langle 100|\Psi_{123}\rangle|^2 + |\langle 101|\Psi_{123}\rangle|^2 + |\langle 110|\Psi_{123}\rangle|^2 + |\langle 111|\Psi_{123}\rangle|^2 = \frac{5}{6} \quad (11.25)$$

式中，我们已将$|\Psi_{123}\rangle$用式（11.24）代替。类似地，可以计算系统 2 的保真度为

$$\left|\langle 010|\Psi_{123}\rangle\right|^2+\left|\langle 011|\Psi_{123}\rangle\right|^2+\left|\langle 110|\Psi_{123}\rangle\right|^2+\left|\langle 111|\Psi_{123}\rangle\right|^2=\frac{5}{6} \tag{11.26}$$

这与之前求得的两个系统的保真度的值相等。

下面回到我们希望复制处于一般态的系统 1 这个问题：

$$|\phi_1\rangle=\cos\theta|0_1\rangle+\sin\theta|1_1\rangle \tag{11.27}$$

系统 1 的保真度为

$$F_1=\left|\langle \phi 00|\Psi_{123}\rangle\right|^2+\left|\langle \phi 01|\Psi_{123}\rangle\right|^2+\left|\langle \phi 10|\Psi_{123}\rangle\right|^2+\left|\langle \phi 11|\Psi_{123}\rangle\right|^2 \tag{11.28}$$

其中三元系统$|\Psi_{123}\rangle$的态由式（11.22）给出。类似地，系统 2 的保真度为

$$F_2=\left|\langle 0\phi 0|\Psi_{123}\rangle\right|^2+\left|\langle 0\phi 1|\Psi_{123}\rangle\right|^2+\left|\langle 1\phi 0|\Psi_{123}\rangle\right|^2+\left|\langle 1\phi 1|\Psi_{123}\rangle\right|^2 \tag{11.29}$$

式中的每一项都可以计算。由式（11.22）中$|\Psi_{123}\rangle$的表达式，得

$$\langle \phi 00|\Psi_{123}\rangle=\cos\theta\langle 000|\Psi_{123}\rangle+\sin\theta\langle 100|\Psi_{123}\rangle=\sqrt{\frac{2}{3}}\cos^2\theta+\frac{1}{\sqrt{6}}\sin^2\theta \tag{11.30}$$

$$\langle \phi 01|\Psi_{123}\rangle=\cos\theta\langle 001|\Psi_{123}\rangle+\sin\theta\langle 101|\Psi_{123}\rangle=-\frac{1}{\sqrt{6}}\sin\theta\cos\theta \tag{11.31}$$

$$\langle \phi 10|\Psi_{123}\rangle=\cos\theta\langle 010|\Psi_{123}\rangle+\sin\theta\langle 110|\Psi_{123}\rangle=\frac{1}{\sqrt{6}}\sin\theta\cos\theta \tag{11.32}$$

$$\langle \phi 11|\Psi_{123}\rangle=\cos\theta\langle 011|\Psi_{123}\rangle+\sin\theta\langle 111|\Psi_{123}\rangle=-\frac{1}{\sqrt{6}}\cos^2\theta-\sqrt{\frac{2}{3}}\sin^2\theta \tag{11.33}$$

将式（11.30）至式（11.33）代入式（11.28），得

$$F_1=\frac{5}{6} \tag{11.34}$$

类似地，可以证明

$$F_2=\frac{5}{6} \tag{11.35}$$

因此，复制机使得系统 1 和系统 2 各有 83.3%的保真度。保真度与态$|\phi_1\rangle$中的θ无关。可以证明，这是量子复制过程中能够取得的最高的保真度。

习题

11.1 考虑具有如下变换的量子复制机：

$$U_{复制}|0_1\rangle|0_2\rangle|0_3\rangle=\sqrt{\frac{2}{3}}|0_1\rangle|0_2\rangle|0_3\rangle-\frac{1}{\sqrt{6}}\left(|0_1\rangle|1_2\rangle|1_3\rangle+|1_1\rangle|0_2\rangle|1_3\rangle\right)$$

$$U_{复制}|1_1\rangle|0_2\rangle|0_3\rangle=-\sqrt{\frac{2}{3}}|1_1\rangle|1_2\rangle|1_3\rangle+\frac{1}{\sqrt{6}}\left(|0_1\rangle|1_2\rangle|0_3\rangle+|1_1\rangle|0_2\rangle|0_3\rangle\right)$$

考虑将系统 1 的态

$$|\phi_1\rangle=\cos\theta|0_1\rangle+\sin\theta|1_1\rangle$$

复制给系统 2。前文已经明确计算并证明系统 1 的保真度等于 5/6。证明系统 2 的复制态的保真度也等于 5/6，并计算辅助系统 3 的保真度。

11.2 考虑一个复制机，它将系统 1 的态

$$|\phi_1\rangle=\cos\theta|0_1\rangle+\sin\theta|1_1\rangle$$

用如下变换复制给系统 2：

$$U_{复制}|0_1\rangle|0_2\rangle=\cos\alpha|0_1\rangle|0_2\rangle+\sin\alpha|1_1\rangle|1_2\rangle$$
$$U_{复制}|1_1\rangle|0_2\rangle=\cos\alpha|1_1\rangle|0_2\rangle+\sin\alpha|0_1\rangle|1_2\rangle$$

计算系统 1 和系统 2 的保真度。对于某个α值，这两个保真度相等吗？

参考书目

[1] N. Herbert, FLASH–A superluminal communicator based upon a new kind of quantum measurement, Foundations of Physics 12, 1171 (1982).

[2] W. K. Wooters and W. H. Zurek, A single photon cannot be cloned, Nature 299, 802 (1982).

[3] V. Buzek and M. Hillery, Quantum copying: beyond the no-cloning theorem, Physical Review A 54, 1844 (1996).

[4] S. Stenholm and K.-A. Suominen, Quantum Approach to Informatics (John Wiley, 2005).

[5] V. Scarani, L. Chua, and S. Y. Liu, Six Quantum Pieces: A First Course in Quantum Mechanics (World Scientific 2010).

第 12 章　爱因斯坦－波多尔斯基－罗森悖论与贝尔定理

爱因斯坦和玻尔都在奠定量子力学基础的过程中扮演了至关重要的角色，但讽刺的是，他们在量子力学的解释和局限性上存在巨大的分歧。第 8 章介绍了爱因斯坦和玻尔的第一轮论战，在 1927 年的索尔维会议上，爱因斯坦对玻尔的互补原理发起了挑战，而玻尔则成功捍卫了它。最严峻的挑战出现于 1935 年，即在爱因斯坦、波多尔斯基和罗森（名字首字母缩写为 EPR）署名的一篇题为“物理实在的量子力学描述能否认为是完备的？”的论文中，他们通过思想实验论述了量子力学的不完备性。

本章介绍 EPR 在他们的论文中有关量子力学的不完备性的论据，以及玻尔对此的回应。直到几乎 30 年后，最终答案才被揭开——一个爱因斯坦最不期待的答案，这时爱因斯坦已经去世近十年。

12.1　隐变量

使爱因斯坦感到不悦的是量子力学在预测时的概率性质。在爱因斯坦的观念中，一个“完备”的理论应当能够给出确定的预测。实际上，如果量子力学只能预测一个事件会不会发生的概率，量子力学应该是不完备的。为阐述这一点，考虑一个简单的例子：两个各方面都完全相同的光子，且都处于偏振态$|\nearrow\rangle$。在$\{|\rightarrow\rangle,|\uparrow\rangle\}$基中，这些光子被描述为

$$|\nearrow\rangle=\frac{1}{\sqrt{2}}\left(|\uparrow\rangle+|\rightarrow\rangle\right) \tag{12.1}$$

如 10.1 节讨论的那样，如果一个处于偏振态（12.1）的光子通过朝向为$\{|\rightarrow\rangle,|\uparrow\rangle\}$基的偏振分束器，那么在通过分束器后，光子就有可能被发现处于$|\uparrow\rangle$态，也有可能处于$|\rightarrow\rangle$态，且处于这两个偏振态的概率相等。因此，对这两个光子而言，有可能出现 4 种概率相等的结果：两个光子都处于$|\uparrow\rangle$态；第一个光子处于$|\rightarrow\rangle$态，第二个处于$|\uparrow\rangle$态；第一个光子处于$|\uparrow\rangle$态，第二个处于$|\rightarrow\rangle$态；两个光子都处于$|\rightarrow\rangle$态。这是爱因斯坦从未接受的量子理论的概率部分，为此他声称“上帝不掷骰子”。

假设发现第一个光子处于$|\uparrow\rangle$态而另一个光子处于$|\rightarrow\rangle$态，如图 12.1 所示。考虑一个显然的问题：这两个光子有什么区别呢？同样，显然的回答是，第一个光子在通过偏振分束器后处于$|\uparrow\rangle$态，而另一个光于处于$|\rightarrow\rangle$态。接着考虑一个更深入的问题：这两个光子通过分束器之前有什么区别？如果我们知道它们有什么区别，就可以理解为什么两个光子之后的行为有所不同。然而，根据量子力学，这两个光子没有任何区别，可是现在它们中的一个处于$|\uparrow\rangle$态，而另一个处于$|\rightarrow\rangle$态。

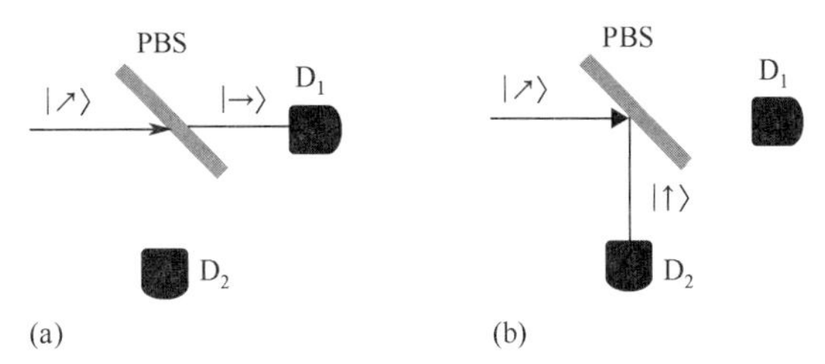

图 12.1　两个处于相同$|\nearrow\rangle$态的光子通过偏振分束器。发现一个光子处于$|\uparrow\rangle$态，而另一个光子处于$|\rightarrow\rangle$态

可能有人觉得这种情况与抛硬币的情况非常相似，即有 25%的概率得到第一枚硬币朝上而另一枚硬币朝下的结果；然而，在这个例子中，如果两枚硬币受到的所有力和初始朝向都是已知的，就可以准确地预测硬币最终是朝上还是朝下。这与量子物体比如单个光子的偏振态是不同的。

一种解释这个难题的方式是，假设这两个光子的所有性质如频率和偏振态看起来都相同，但在它们进入分束器之前，已经确实不同。这些光子具有一些在实验中无法测量的“隐性”性质，能够彼此区分开来。如果某一天我们能够识别这些“隐变量”，并将它们纳入理论，就可像经典力学那样做出确定性的预测，量子力学就称得上是“完备的”。

12.3 节中将讨论如何通过“贝尔不等式”来终结这场争论，这些不等式能够用实验验证。结果证明，所有基于“隐变量”的理论都不成立。

12.2　EPR 悖论

有些假设可视为“不言而喻的真理”，它们是物理学的基础，挑战它们就是挑战常识。**实在**和**定域**就是这样的两个“真理”。

根据实在论假设，人们观察到的现象中的规律性是由独立于人类观察者而存在的一些物理实在引起的。例如，爱因斯坦说，我们都相信月球存在，即便我们不看着它。很难想象像月球这样的物体的实在性取决于我们是否直接观察它。

另一个假设关于定域性，源自爱因斯坦自己的相对论。相对论的一个假设是，任何信息的传播速度都不能超过真空中的光速。如果信息能够超光速传播，就会打破科学的另一个基本原则——因果性。根据因果性，现在由过去和当前发生的事情决定，而不由未来发生的事情决定。

20 世纪最令人惊讶的一个结果是，量子力学至少与某个“真理”不一致，而实验结果却符合量子力学的预测。这也是本章其余部分要讨论的。

首先给出 EPR 有关实在的概念，他们的原文如下：

> 在不对系统造成任何干扰的情况下，如果我们可以准确地预测（以等于 1 的概率）一个物理量的值，就存在一个物理实在的要素对应于这个物理量。

他们还说道：

> ……每个物理实在的要素都必须在物理理论中有其对应的要素。

也就是说，如果以某种方式使某个光子在$\{|\rightarrow\rangle,|\uparrow\rangle\}$基和$\{|\nearrow\rangle,|\nwarrow\rangle\}$基上都有特定的偏振方向，那么量子理论就应该能够打包票地预测光子通过任意朝向的偏振器后的结果。然而，我们通过 10.1 节已经了解到这是不可能的。

首先要解决的问题是：怎样在“不造成任何干扰”或者不进行测量的情况下，确定物体的实在？怎样才能在不看月球的情况下知道它存在？一种确定实在的方式是，观察有共同原因的事件（高相关度事件），“物理实在独立于人类观察者存在”。因此，月球的实在可以通过到海边观察潮汐来确定。对潮汐的仔细分析（如分析潮汐的幅度、周期等）能够证明月球存在，即使不去看它。

再举一例，考虑一个装着两个小球的箱子，一个小球是蓝色的，而另一个小球是红色的。让张三（A）和李四（B）蒙上眼睛，各自挑选一个小球，然后朝相反方向走到足够远的地方，以便他们不会以任何方式影响对方。随后，张三摘下眼罩，发现他的小球是红色的，马上就知道李四的小球一定是蓝色的。因此，根据 EPR 的定义，存在一种实在的要素与李四的蓝色的小球相联系。

这个简单的实验并不神秘。然而，当我们对量子物体如单个光子的偏振做类似实验时，会导致悖论。量子力学不符合常识的分析和预测。下面介绍 EPR 思想实验的简化版。

考虑源点处两个处于纠缠态的光子 1 和光子 2：

$$|\psi_{12}\rangle = \frac{1}{\sqrt{2}}\left(|\uparrow_1\rangle|\uparrow_2\rangle + |\rightarrow_1\rangle|\rightarrow_2\rangle\right) \tag{12.2}$$

如果光子 1 用$\{|\rightarrow\rangle,|\uparrow\rangle\}$基测量且被发现处于$|\uparrow_1\rangle$态，那么光子 2 的偏振态塌缩为$|\uparrow_2\rangle$；如果光子 1 被测量且被发现处于$|\rightarrow_1\rangle$态，那么光子 2 的偏振态塌缩为$|\rightarrow_2\rangle$。对于相同偏振态的双光子系统，如果使用$\{|\nearrow\rangle,|\nwarrow\rangle\}$基，那么

$$|\psi_{12}\rangle = \frac{1}{\sqrt{2}}\left(|\nearrow_1\rangle|\nearrow_2\rangle + |\nwarrow_1\rangle|\nwarrow_2\rangle\right) \tag{12.3}$$

上式可以由以下变换［即式（10.7）和式（10.8）］得到：

$$|\uparrow\rangle = \frac{1}{\sqrt{2}}\left(|\nearrow\rangle + |\nwarrow\rangle\right) \tag{12.4}$$

$$|\rightarrow\rangle = \frac{1}{\sqrt{2}}\left(|\nearrow\rangle - |\nwarrow\rangle\right) \tag{12.5}$$

这两光子分开后，光子 1 向右朝着张三飞去，而光子 2 向左朝着李四飞去。同样，张三与李四之间相距很远，任何方法都不能影响彼此的光子。

下面是 EPR 的论述。

张三用$\{|\rightarrow\rangle,|\uparrow\rangle\}$基测量光子 1，即让光子通过一个偏振轴沿 y 轴方向的偏振器，如图 12.2(a)所示。探测器检测到光子，表明他的光子的偏振态为$|\uparrow_1\rangle$。他［由式（12.2）］立即知道光子 2 的偏振态为$|\uparrow_2\rangle$。张三在对光子 2“不造成任何干扰”的情况下得到了这个结论。因此，根据 EPR，应该存在一种实在的要素与光子 2 的偏振$|\uparrow_2\rangle$相联系。

另一方面，设张三选择用$\{|\nearrow\rangle,|\nwarrow\rangle\}$基测量他的光子 1，且结果是$|\nearrow_1\rangle$。［由式（12.3）］他能知道光子 2 的偏振态应为$|\nearrow_2\rangle$。同样，张三在对光子 2“不造成任何干扰”的情况下得到了这个结论。因此，根据 EPR，存在一种实在的要素与光子 2 的偏振$|\nearrow_2\rangle$相联系。

于是存在这样的情况：能确定光子 2 在两种基$\{|\rightarrow\rangle,|\uparrow\rangle\}$和$\{|\nearrow\rangle,|\nwarrow\rangle\}$下的偏振态，且这些偏振态是在对光子 2“不造成任何干扰”的前提下得到的。接下来，EPR 论述道，在任何完备的理论中，“每个物理实在的要素都需要有一个对应的要素”。因此，如果量子力学是完备的理论，那么光子 2 在两个基下的偏振态应该是能够由量子力学推断的。然而，量子力学无法同时确定光子在两个基$\{|\rightarrow\rangle,|\uparrow\rangle\}$和$\{|\nearrow\rangle,|\nwarrow\rangle\}$下的偏振态，因为它违背了玻尔互补原理。

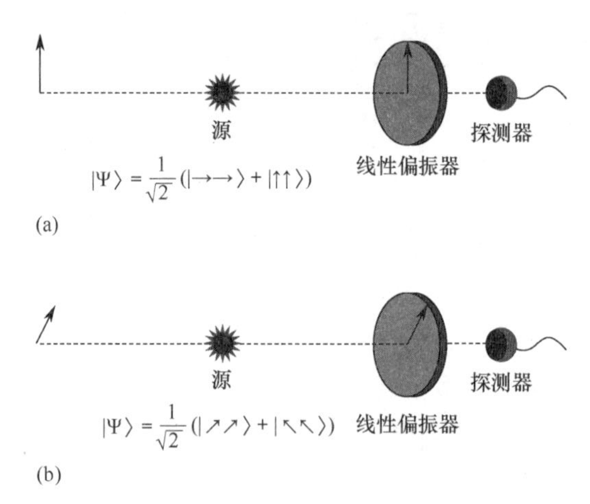

图 12.2　按相反方向发射两个处于初始纠缠态的光子：(a)沿 y 轴方向；(b)沿与 y 轴夹角 45°的方向

这个结果被称为 **EPR 悖论**。因为量子力学不能对某些测量结果做出明确的预测，让 EPR 总结出量子力学是不完备的理论。他们假设，如果纳入某些未知的、无法测量的“隐变量”，就有可能让这个理论变得完整。他们希望这些“隐变量”的存在能恢复量子力学的完备性和决定性。

12.3　玻尔的回复

EPR 的文章于 1935 年发表。莱昂·罗森菲耳德用如下文字记录了尼尔斯·玻尔看到 EPR 的论文时的反应：

> ……这次袭击像一道晴天霹雳般降临到我们身上……它对玻尔的影响是引人注目的。玻尔一听到我关于爱因斯坦论点的汇报，立即丢开了所有其他工作。我们必须立即消除这个误解……在极大的兴奋中，玻尔立即开始口授对爱因斯坦的回复。然而，他发现，这不是件简单的事。他从一条思路开始，然后改变主意，后退，再重新开始。他不能找到问题之所在。他会问，“他们是什么意思？你明白吗？”……大约六周后，玻尔有了答案……

在他的回复中（同样于 1935 年发表且与 EPR 论文的标题相同），玻尔论述道，量子力学不处理两个粒子从先前相互关联到后来自由的历程，而只提供对物体的物理性质进行测量时得到结果的一套规则。用他的原话说就是：

> 对“物理实在”这样的表述能在多大程度上赋予一个无歧义的意义，当然不能从先验的哲学观念中推导出来，而必须直接基于实验和测量。

玻尔反驳 EPR 的例子基于测量不可避免地会对系统产生干扰的假设。玻尔的回复的关键在于，在 EPR 的论述中，两个光子在进行测量之前不应视为彼此独立的，因此说张三在进行测量时李四的光子未受到干扰是不正确的。正是张三的测量造成了张三的光子和李四的光子的分离。在张三测量之前，两个光子处于纠缠态［式（12.2）］，即

$$\frac{1}{\sqrt{2}}\left(|\uparrow_1\rangle|\uparrow_2\rangle+|\rightarrow_1\rangle|\rightarrow_2\rangle\right)$$

他用$\{|\rightarrow\rangle,|\uparrow\rangle\}$基进行的测量使双光子系统态塌缩为

$$|\uparrow_1\rangle|\uparrow_2\rangle$$

在张三测量他的光子前，不能认为李四的光子具有偏振态的实在。张三用$\{|\rightarrow\rangle,|\uparrow\rangle\}$基对他的光子进行的测量，使得我们能够用相同的基确定李四的光子的偏振态，即$|\uparrow_2\rangle$。

当张三用$\{|\nearrow\rangle,|\nwarrow\rangle\}$基进行测量时，两个光子不再处于纠缠态（12.2）或（12.3）。它们被第一次测量所干扰，且两个光子的偏振态变为$|\uparrow_1\rangle|\uparrow_2\rangle$。张三用$\{|\nearrow\rangle,|\nwarrow\rangle\}$基的第二次测量进一步干扰了系统。无法提前对下一次测量的结果进行预测，也无法将实在的要素与$\{|\nearrow\rangle,|\nwarrow\rangle\}$基的偏振分量相联系。互补原理由此得到捍卫。

在这个解释中，物体的实在直到物体被测量或者位于能够预知到测量结果的位置时才存在。因此，在前面讨论的 EPR 思想实验中，李四的光子的偏振态$|\uparrow_2\rangle$的实在直到张三用$\{|\rightarrow\rangle,|\uparrow\rangle\}$基对他的光子进行测量时才建立。为了确定李四的光子在$\{|\nearrow\rangle,|\nwarrow\rangle\}$基下的偏振态的实在，需要用$\{|\nearrow\rangle,|\nwarrow\rangle\}$基进行另一次测量，但这次测量是建立在已被干扰的系统上的。

玻尔论述道，测量过程中不可避免的干扰会导致“最终放弃经典的因果性概念并彻底改变我们对待物理实在的态度”。互补原理解释了物理现象的量子力学描述，并

且它满足“*在其范围内，所有合理的完整性要求*”。量子层面的实在直到物体被测量时才存在。因此，根据玻尔的说法，量子力学并不是不完备的。

因此，爱因斯坦和玻尔对“实在”的定义存在根本性的不同。爱因斯坦认为，如果物体的存在与否与人类观察者无关，那么这个物体才是实在的。另一方面，玻尔认为，在物体被测量或者位于能够预知到测量结果的位置之前，不能说物体是实在的。

12.4　贝尔不等式

在没有具体实验条件来验证量子力学的实在性和定域性的情况下，有关量子力学基础的争论仍处于哲学层面，也不知道是否能够通过加入“隐变量”来使量子力学变完备——变成像牛顿力学那样有确定性描述的理论。

1964 年，这一情况被戏剧性地改变——约翰 • 贝尔提出了一个任何以定域性和实在性为前提的理论都会满足的不等式。这个不等式包含能够通过实验测量的物理量，由此提供了用实验验证量子力学是否总是满足这个不等式的机会，进而验证量子力学是否满足定域性和实在性。下面推导由克劳泽和霍恩于 1974 年提出的贝尔不等式的一种形式。

考虑如图 12.3 所示的 EPR 思想实验。和前面一样，源点处的两个光子（光子 1 和光子 2）处于纠缠态：

$$|\psi_{12}\rangle = \frac{1}{\sqrt{2}}\left(|\uparrow_1\rangle|\uparrow_2\rangle + |\rightarrow_1\rangle|\rightarrow_2\rangle\right) \tag{12.6}$$

光子 1 朝右边发射，光子 2 朝左边发射。为了证明贝尔定理，首先研究光子 1 通过偏振轴与垂线方向呈夹角 a 的偏振器而光子 2 通过偏振轴与垂线方向呈夹角 b 的偏振器的概率。

为了保证下面的结论对包括隐变量在内的所有理论都成立，引出物理量 $p_1(a,\mathcal{H})$和 $p_2(b,\mathcal{H})$，其中 $p_1(a,\mathcal{H})$表示在偏振器设为 a、隐变量设为 $\mathcal{H}$ 的情况下检测到光子 1 的概率，$p_2(b,\mathcal{H})$表示在偏振器设为 b、隐变量设为 $\mathcal{H}$ 的情况下检测到光子 2 的概率。根据定义，隐变量是无法用任何方式获知或测量的变量。于是，可观测物理量可由对所有隐变量$\{\mathcal{H}\}$取平均得到，即

$$p_1(a) = \sum\nolimits_{\mathcal{H}} p_1(a,\mathcal{H})\rho(\mathcal{H});\ \ p_2(b) = \sum\nolimits_{\mathcal{H}} p_2(b,\mathcal{H})\rho(\mathcal{H}) \tag{12.7}$$

式中，$\rho(\mathcal{H})$ 是隐变量 $\mathcal{H}$ 的权重函数，包含了隐变量的所有信息。因此，在这个设定

中可测量的物理量包括：

- $p_1(a)$——偏振器设为 a 时检测到光子 1 的概率
- $p_2(b)$——偏振器设为 b 时检测到光子 2 的概率

定域性条件要求两个偏振器 1 和 2 相距足够远，直到不能相互通信。因此，联合概率 $p_{12}(a, b, \mathcal{H})$，即在两个偏振器分别设为 a 和 b、隐变量设为 $\mathcal{H}$ 的情况下分别检测到光子 1 和光子 2 的概率，等于概率 $p_1(a, \mathcal{H})$和 $p_2(b, \mathcal{H})$的乘积，即

$$p_{12}(a,b,\mathcal{H}) = p_1(a,\mathcal{H})p_2(b,\mathcal{H}) \tag{12.8}$$

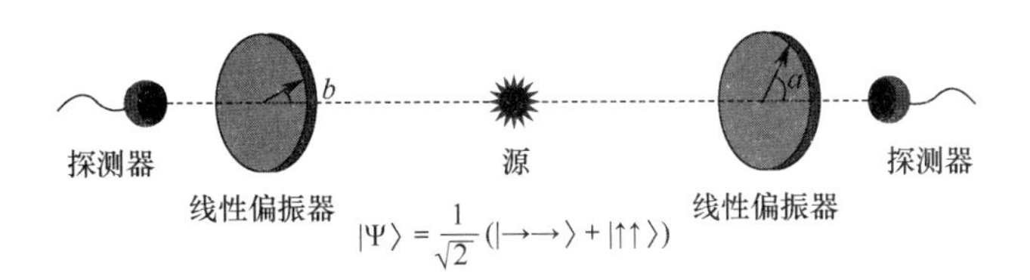

图 12.3　验证贝尔不等式的实验设置。准备两个初始纠缠态的光子并以相反方向发射。张三端的光子检测到处于与垂直方向夹角为 a 的方向，李四端的光子检测到处于与垂直方向夹角为 b 的方向

这里用到了独立事件的联合概率等于各事件的概率的乘积的性质。然而，与此前一样，测量的联合概率可由对所有隐变量取平均得到：

$$p_{12}(a,b) = \sum\nolimits_{\mathcal{H}} p_{12}(a,b,\mathcal{H})\rho(\mathcal{H}) = \sum\nolimits_{h} p_1(a,\mathcal{H})p_2(b,\mathcal{H})\rho(\mathcal{H}) \tag{12.9}$$

因此，隐变量可能（也可能不）带来相关性，即 $p_{12}(a, b)$可能不再等于 $p_1(a)$与 $p_2(b)$的乘积。概率可以是 0 到 1 之间的数。因此，通常有

$$0 \leqslant p_1(a_1,\mathcal{H}), p_2(b_1,\mathcal{H}) \leqslant 1 \tag{12.10}$$

于是，在推导贝尔不等式之前，这里再次强调定域性满足式（12.8）的假设：两个光子被检测到的概率是相互独立的，联合概率 $p_{12}(a, b, \mathcal{H})$也是可以分解的。

即使不能同时测量光子 1 的 a_1 和 a_2 方向，也不能同时测量光子 2 的 b_1 和 b_2 方向，也可以说出分析器在两个方向上的测量结果。在测试贝尔不等式的实验安排中，可以用如图 12.6 所示的详细设置来选择这些偏振方向。

现在就可以推导贝尔不等式。首先，对于任意 4 个从 0 到 1 之间的数，即

$$0 \leqslant X_1, X_2, Y_1, Y_2 \leqslant 1 \tag{12.11}$$

以下不等式成立：

$$U = (X_1Y_1 - X_1Y_2 + X_2Y_1 + X_2Y_2 - X_2 - Y_1) \leqslant 0 \tag{12.12}$$

我们可用两步证明该不等式。先假设 $X_1 \geqslant X_2$，于是有 $U = (X_1 - 1)Y_1 + (Y_1 - 1)X_2 + (X_2 - X_1)Y_2$。因为每一项都小于或等于 0，于是有 $U \leqslant 0$。下面设 $X_2 > X_1$，此时，$U = X_1Y_1 + X_2Y_1 + X_2Y_2 - Y_1 + X_2(Y_2 - 1) \leqslant X_1Y_1 + X_2Y_1 + X_2Y_2 - Y_1 + X_1(Y_2 - 1) = X_1(Y_1 - 1) + (X_2 - 1)Y_1$。同样，由于每一项都小于或等于 0，有 $U \leqslant 0$。因此，不等式（12.12）对于任意可能情况都成立。

下面将式（12.12）中的 X_1, X_2, Y_1, Y_2 用下式中的概率替换：

$$X_1 \equiv p_1(a_1, \mathcal{H}) \tag{12.13}$$

$$X_2 \equiv p_1(a_2, \mathcal{H}) \tag{12.14}$$

$$Y_1 \equiv p_2(b_1, \mathcal{H}) \tag{12.15}$$

$$Y_2 \equiv p_2(b_2, \mathcal{H}) \tag{12.16}$$

得到不等式

$$\begin{aligned} &p_1(a_1,\mathcal{H})p_2(b_1,\mathcal{H}) - p_1(a_1,\mathcal{H})p_2(b_2,\mathcal{H}) + p_1(a_2,\mathcal{H})p_2(b_1,\mathcal{H}) + \\ &p_1(a_2,\mathcal{H})p_2(b_2,\mathcal{H}) - p_1(a_2,\mathcal{H}) - p_2(b_1,\mathcal{H}) \leqslant 0 \end{aligned} \tag{12.17}$$

由于

$$p_{12}(a,b,\mathcal{H}) = p_1(a,\mathcal{H})p_2(b,\mathcal{H}) \tag{12.18}$$

不等式（12.17）变为

$$\begin{aligned} &p_{12}(a_1,b_1,\mathcal{H}) - p_{12}(a_1,b_2,\mathcal{H}) + p_{12}(a_2,b_1,\mathcal{H}) + \\ &p_{12}(a_2,b_2,\mathcal{H}) - p_1(a_2,\mathcal{H}) - p_2(b_1,\mathcal{H}) \leqslant 0 \end{aligned} \tag{12.19}$$

最后，对所有隐变量取平均得

$$\sum\nolimits_{\mathcal{H}} \rho(\mathcal{H}) d\mathcal{H}[\,] \rightarrow \frac{p_{12}(a_1,b_1) - p_{12}(a_1,b_2) + p_{12}(a_2,b_1) + p_{12}(a_2,b_2)}{p_1(a_2) + p_2(b_1)} \leqslant 1 \tag{12.20}$$

这便是可以由实验验证的贝尔不等式。这个不等式只需要两个假设：定域性和实在性。如果这个不等式不成立，就表明定域性和实在性这两个以往被视为不言而喻的真理在量子力学中可能并不共存。

贝尔不等式

$$\frac{p_{12}(a_1,b_1)-p_{12}(a_1,b_2)+p_{12}(a_2,b_1)+p_{12}(a_2,b_2)}{p_1(a_2)+p_2(b_1)}\leqslant 1$$

还可进一步化简。在目前所有的实验中，$p_1(a)$和 $p_2(b)$都与方向无关，于是联合概率 $p_{12}(a, b)$只取决于 a 与 b 之间的夹角，即

$$p_{12}(a,b)=p_{12}(\theta) \tag{12.21}$$

式中，$\theta = a-b$。如果假设 a_1 与 b_1、b_1 与 a_2 以及 a_2 与 b_2 之间的夹角都为 θ，a_1 与 b_2 之间的夹角就是 3θ，如图 12.4 所示。于是贝尔不等式（12.20）化简为

$$S(\theta)=\frac{3p_{12}(\theta)-p_{12}(3\theta)}{p_1+p_2}\leqslant 1 \tag{12.22}$$

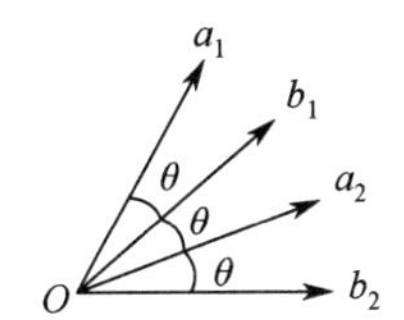

图 12.4　偏振方向 a_1, b_1, a_2 和 b_2

12.5　量子力学的预测

下面用量子力学为如图 12.3 所示的实验装置计算 S 值。需要强调的是，如果存在某个θ值使不等式（12.22）不成立，就意味着定域性和实在性在量子力学中不共存。

光子 1 和光子 2 的量子态为

$$|\psi_{12}\rangle=\frac{1}{\sqrt{2}}\left(|\uparrow_1\rangle|\uparrow_2\rangle+|\rightarrow_1\rangle|\rightarrow_2\rangle\right) \tag{12.23}$$

分别用偏振轴与水平方向夹角为 a 和 b 的偏振器检测到光子 1 和 2 的联合概率为

$$
\begin{aligned}
p_{12}(a,b) &= \left|\langle a|\langle b|\psi_{12}\rangle\right|^2 \\
&= \frac{1}{2}\left|\langle a|\uparrow_1\rangle\langle b|\uparrow_2\rangle + \langle a|\rightarrow_1\rangle\langle b|\rightarrow_2\rangle\right|^2 \\
&= \frac{1}{2}[\sin a\sin b + \cos a\cos b]^2 \\
&= \frac{1}{2}\cos^2(a-b) \\
&= \frac{1}{2}\cos^2\theta
\end{aligned}
\tag{12.24}
$$

因此有

$$
p_{12}(a,b) \equiv p_{12}(\theta) = \frac{1}{2}\cos^2\theta \tag{12.25}
$$

对每个单独的光子 1 和 2，如果它们最初处于纠缠态（12.23），就不存在特定的偏振方向。这种情况与 9.1 节中讨论的非偏振光子相似。概率 $p_1(a)$可以计算如下：

$$
\begin{aligned}
p_1(a) &= \left|\langle a|\langle\uparrow_2|\psi_{12}\rangle\right|^2 + \left|\langle a|\langle\rightarrow_2|\psi_{12}\rangle\right|^2 \\
&= \frac{1}{2}\left(\left|\langle a|\uparrow_1\rangle\langle\uparrow_2|\uparrow_2\rangle\right|^2 + \left|\langle a|\rightarrow_1\rangle\langle\rightarrow_2|\rightarrow_2\rangle\right|^2\right) \\
&= \frac{1}{2}(\sin^2 a + \cos^2 a) \\
&= \frac{1}{2}
\end{aligned}
\tag{12.26}
$$

类似地，有 $p_2(b) = 1/2$。

将这些变量替换为式（12.22）中给出的含 S 的表达式，得到

$$
S(\theta) = \frac{1}{2}(3\cos^2\theta - \cos^2 3\theta)
$$

图 12.5 给出了 $S(\theta)$关于θ的函数图像。$S(\theta)$的最大值在$\theta = \pi/8$ 处取得，此时有

$$
S(\pi/8) = 1.207 \tag{12.27}
$$

S 可以大于 1，因此贝尔不等式在量子力学中不成立，也就是说，定域性和实在性在量子力学中不共存。这是一个令人惊讶的结果。

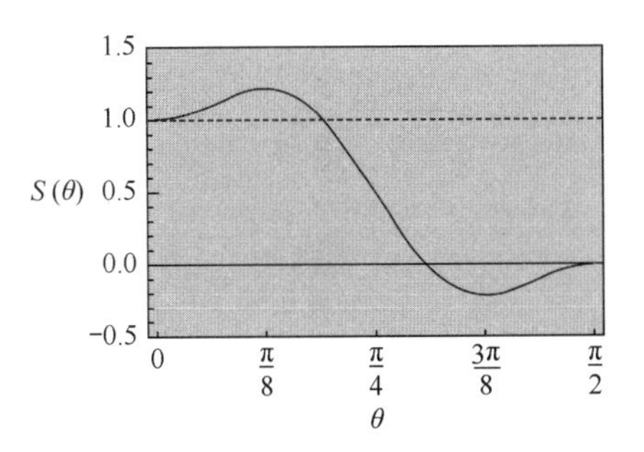

图 12.5　量子力学预测的 $S(\theta)$关于θ的函数图像。在 $S(\theta) > 1$ 的区域，贝尔不等式（12.22）不成立

12.6　实验验证贝尔不等式

关于验证贝尔不等式的实验还有一些有趣的故事。首次实验由加州大学伯克利分校的弗里德曼和克劳泽于 1972 年完成。实验结果违反了贝尔不等式，但符合量子力学的预测。1974 年，霍特和皮普金在哈佛大学也做了类似实验。实验结果与贝尔不等式相符，而与量子力学不符。这项工作从未正式发表，仅停留在再版形式。于是，1974 年，美国东西海岸的两个实验的结论不一致。两年后的 1976 年，决定性的实验由美国得州农工大学的弗莱伊和汤普森提出。这个实验证明弗里德曼－克劳泽是正确的，并且证明贝尔不等式不成立。1982 年，由阿斯佩克特、达利巴尔和罗杰做的另一个实验明确地解决了定域性问题。

绝大多数验证贝尔不等式的实验都是如图 12.6 所示的实验形式的变体。初始的纠缠态光子由一个处于第三能级激发态的原子产生，它可以发射两个略有不同的频率ν_1和ν_2的光子。原子能级以这样的方式选择：两个光子要么都垂直偏振，要么都水平偏振。发射光子的最终态是如式（12.2）的纠缠态，即

$$|\psi_{12}\rangle = \frac{1}{\sqrt{2}}\left(|\uparrow_1\rangle|\uparrow_2\rangle + |\rightarrow_1\rangle|\rightarrow_2\rangle\right)$$

发射的光子以相反的方向运动，如图 12.6 所示。

右手边的光学滤波器只允许频率为ν_1的光子通过，左手边的光学滤波器只允许频率为ν_2的光子通过。两边有两个通道选择器 c_1 和 c_2。通道选择器的作用是将入射的光子射向正确的偏振器。通道选择器 c_1 将频率为ν_1的光子射向与水平方向的夹角为 a_1 或 a_2 的偏振器。类似地，通道选择器 c_2 将频率为ν_2的光子射向与水平方向的夹角为 b_1 或 b_2 的偏振器。通过偏振器的光子在 D_{a_1}, D_{a_2} 和 D_{b_1}, D_{b_2} 处被探测。按照随机的朝向多次重复这个实验，就可获得 4 组数据：①偏振器 1 朝向 a_1 方向而偏振器 2 朝向 b_1 方向；②偏振器 1 朝向 a_1 方向而偏振器 2 朝向 b_2 方向；③偏振器 1 朝向 a_2 方向而偏振器 2 朝向 b_1 方向；④偏振器 1 朝向 a_2 方向而偏振器 2 朝向 b_2 方向。

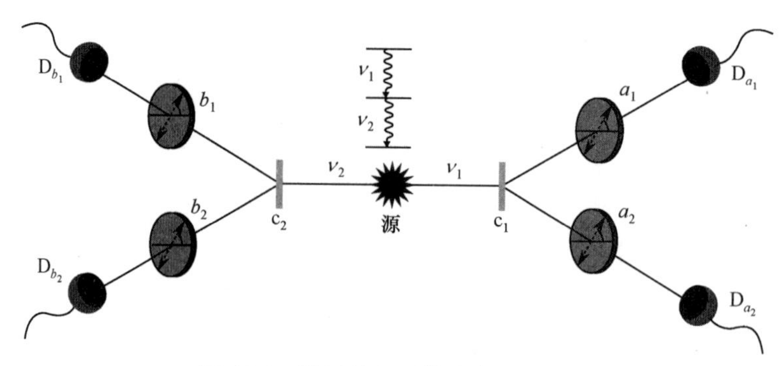

图 12.6 验证贝尔不等式实验示意图

如果要测量联合概率，如 $p_{12}(a_1, b_1)$，就可只考虑偏振器 1 朝向 a_1 方向而偏振器 2 朝向 b_1 方向时的情况。如果事件的总数为 $N_{a_1b_1}$，统计 D_{a_1} 和 D_{b_1} 检测到光子的事件数 $n_{a_1b_1}$，有

$$p_{12}(a_1,b_1)=\frac{n_{a_1b_1}}{N_{a_1b_1}} \tag{12.28}$$

类似地，有

$$p_{12}(a_1,b_2)=\frac{n_{a_1b_2}}{N_{a_1b_2}} \tag{12.29}$$

$$p_{12}(a_2,b_1)=\frac{n_{a_2b_1}}{N_{a_2b_1}} \tag{12.30}$$

$$p_{12}(a_2,b_2)=\frac{n_{a_2b_2}}{N_{a_2b_2}} \tag{12.31}$$

将这些实验结果代入式（12.20）或式（12.22）中的 S，就可以验证贝尔不等式。

到目前为止，所有的验证实验都违背了贝尔不等式，但与量子力学的预测相符。

12.7 贝尔－CHSH 不等式

在 12.2 节中，我们推导了仅测量单轴偏振方向的贝尔不等式。本节推导另一种贝尔不等式，它由克劳泽、霍恩、西蒙尼和霍特率先提出，常被称为**贝尔－CHSH 不等式**。

这个不等式包含两个相互正交轴偏振方向的测量。实验装置如图 12.7 所示。同样考虑在源点发射的两个纠缠态光子，有略微不同的频率ν_1和ν_2，最初处于纠缠态：

$$|\psi_{12}\rangle=\frac{1}{\sqrt{2}}\left(|\uparrow_1\rangle|\uparrow_2\rangle+|\rightarrow_1\rangle|\rightarrow_2\rangle\right) \tag{12.32}$$

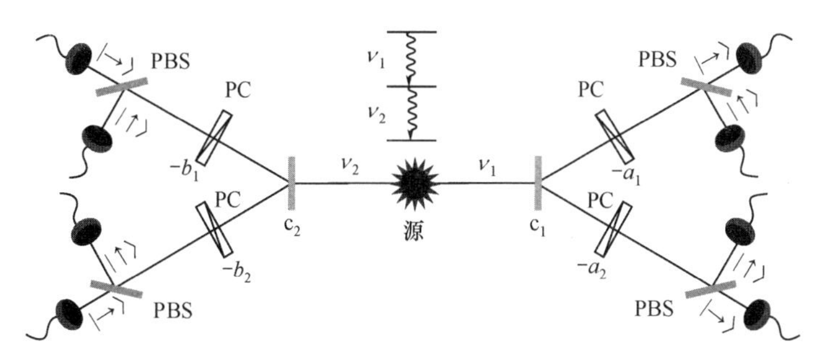

图 12.7　验证 CHSH 不等式实验示意图

第一个光子向右朝着张三前进，第二个光子向左朝着李四前进，每个光子各自通过通道选择器 c_1 和 c_2。通道选择器 c_1 将频率为ν_1的光子射向普克尔盒，使光子的偏振方向与水平方向呈$-a_1$或$-a_2$的角度，后面是偏振分束器和探测器。9.5 节中说过（见图 9.14），如果第一个光子的偏振方向为 a_1 或 a_2，这个装置就能够同时测量光子的水平分量和垂直分量。类似地，通道选择器 c_2 将频率为ν_2的光子射向普克尔盒，使光子的偏振方向改变与水平方向呈$-b_1$或$-b_2$的角度，后面是偏振分束器和探测器。如果第二个光子的偏振方向为 b_1 或 b_2，这个装置就能同时测量光子的水平分量和垂直分量。

最终结果是，在张三这边，光子可以检测到沿 a_1 或 a_2 方向的$|\uparrow\rangle$态或$|\rightarrow\rangle$态；类似地，在李四这边可以检测到沿 b_1 或 b_2 方向的$|\uparrow\rangle$态或$|\rightarrow\rangle$态。

设 $r_1(a)$和 $r_2(b)$分别是张三和李四沿角度 a 和 b 测量的结果。如果张三沿角度 a 测出$|\uparrow\rangle$态，那么 $r_1(a)=+1$。类似地，如果李四沿角度 b 测出$|\uparrow\rangle$态，那么 $r_2(b)=+1$。另一方面，如果张三或李四分别测量的偏振方向是沿角度 a 和 b 方向的水平偏振态$|\rightarrow\rangle$，那么 $r_1(a)=-1$，$r_2(b)=-1$。和前面一样，这里考虑 a 和 b 的两个可能朝向 a_1, a_2 和 b_1, b_2。

接着，定义概率$P_{++}(a_i,b_j)$，$P_{+-}(a_i,b_j)$，$P_{-+}(a_i,b_j)$和$P_{--}(a_i,b_j)$，其中 $i=1, 2$。$P_{++}(a_i,b_j)$是得到 $r_1(a_i)=+1$ 和 $r_2(b_j)=+1$ 的概率。类似地，$P_{+-}(a_i,b_j)$是得到 $r_1(a_i)=+1$ 和 $r_2(b_j)=-1$ 的概率，$P_{-+}(a_i,b_j)$是得到 $r_1(a_i)=-1$ 和 $r_2(b_j)=+1$ 的概率，$P_{--}(a_i,b_j)$是得到 $r_1(a_i)=-1$ 和 $r_2(a_j)=-1$ 的概率。

这些概率是在实验中测量得到的。例如，将分束器朝向 a_1 和 b_2 的实验重复 N 次，其中 N 非常大。在张三端和李四端分别记录测量光子偏振的结果。设 n_{++}是张三的测量结果为$|\uparrow\rangle$、李四的测量结果为$|\uparrow\rangle$的次数；于是有

$$P_{++}(a_1,b_2)=\frac{n_{++}}{N} \tag{12.33}$$

类似地，设n_{+-}是张三的测量结果为$|\uparrow\rangle$、李四的测量结果为$|\rightarrow\rangle$的次数，

$$P_{+-}(a_1,b_2)=\frac{n_{+-}}{N} \tag{12.34}$$

设n_{-+}是张三的测量结果为$|\rightarrow\rangle$、李四的测量结果为$|\uparrow\rangle$的次数，

$$P_{-+}(a_1,b_2)=\frac{n_{-+}}{N} \tag{12.35}$$

设n_{--}是张三的测量结果为$|\rightarrow\rangle$、李四的测量结果为$|\rightarrow\rangle$的次数，

$$P_{--}(a_1,b_2)=\frac{n_{--}}{N} \tag{12.36}$$

其中，

$$n_{++}+n_{+-}+n_{-+}+n_{--}=N \tag{12.37}$$

同理，可以测量张三端和李四端的偏振器在其他朝向的联合概率$P_{++}(a_i,b_j)$，$P_{+-}(a_i,b_j)$，$P_{-+}(a_i,b_j)$和$P_{--}(a_i,b_j)$。

如果张三和李四相距足够远，以致他们之间用任何方式都不能影响对方，就希望联合概率是可分解的，即$P_{++}(a_i,b_j)=P_+(a_i)P_+(b_j)$。相关性可能源于隐变量。然后，按10.2节中的方式对隐变量的分布取平均。

下面定义张三端与李四端的测量的相关性方程$\langle r_1(a_i)r_2(b_j)\rangle$。共有4种概率，例如，对于结果$r_1(a_i)=+1$和$r_2(b_j)=+1$，这类事件发生的概率为$P_{++}(a_i,b_j)$，它在$\langle r_1(a_i)r_2(b_j)\rangle$中的分量是$(+1)(+1)P_{++}(a_i,b_j)$。类似地，事件$r_1(a_i)=+1$和$r_2(b_j)=-1$的分量是$(+1)(-1)P_{+-}(a_i,b_j)$，事件$r_1(a_i)=-1$和$r_2(b_j)=+1$的分量是$(-1)(+1)P_{-+}(a_i,b_j)$，事件$r_1(a_i)=-1$和$r_2(b_j)=-1$的分量是$(-1)(-1)P_{--}(a_i,b_j)$。将这些分量相加，得到

$$\langle r_1(a_i)r_2(b_j)\rangle = (+1)(P_{++}(a_i,b_j)+P_{--}(a_i,b_j))+(-1)(P_{+-}(a_i,b_j)+P_{-+}(a_i,b_j)) \tag{12.38}$$

将这个物理量记为 $E(a_i, b_j)$，即

$$\begin{aligned} E(a_i,b_j) &= \langle r_1(a_i)r_2(b_j)\rangle \\ &= P_{++}(a_i,b_j)+P_{--}(a_i,b_j)-P_{+-}(a_i,b_j)-P_{-+}(a_i,b_j) \end{aligned} \tag{12.39}$$

显然，相关性方程 $E(a_i, b_j)$可以由实验测得的量 $P_{++}(a_i,b_j)$, $P_{+-}(a_i,b_j)$, $P_{-+}(a_i,b_j)$ 和 $P_{--}(a_i,b_j)$ 组成。

下面我们将物理量 S 正式定义为

$$\begin{aligned} S &= E(a_1,b_1)-E(a_1,b_2)+E(a_2,b_1)+E(a_2,b_2) \\ &= \langle r_1(a_1)r_2(b_1)\rangle - \langle r_1(a_1)r_2(b_2)\rangle + \langle r_1(a_2)r_2(b_1)\rangle + \langle r_1(a_2)r_2(b_2)\rangle \\ &= \langle r_1(a_1)(r_2(b_1)-r_2(b_2))\rangle + \langle r_1(a_2)(r_2(b_1)+r_2(b_2))\rangle \end{aligned} \tag{12.40}$$

由于 $r_1(\alpha)$和 $r_2(\beta)$都只能有两个取值+1 和−1，S 的取值范围是从−2 到+2，即

$$|S| \leqslant 2 \tag{12.41}$$

这就是贝尔不等式的另一个版本。与 12.2 节中讨论的不等式一样，这个不等式也只依赖于定域性和实在性的假设。

量子力学对这个不等式的预测是什么样的？为了回答这个问题，需要计算概率 $P_{++}(a_i,b_j)$，$P_{+-}(a_i,b_j)$, $P_{-+}(a_i,b_j)$ 和 $P_{--}(a_i,b_j)$。实验设置的初始态还是一对纠缠态：

$$|\psi_{12}\rangle = \frac{1}{\sqrt{2}}\left(|\uparrow_1\rangle|\uparrow_2\rangle + |\rightarrow_1\rangle|\rightarrow_2\rangle\right) \tag{12.42}$$

在如图 12.7 所示的实验装置中，对于设置 a，测量基为

$$|+a\rangle \equiv |a\rangle = \cos a|\rightarrow\rangle + \sin a|\uparrow\rangle \tag{12.43}$$

$$|-a\rangle \equiv |a+\pi/2\rangle = \cos a|\uparrow\rangle - \sin a|\rightarrow\rangle \tag{12.44}$$

这与 9.5 节中的讨论一致［见式（9.56）和式（9.57）］。其中$|+a\rangle$是偏振器相对于水平方向旋转 a 后的偏振态。类似地，$|-a\rangle$是偏振器相对于水平方向旋转夹角 $a+\pi/2a$ 后的

偏振态。例如，如果 $a = 0°$，则 $|+a\rangle = |\rightarrow\rangle$，$|-a\rangle = |\uparrow\rangle$，这对应于光子简单地通过一个偏振分束器。然而，如果 $a = 45°$，则 $|+a\rangle = (|\rightarrow\rangle + |\uparrow\rangle)/\sqrt{2} = |\nearrow\rangle$，$|-a\rangle = (|\uparrow\rangle - |\rightarrow\rangle)/\sqrt{2} = |\nwarrow\rangle$，这对应于光子在通过一个使入射光子的偏振方向旋转−45°的普克尔盒后再通过偏振分束器（见图 9.14）。

类似地，对于设置 b，即偏振器的偏振轴朝向与水平方向夹角为 b 的方向，测量基为

$$|+b\rangle = \cos b|\rightarrow\rangle + \sin b|\uparrow\rangle \tag{12.45}$$

$$|-b\rangle = \cos b|\uparrow\rangle - \sin b|\rightarrow\rangle \tag{12.46}$$

当光子 1 的路径上的偏振器沿 a_i 方向、光子 2 的路径上的偏振器沿 b_j 方向时，两个光子的偏振态都是 $|\rightarrow\rangle$ 的概率为

$$P_{++}(a_i,b_j) = |\langle +a_i|\langle +b_j|\psi_{12}\rangle|^2 = \frac{1}{2}\cos^2(a_i - b_j) \tag{12.47}$$

式中，$i = 1, 2$，$j = 1, 2$。类似地，有

$$P_{+-}(a_i,b_j) = |\langle +a_i|\langle -b_j|\psi_{12}\rangle|^2 = \frac{1}{2}\sin^2(a_i - b_j) \tag{12.48}$$

$$P_{-+}(a_i,b_j) = |\langle -a_i|\langle +b_j|\psi_{12}\rangle|^2 = \frac{1}{2}\sin^2(a_i - b_j) \tag{12.49}$$

$$P_{--}(a_i,b_j) = |\langle -a_i|\langle -b_j|\psi_{12}\rangle|^2 = \frac{1}{2}\cos^2(a_i - b_j) \tag{12.50}$$

将式（12.47）至式（12.50）代入式（12.39），得相关性方程

$$\begin{aligned} E(a_i,b_j) &= P_{++}(a_i,b_j) + P_{--}(a_i,b_j) - P_{+-}(a_i,b_j) - P_{-+}(a_i,b_j) \\ &= \cos^2(a_i - b_j) - \sin^2(a_i - b_j) \\ &= \cos(2(a_i - b_j)) \end{aligned} \tag{12.51}$$

如果取 $a_1 - b_1 = b_1 - a_2 = a_2 - b_2 = \theta$，就有 $a_1 - b_2 = 3\theta$，且有

$$\begin{aligned} S &= E(a_1,b_1) - E(a_1,b_2) + E(a_2,b_1) + E(a_2,b_2) \\ &= 3\cos(2\theta) - \cos(6\theta) \end{aligned} \tag{12.52}$$

所得 S 的最大值在 $\theta = \pi/8$ 处取得，

$$S = 2\sqrt{2} \tag{12.53}$$

这表明贝尔－CHSH 不等式（12.41）不成立。

习题

12.1　证明对于任意 4 个数 X_1, X_2, Y_1, Y_2，$0 \leqslant X_1, X_2 \leqslant A$，$0 \leqslant Y_1, Y_2 \leqslant B$，以下不等式成立：

$$-AB \leqslant (X_1Y_1 - X_1Y_2 + X_2Y_1 + X_2Y_2 - X_2 - Y_1) \leqslant 0$$

提示：见 J. F. Clauser and M. A. Horne, Phys. Rev. D 10, 526 (1974)的附录 A。

12.2　考虑如图 12.3 所示的实验装置。两个光子的初始偏振态为

$$|\psi_{12}\rangle = \frac{1}{\sqrt{2}}\left(|\rightarrow_1\rangle|\uparrow_2\rangle - |\uparrow_1\rangle|\rightarrow_2\rangle\right)$$

计算在偏振器分别朝向与水平方向的夹角为 a 和 b 的情况下，同时检测到光子 1 和 2 的联合概率 $p_{12}(a, b)$。证明贝尔不等式（12.20）不成立。

参考书目

[1]　A. Einstein, B. Podolsky, and N. Rosen, *Can quantum-mechanical description of physical reality be considered complete?*, Physical Review 47, 777 (1935).

[2]　N. Bohr, *Can quantum-mechanical description of physical reality be considered complete?*, Physical Review 48, 696 (1935).

[3]　J. Bell, *On the Einstein Podolsky Rosen paradox*, Physics 1, 195 (1965).

[4]　J. F. Clauser, M. Horne, A. Shimony, and R. Holt, *Proposed experiment to test local hiddenvariable theories*. Physical Review Letters 23, 880 (1969).

[5]　J. F. Clauser and M. A. Horne, *Experimental consequences of objective local theories*, Physical Review D 10, 526 (1974).

[6]　S. J. Freedman and J. F. Clauser, *Experimental test of local hidden-variable theories*, Physical Review Letters 28, 938 (1972).

[7]　E. S. Fry and R. C. Thompson, *Experimental test of local hidden-variable theories*, Physical Review Letters 37, 465 (1976).

[8]　A. Aspect, J. Dalibard, and G. Roger, *Experimental test of Bell's inequalities using time-varying analyzers*, Physical Review Letters 49, 1804 (1982).

第三部分

量子通信

第 13 章　量子安全通信

自古以来，绝对保密和安全的远程信息交换就一直备受关注。信息发送方（譬如张三）要确信他的消息被接收方（譬如李四）收到，而别人看不到。安全通信用途很广，从商业交易中传输的信息对潜在的窃听者保密到军事应用中信息的安全性和机密性可以决定战争胜负。

密码可用于双方或多方安全通信。首先，发送方张三和接收方李四安全地交换密钥，然后张三用只有彼此知道的密钥加密消息将它打乱，再将加密后的消息发送给李四，最后李四使用密钥解密。

下面来看一个老掉牙的密码的例子。张三和李四想交换一个这样的密钥——让字母表中的每个字母都前移 1 位，即

$$A \to Z, B \to A, C \to B, \cdots, Z \to Y$$

当然，这可能是最简单的密钥，实际密钥要复杂得多。如果张三想用这个密钥发消息

I AM HAPPY TO BE READING THIS BOOK

将每个字母后移 1 位（I 变为 J，AM 变为 BN，以此类推），这条消息就变成

J BN IBQQZ UP CF SFBEJOH UIJT CPPL

然后通过电话线或互联网这类公共信道发送出去。即使在传输过程中窃听的王五截获了这条消息，也没有任何意义，除非知道密钥。李四收到消息后可通过将每个字母反向移 1 位来解密（J 变为 I，BN 变为 AM，以此类推）。

这样加密有两个问题。第一个问题是，张三和李四应该通过高度安全可靠的信道交换密钥。例如，密钥不能打电话说，因为太容易被窃听。为安全起见，张三和李四可以亲自见一面或派查信任的代表跑一趟目的地当面交换密钥。第二个问题是，聪明的窃听者可通过仔细分析所传输的信息来重建密钥。张三和李四可能在不知道密钥已被破解的情况下继续通信，导致暴露。当然，改进传统密码有的是办法，但最终还得

解决这两个问题。

本章讨论怎样解决这些问题，介绍一种通过公共信道交换密钥的方案，即 RSA 算法，然后讨论量子加密技术。当然，首先讨论当今世界中数字作为通信工具的作用。

13.1 二进制数

十进制数用 10 个整数 0, 1, 2, 3, 4, 5, 6, 7, 8, 9 表示任何数字。例如，数字 3568 表示为

$$3568 \equiv (3568)_{10} = (3\times10^3)+(5\times10^2)+(6\times10^1)+(8\times10^0)$$

现代通信和计算基于二进制数，只需要 0 和 1。使用二进制数的原因是处理起来非常简单——只有两个选项，高电压能表示“1”，低电压能表示“0”，每个 0 和 1 被称为 **1 位**或 **1 比特**，代价是将十进制数写成二进制数可能要多很多位，例如 13 用十进制数表示只需要 2 位，用二进制数表示需要 4 位：

$$1101 \equiv (1101)_2 = (1\times2^3)+(1\times2^2)+(0\times2^1)+(1\times2^0) = (13)_{10}$$

类似地，不难发现$(111001)_2 = (57)_{10}$，即

$$111001 \equiv (111001)_2 = (1\times2^5)+(1\times2^4)+(1\times2^3)+(1\times2^0) = (57)_{10}$$

前九个数在十进制数与二进制数之间转换的对应关系如下表所示。

十进制数	0	1	2	3	4	5	6	7	8
二进制数	0000	0001	0010	0011	0100	0101	0110	0111	1000

在通信中，常用 ASCII 码将字母（小写和大写）、符号、空格等表示为二进制数，如下表所示。

ASCII 码：二进制数对应的字符

0	0011	0000	I	0100	1001	a	0110	0001	s	0111	0011
1	0011	0001	J	0100	1010	b	0110	0010	t	0111	0100
2	0011	0010	K	0100	1011	c	0110	0011	u	0111	0101
3	0011	0011	L	0100	1100	d	0110	0100	v	0111	0110
4	0011	0100	M	0100	1101	e	0110	0101	w	0111	0111
5	0011	0101	N	0100	1110	f	0110	0110	x	0111	1000

（续表）

6	0011	0110	O	0100	1111	g	0110	0111	y	0111	1001
7	0011	0111	P	0101	0000	h	0110	1000	z	0111	1010
8	0011	1000	Q	0101	0001	i	0110	1001	空格	0010	0000
9	0011	1001	R	0101	0010	j	0110	1010	!	0010	0001
A	0100	0001	S	0101	0011	k	0110	1011	“	0010	0010
B	0100	0010	T	0101	0100	l	0110	1100	’	0010	0111
C	0100	0011	U	0101	0101	m	0110	1101	(	0010	1000
D	0100	0100	V	0101	0110	n	0110	1110	)	0010	1001
E	0100	0101	W	0101	0111	o	0110	1111	‘	0010	1100
F	0100	0110	X	0101	1000	p	0111	0000	.	0010	1110
G	0100	0111	Y	0101	1001	q	0111	0001	:	0011	1010
H	0100	1000	Z	0101	1010	r	0111	0010	;	0011	1011
									?	0011	1111

因此，任何消息都可用一长串 0 和 1 来表示。例如，单词 Book 对应于序列

$$\overbrace{0100\ 0010}^{\text{B}}\overbrace{0110\ 1111}^{\text{o}}\overbrace{0110\ 1111}^{\text{o}}\overbrace{0110\ 1011}^{\text{k}}$$

这个例子表明任何消息或信息都可以用数字通信。因此，能安全地传输数字，就能确保安全地传输任何消息。

13.2　公钥分发算法 RSA

千百年来，传统密码加密大行其道，直到 20 世纪 70 年代 RSA 协议等公钥算法的出现才极大地改变了密码的本质。即使在互联网流行以前，也需要通过公共信道交换密钥。如果一家银行想与分散在世界各地的分行交流敏感的财务信息，当面交换密钥就太不切实际，且成本太高。密钥必须在已有的信道中交换，如电话线或者互联网。随着 20 世纪 90 年代互联网的出现并且广泛用于电子商务，通过公共信道安全地传输数据和信息就变得尤为重要。

罗纳德·李维斯特、阿迪·萨莫尔和伦纳德·阿德尔曼三位数学家于 1978 年设计了 RSA 协议，这个协议允许通过公共信道以很高的安全性交换密钥。RSA 协议出神入化地用上了纯数学的一个分支——数论。

下面介绍 RSA 公钥算法如何通过公共信道交换密钥，以及如何以近乎绝对安全的方式传输十进制数的消息。RSA 算法如图 13.1 所示。张三想与世界各地的朋友李某甲、

李某乙等绝对安全地交换信息，他希望如果李某甲向他发送了信息，那么李某乙、李某丙及其他人即使看得到李某甲发送给他的信息，也看不懂其中的内容。

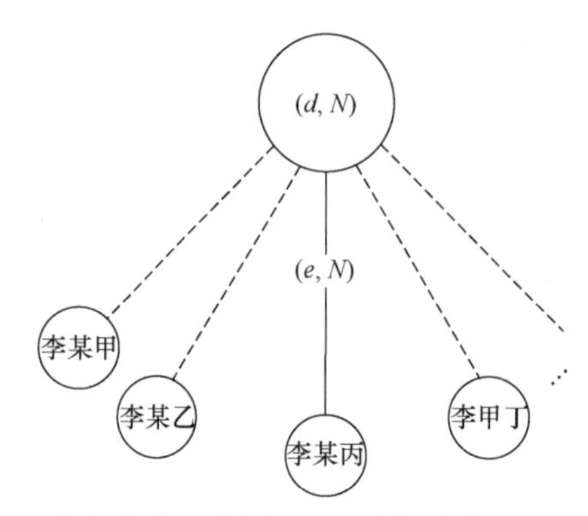

图 13.1 RSA 密钥分发示意图。张三将加密密钥 (e,N) 告诉每个人（包括他的朋友和潜在的窃听者），自己则保留解密密钥 d

解决方案是张三想好由两个数字 e 和 N 组成的密钥，通过公共信道如互联网、手机或打电话告诉大家，让任何人包括窃听者都能看到，自己则保留对外保密的解密密钥 d。任何人如果想发送消息（十进制数）给张三，就都能用密钥 e 和 N 如约加密后发送给他。张三最后用解密密钥 d 来解密消息。RSA 协议的惊人之处是，尽管谁都能看到密文和密钥（e 和 N），但都几乎不可能破译消息。太神奇了！谁都知道密钥却都不能破译。下面介绍这是怎么做到的。

用过计算器的人都知道，两个不论多大的质数相乘总是很容易，然而分解大数的质因数却无比困难。要想看看有多难，可以尝试分解数 21583 的质因数。分解质因数这么难是其成为 RSA 加密系统安全性的核心的原因。

为理解 RSA 算法，需要引入数论中的一个常用数学工具——模运算。对于两个整数 a 和 b，模运算定义如下：

$$a \bmod b = r \tag{13.1}$$

式中，a 是被除数，b 是除数（或模），r 是余数。例如，$11 \bmod 4 = 3$，因为 11 除以 4（得 2）余 3；$25 \bmod 5 = 0$，因为 25 除以 5（得 5）余 0；$3 \bmod 2 = 1$，因为 3 除以 2（得 1）余 1。

RSA 加解密的步骤如下。

（1）发送方（张三）选择两个大质数 p 和 q，相乘得到 N。在 RSA 中，N 通常是 256 位数。

（2）由 N、p 和 q 再生成两个数 e 和 d，其中 e 代表加密，d 代表解密。加密密钥 e 随机选择，与 $(p-1)(q-1)$ 互质（没有公因数），而解密密钥由下式求得：

$$1 = d \cdot e \bmod ((p-1)(q-1)) \tag{13.2}$$

也就是说，乘积 $d \cdot e$ 除以 $(p-1)(q-1)$ 余 1，即 $d \cdot e = 1 + k(p-1)(q-1)$，其中 k 是整数。用这个方程求 d 可能有点复杂，但也有办法。张三通过公共信道告诉大家加密密钥 (e,N)，譬如上网公布，但会严格保密解密密钥 d，只有自己知道它。

（3）如果有人譬如李四想发送消息，就用加密密钥 (e,N) 编码。通常，消息是一个十进制数 m。加密的消息如下：

$$c = m^e \bmod N \tag{13.3}$$

李四将加密的消息 c 发送给张三。理论上谁都能看到李四将 c 发送给了张三。

（4）接下来这一步很关键也很有意思：张三用解密密钥 (d,N) 解密消息

$$c^d \bmod N = m \tag{13.4}$$

这个方程遵循数论定理，是 RSA 算法的核心。

例如，张三选择两个质数 $p = 47$ 和 $q = 71$，使 $N = p \cdot q = 47 \times 71 = 3337$。然后，得到

$$(p-1)(q-1) = 46 \times 70 = 3220$$

张三选择加密密钥 $e = 79$，并且验证 79 与 3220 没有公因数，然后求解密密钥，

$$1 = d \cdot e \bmod ((p-1)(q-1)) = 79 \cdot d \pmod{3220}$$

d 的值是 1019。可以通过 $1019 \times 79 = 80501$ 等于 $3220 \times 25 + 1$ 来验证，即 $d \cdot e = 80501$ 除以 $(p-1)(q-1) = 3220$ 余 1。

然后，张三将加密密钥 $(e,N) \equiv (79,3337)$ 发送给包括李四在内的所有人，但会保密解密密钥 $d = 1019$。

接下来，李四想发送一条数字信息：

$$m = 688$$

他用加密密钥 $(e,N) \equiv (79,3337)$ 编码消息 m，生成数字

$$c = m^e \bmod N = 688^{79} \bmod 3337 = 1570$$

这是通过谁都能用的公共信道发送给张三的加密消息。

张三收到这条加密消息后，用解密密钥 $(d,N) \equiv (1019,3337)$ 还原原来的消息：

$$c^d \bmod N = 1570^{1019} \bmod 3337 = 688$$

李四发送的消息最终被张三顺利解密。

张三和李四能通过公共信道交换密钥简直令人难以置信。更值得注意的是，密钥对大家公开，谁都能用这个密钥通过公共信道向张三发送消息而不必担心走漏风声。

RSA 协议安全性的核心在于对 N 分解质因数的难度。RSA 协议对大家公开的是加密密钥 e 和 N，破解它需要知道解密密钥 d，反过来还需要知道质数 p 和 q。因此，对 N 分解质因数的难度保证了 RSA 协议的安全性。

为了理解分解大数质因数的难度，要知道使用目前世界上最快的计算机分解 256 位十进制数的质因数需要几十年，分解 1000 位十进制数的质因数大约需要 100 亿年（10^{10} 年），而宇宙年龄也不过约 138 亿年。因此，增加质数的位数，就能让破解密钥的难度“登峰造极”。

RSA 协议现在可能还是一种安全的通信方式，但是随着科技的发展，迟早会找到分解质因数的快速算法，因此还得开发万无一失的安全通信算法。我们发现，基于玻尔互补原理等量子概念的密码很有希望，下面介绍这些量子加密协议。

13.3 贝内特－布拉萨德 84（BB-84）协议

RSA 协议可以在公共信道上交换密钥，但不能保证通信绝对安全，聪明的窃听者迟早能找到更高效的因数分解算法破解解密密钥，进而破坏协议的安全性。

前面说过实用的安全通信需要满足两个要求：第一个要求是使用公共信道，第二个要求是能发现窃听。RSA 算法满足第一个要求，张三和李四使用公共信道交换密钥，

但是一旦有了分解大数质因数的快速算法就能破解，市场规模数以亿计的网络交易将面临严重威胁。值得注意的是，一种基于量子物理原理的算法在分解数字方面非常强大，即**秀尔分解算法**，这一新兴量子计算领域的重要应用详见第 16 章。

近年来，还提出了一些基于量子力学基本原理的新型安全通信协议，这些量子力学协议基于量子纠缠的新发现和量子测量所固有的概率性。量子加密既能在公共信道上交换密钥，又能完成保证抓获窃听者这个不可能的任务。

在讨论量子加密之前，首先讨论通过由二进制数组成的随机密钥对消息编码和解码的过程，原理如图 13.2 所示。

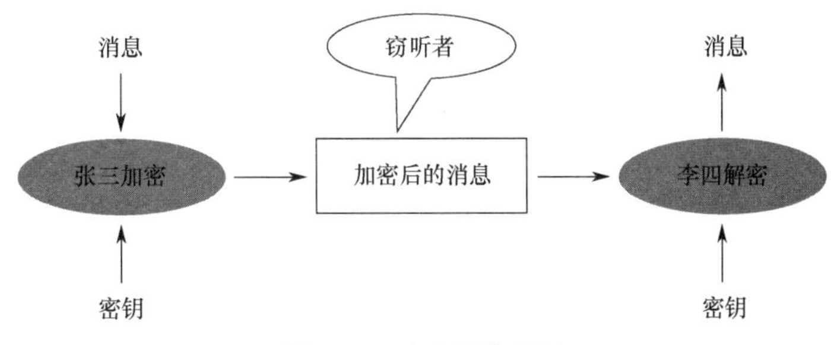

图 13.2　安全通信原理

通常，通过随机密钥的传输过程如下，目标是由张三将如下数据（由 1 和 0 组成的序列）发送给李四：

消息：1 1 0 1 0 0 0 1 1 1 0 1 0 0 0 0 1 1 0 0 1 0

这些数据与一个称为**密钥**的随机比特序列相结合，然后通过信道发送。随机密钥是只有发送方（张三）和接收方（李四）才知道的另一个二进制序列：

密钥：1 1 0 0 0 1 1 1 1 0 0 1 1 1 0 0 0 0 1 1 0 1

传输序列由以上两个序列按照二进制加法规则获得，即 0 + 0 = 0，0 + 1 = 1 + 0 = 1，1 + 1 = 0。用这些加法规则生成的传输序列是一个由 1 和 0 组成的乱序消息：

乱序消息：0 0 0 1 0 1 1 0 0 0 1 0 0 1 1 0 0 1 1 1 1 1

乱序消息由张三通过公共信道发送给李四，注意只有张三和李四知道这个密钥。一旦李四收到用密钥编码的乱序消息，就将如下的密钥序列与它相加来解密：

密钥：1 1 0 0 0 1 1 1 1 1 0 0 1 1 1 0 0 0 0 1 1 0 1

进而恢复原始消息：

消息：1 1 0 1 0 0 0 1 1 1 1 0 1 0 0 0 0 1 1 0 0 1 0

密钥的随机性确保了传输数据的随机性，让无密钥的窃听者无法破解。因此，信道安全的关键在于密钥保密。传统信道的问题在于理论上窃听可以让发送方或接收方不知不觉。量子加密不会这样，其中（见下文）窃听会干扰传输序列而被发现。

因此，量子加密的主要目标是用一种能马上发现有人窃听的方式在公共信道上交换密钥（二进制数随机序列）。

最早的量子加密协议是由查尔斯·贝内特和吉勒斯·布拉萨德于 1984 年提出的 BB-84 协议，后来贝内特于 1992 年提出了另一个协议，即 B-92 协议，详见下一节。

BB-84 协议主要基于玻尔的互补原理：对于一对互补的可观测量，如果其中一个可观测量的不确定性越小，另一个可观测量的不确定性就越大（见图 13.3）。

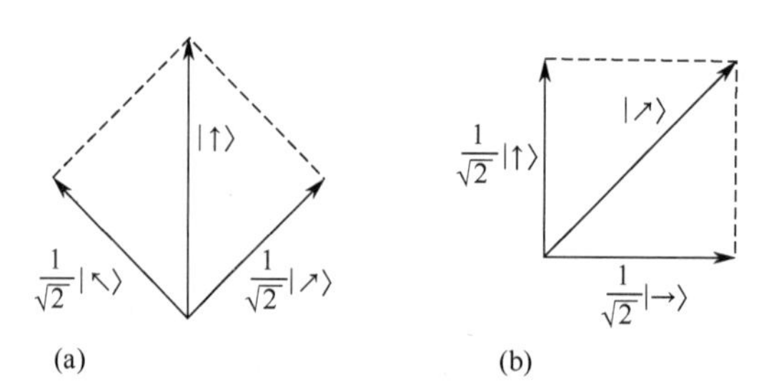

图 13.3　偏振光子的互补性。$|\uparrow\rangle$ 态的垂直偏振光子用 $\{|\nearrow\rangle,|\nwarrow\rangle\}$ 基或 $\otimes$ 基观测时，偏振态为 $|\nearrow\rangle$ 或 $|\nwarrow\rangle$ 的概率相等。类似地，$|\nearrow\rangle$ 态的光子用 $\{|\rightarrow\rangle,|\uparrow\rangle\}$ 基或 $\oplus$ 基观测时，偏振态为 $|\uparrow\rangle$ 或 $|\rightarrow\rangle$ 的概率相等

如上文所述，测量量子系统通常会引起干扰。在量子密码学中，量子力学的这方面被用来保证张三和李四双方在绝对保密的情况下通信，即使有窃听者王五在也一样。

BB-84 协议有两条信道：一条是量子信道，供张三向李四发送偏振光子阵列；另一条是传统信道，如电话线或互联网，供张三和李四交换与光子的制备和测量相关的信息。至关重要的是，王五不能阻断传统信道并冒充张三或李四，即使有无限资源操纵传输信道即量子信道中的光子。BB-84 协议的原理图如图 13.4 所示。

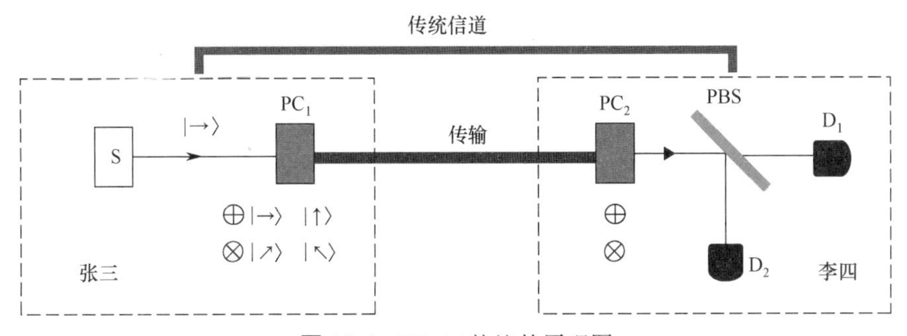

图 13.4 BB-84 协议的原理图

设张三有一个水平偏振光源。这种光可由非偏振光穿过偏振轴沿水平方向的偏振器生成。根据 BB-84 协议，张三沿 0°, 45°, 90°或 135°这 4 种可能的偏振方向发射单光子流，分别对应于偏振态$|\rightarrow\rangle, |\nearrow\rangle, |\uparrow\rangle$或$|\nwarrow\rangle$，可用普克尔盒实现。在普克尔盒中，如 9.5 节所述，入射光可通过施加适当的电压来旋转偏振方向。在 BB-84 实验装置中（见图 13.4），普克尔盒 PC_1 按照张三的意思对每个光子按 0°, 45°, 90°或 135°旋转偏振矢量。因此，张三能发送光子偏振方向分别为 0°, 45°, 90°或 135°的光子束，其水平方向分别对应于偏振态$|\rightarrow\rangle$，$|\nearrow\rangle$，$|\uparrow\rangle$或$|\nwarrow\rangle$。

0°和 90°方向对应于$\{|\rightarrow\rangle, |\uparrow\rangle\}$基或$\oplus$基，而 45°和 135°方向对应于$\{|\nearrow\rangle, |\nwarrow\rangle\}$基或$\otimes$基。两个偏振态，譬如沿 0°和 45°的偏振态，代表比特“0”，而另外两个偏振态，譬如沿 90°和 135°的偏振态，代表比特“1”。张三对数据比特序列编码，在$\oplus$基和$\otimes$基之间随机切换，再以固定的时间间隔发送给李四。

李四所用的装置有第二个普克尔盒 PC_2，可以将入射光子的偏振矢量旋转 0°或−45°，还有偏振分束器，可以检测$\{|\rightarrow\rangle, |\uparrow\rangle\}$基或$\oplus$基下的光子。因此，普克尔盒旋转的两种选择即 0°和−45°，分别相当于用$\oplus$基和$\otimes$基进行检测，就像 9.5 节讨论的那样。确定检测基后，入射光子经过普克尔盒 PC_2 和偏振分束器 PBS，最终被探测器 D_1 或 D_2 检测到。如果 PC_2 选择 0°，D_1 检测到的光子对应于偏振态$|\rightarrow\rangle$，D_2 检测到的光子对应于偏振态$|\uparrow\rangle$；类似地，如果 PC_2 选择−45°，D_1 检测到的光子对应于偏振态$|\nearrow\rangle$，D_2 检测到的光子对应于偏振态$|\nwarrow\rangle$。

李四接收光子并用随机选择的$\oplus$基和$\otimes$基记录结果，由普克尔盒的旋转角度和探测器 D_1 和 D_2 的检测结果确定。当李四选择的基与张三选择的基相同时，接收到的光子的偏振与张三的光子完全相关，例如通过$\{|\rightarrow\rangle, |\uparrow\rangle\}$基或$\oplus$基接收到的沿 90°偏振的光子将沿 90°偏振，其余也一样；然而，一旦接收方选择的基与发送方选择的基不同，这种相关性就不复存在，即通过$\{|\nearrow\rangle, |\nwarrow\rangle\}$基或$\otimes$基接收到的本来沿 90°偏振的光子沿 45°偏振或 135°偏振的概率相等，这是由玻尔互补原理导致的。

例如，让张三发送由 9 个光子组成的一束光子流，其偏振序列依次沿 0°, 90°, 135°, 0°, 45°, 135°, 45°, 45°, 90°排列。

张三发送该序列时选择了如下基：

$$\oplus,\oplus,\otimes,\oplus,\otimes,\otimes,\otimes,\otimes,\oplus$$

李四接收该序列时选择了如下基：

$$\otimes,\oplus,\oplus,\otimes,\otimes,\otimes,\oplus,\otimes,\oplus$$

得到了偏振结果序列

(45°或 135°), 90°, (0°或 90°), (45°或 135°), 45°, 135°, (0°或 90°), 45°, 90°

李四秘密地记录了他的测量结果。注意，如果李四用与张三相同的基 $\oplus$ 或 $\otimes$ 来测量光子，那么他的结果与张三的结果是相同的。然而，当李四选择的基与张三的基相反时，那么基于他选择的基，出现两种可能结果的概率相等。

接下来，张三和李四通过传统信道（如电话线）比较他们的基序列而不透露结果，保留相同基的样本，其他则不再需要。在上例中，第 2、5、6、8 和 9 处的结果被保留，而第 1、3、4 和 7 处的结果被丢弃，再转换成二进制位 0 或 1（刚才这个例子中的 10101）即得密钥。

接下来看看如果有人（如王五）窃听会怎么样。在 BB-84 协议中，张三和李四所选的基完全对王五保密。这个协议也不可能有人被动窃听，因为任何窃听都会让序列之间不同。

例如，张三选择 $\{|\rightarrow\rangle,|\uparrow\rangle\}$ 基或 $\oplus$ 基发送沿 90°方向偏振的光子，设李四用相同的基接收光子，结果是偏振 90°。需要注意的是，$\{|\rightarrow\rangle,|\uparrow\rangle\}$ 基或 $\oplus$ 基早在通过有可能被窃听的公共信道比较基序列之前就由张三和李四选好。窃听者王五位于张三和李四之间，能拦截光子，也能随便怎么测量途经的光子，但不知道张三选了哪个基来发送，也不知道李四选了哪个基来接收，也就是说，王五没办法知道张三和李四选了什么基。

这样一来，王五就有两种选择来推断所传输的内容，既可以用张三和李四所用的相同基 $\oplus$，又可以用共轭基 $\otimes$。

下面讨论这些情况。

一种情况是王五选择⊕基，可能性为 50%，能得到与张三和李四相同的结果——90°的偏振方向。

然而，还有 50%的情况王五选择了错误的基⊗，能等概率地得到 45°或 135°的偏振方向。如果得到了 45°方向的光子并重传给了李四，李四得到的结果就不再是 90°，而是根据玻尔互补原理等概率地得到 0°和 90°。王五收到的光子偏振方向 135°也会发生同样的情况。

因此，当王五试图用随机方向的基窃听时，李四的结果中约有 25%与张三的结果不同。因此，张三和李四可以尝试通过比较部分数据来推断存在窃听者。如果发现了约 25%的差异，就有理由相信王五在窃听，从而丢掉数据从头再来。

因此，BB-84 协议达到了不可能的目标：在公共信道上交换密钥，并以近 100%的准确度发现窃听。这不仅让量子力学有了用武之地，也是玻尔互补原理的直接应用。

同时，我们发现 BB-84 的安全性依赖不可克隆定理。如果量子态克隆成为可能，王五就能批量克隆传输中的光子，再将原来传输的光子发送给李四，自己测量克隆的光子，一半用⊕基，另一半用⊗基。当张三和李四在公共信道上比较基序列时，王五也可监听并找到正确的基（刚才这个例子中的⊕），并保持结果与这个基一致，这样就能得到与张三和李四一样的信息。在这个过程中，王五发送的就是原来传输的光子，李四的测量不受影响。这样一来，当张三和李四比较数据时，就看不出任何差异，也就发现不了王五的痕迹。不可克隆定理不允许出现这种情况，从而让绝对安全的通信成为可能。

13.4　贝内特 92（B-92）协议

可见，在 BB-84 协议中，张三可通过⊕基或⊗基中的偏振光子发送二进制信息“0”和“1”。1992 年，贝内特提出了另一种协议，即贝内特 92 或 B-92 协议，其中，张三不再使用 4 对正交偏振态，而使用两种非正交偏振态$|\rightarrow\rangle$和$|\nearrow\rangle$，对应于随机比特的值 0 和 1。李四接收到光子后，再用随机选择的$\{|\rightarrow\rangle,|\uparrow\rangle\}$基或$\{|\nearrow\rangle,|\nwarrow\rangle\}$基来测量，这与 BB-84 协议类似。

B-92 协议起作用的前提如下：若张三只将处于$|\rightarrow\rangle$态和$|\nearrow\rangle$态的光子发送给李四，则李四只在恰好选择$\{|\nearrow\rangle,|\nwarrow\rangle\}$基，且结果为$|\nwarrow\rangle$的情况下，才能毫无疑问地确定$|\rightarrow\rangle$态。只有当李四发现接收到的光子处于$|\nwarrow\rangle$态时，才能确定它不处于$|\nearrow\rangle$态，因为这两种偏振态相互正交，且它应该默认处于$|\rightarrow\rangle$态。类似地，李四只有在用$\{|\rightarrow\rangle,|\uparrow\rangle\}$基

测量结果是$|\uparrow\rangle$的情况下才能明确确定$|\nearrow\rangle$态。在这种情况下，可确定入射的光子不处于$|\rightarrow\rangle$态，因此它应该默认处于$|\nearrow\rangle$态。在其他各种情况下，李四都无法确定张三的光子的偏振态，如图 13.5 所示。

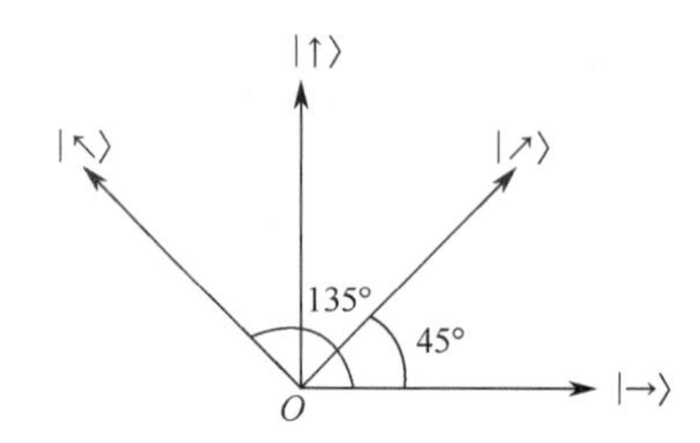

图 13.5　在 B-92 协议中，若张三发送偏振态为$|\rightarrow\rangle$的偏振光子代表“0”，李四用$\{|\nearrow\rangle,|\nwarrow\rangle\}$基测量的结果是$|\nwarrow\rangle$，就能确定这个偏振态。类似地，若张三发送用偏振态为$|\nearrow\rangle$的偏振光子编码的比特“1”，李四用$\{|\rightarrow\rangle,|\uparrow\rangle\}$基测量的结果是$|\uparrow\rangle$，就能确定这个偏振态

接下来介绍 B-92 协议的步骤：

- 张三以比特“0”用偏振态$|\rightarrow\rangle$的偏振光子编码、比特“1”用偏振态$|\nearrow\rangle$编码的方式发送比特流。
- 李四用$\{|\nearrow\rangle,|\nwarrow\rangle\}$基对比特赋值“0”，用$\{|\rightarrow\rangle,|\uparrow\rangle\}$基赋值“1”，形成随机比特流。
- 李四用所选基测量所接收光子的偏振态，再根据这些测量结果，通过为偏振态$|\rightarrow\rangle$和$|\nearrow\rangle$赋值“0”，为偏振态$|\uparrow\rangle$和$|\nwarrow\rangle$赋值“1”来生成另一个比特流——控制比特流。
- 这时，张三有 1 个比特流，其中“0”对应$|\rightarrow\rangle$，“1”对应$|\nearrow\rangle$，而李四有 2 个比特流，在其中一个比特流中，如他所选，“0”对应基$\{|\nearrow\rangle,|\nwarrow\rangle\}$，“1”对应基$\{|\rightarrow\rangle,|\uparrow\rangle\}$；在另一个比特流即控制比特流中，“0”对应结果$|\rightarrow\rangle$或$|\nearrow\rangle$，“1”对应结果$|\uparrow\rangle$和$|\nwarrow\rangle$。
- 李四告诉张三控制比特流的值，而不告诉用了什么基。他们决定只保留控制比特为“1”的那些位的值组成密钥。

现在举例说明这个协议怎么用。设张三想给李四发送一个“0”，就发了一个偏振态为$|\rightarrow\rangle$的光子。李四通过选择$\{|\rightarrow\rangle,|\uparrow\rangle\}$基或$\{|\nearrow\rangle,|\nwarrow\rangle\}$基来测量偏振。

首先设李四选了 $\{|\rightarrow\rangle, |\uparrow\rangle\}$ 基，并赋值“1”。由于光子偏振态是 $|\rightarrow\rangle$，李四当然能得到结果偏振态 $|\rightarrow\rangle$，并且为控制位赋值“0”，但能得出张三发的光子偏振态就是 $|\rightarrow\rangle$ 的结论吗？答案是“不能”，因为如果张三用偏振态 $|\nearrow\rangle$ 发了一个“1”，那么根据分解

$$|\nearrow\rangle = \frac{1}{\sqrt{2}}\left(|\rightarrow\rangle + |\uparrow\rangle\right) \tag{13.5}$$

有 50%的可能结果也是 $|\rightarrow\rangle$。因此，检测到偏振态 $|\rightarrow\rangle$ 表明张三发了 $|\rightarrow\rangle$ 或 $|\nearrow\rangle$。

接下来，设李四选了 $\{|\nearrow\rangle, |\nwarrow\rangle\}$ 基，并赋值“0”。由于

$$|\rightarrow\rangle = \frac{1}{\sqrt{2}}\left(|\nearrow\rangle - |\nwarrow\rangle\right) \tag{13.6}$$

他得到结果 $|\nearrow\rangle$ 或 $|\nwarrow\rangle$ 的可能性相等。如果结果是 $|\nearrow\rangle$，为控制位赋值“0”。在这种情况下，他还是确定不了张三发送了什么偏振态，即 $|\rightarrow\rangle$ 或 $|\nearrow\rangle$ 都有可能。

再看看其他情况——结果是 $|\nwarrow\rangle$，为控制位赋值“1”。对于这个结果，李四至少可以肯定张三没有发送偏振态 $|\nearrow\rangle$，因为它与 $|\nwarrow\rangle$ 正交。由于张三只可能发送偏振态 $|\rightarrow\rangle$ 或 $|\nearrow\rangle$ 的光子，所以可以断定张三发送了偏振态 $|\rightarrow\rangle$。

最后，李四告诉张三控制位的值。如果它恰好是对应于结果 $|\rightarrow\rangle$ 或 $|\nearrow\rangle$ 的“0”，那么他们得出李四无法解密的结论。但是，如果控制位的值是对应结果 $|\uparrow\rangle$ 或 $|\nwarrow\rangle$ 的“1”，就能保留这一位的值，在这个例子中恰好是“0”。

如果王五正在窃听，会出现什么情况？在 BB-84 协议中，王五选对基或选错基的概率都是 50%。B-92 协议截获王五的原理与 BB-84 协议的一样，基本前提是量子测量会干扰系统。

张三和李四比较了成功事件中“0”和“1”的状态，其中控制位是“1”，对应于结果 $|\uparrow\rangle$ 或 $|\nwarrow\rangle$。王五会因为测量导致李四的结果出错而暴露，此时分两种情况：

（1）如果张三用偏振态为 $|\rightarrow\rangle$ 的光子发送“0”，而李四检测到偏振态 $|\uparrow\rangle$，从而得知王五用偏振态 $|\nearrow\rangle$ 发送了“1”。这种结果可能发生在王五用 $\{|\nearrow\rangle, |\nwarrow\rangle\}$ 基测量入射的光子，而李四用 $\{|\rightarrow\rangle, |\uparrow\rangle\}$ 基测量入射光子的情况下。不难发现，这种结果的概率是 12.5%。

（2）类似地，如果张三用偏振态为$|\nearrow\rangle$的光子发送“1”，而李四检测到偏振态$|\nwarrow\rangle$，那么会错误地认为张三用偏振态为$|\rightarrow\rangle$的光子发送了一个“0”。这种结果可能发生在王五用$\{|\rightarrow\rangle,|\uparrow\rangle\}$基测量入射的光子，而李四用$\{|\rightarrow\rangle,|\uparrow\rangle\}$基测量入射的光子的情况下。这种结果的概率同样是 12.5%。

因此，如果张三和李四发现结果有 25%的差异，就知道有人在窃听，于是开始重传。

13.5 量子货币

量子安全有一个有趣且以后非常重要的应用方向——量子货币，由史蒂芬·威斯纳于 1983 年提出，是 BB-84 通信安全协议的前身。对于货币，问题在于怎样设计一套万无一失的体系来防伪。具体来说，如果有一张纸币，伪造者可能想一模一样地造假。有没有可能不管伪钞多么逼真都能百分之百地鉴定出来？

当今世界，打击伪钞力度空前，造假币难上加难，每张纸币都用上了安全线、全息图、特殊油墨或缩微印刷来防伪，但是考虑到历史的行程，无论技术多么高超，都无法绝对防伪，理由很简单——再好的印刷机好人能造，孤注一掷的歹徒也能造。

量子力学中的不可克隆原理和互补原理以后还真有可能用来造出复制不了的纸币，实现百分之百防伪。

通常一张钞票只靠一个序列号鉴别，但是量子货币中的每张钞票除了有一个以往的那种序列号，还有 n 个阱中的光子，这些光子秘密制备为 BB-84 偏振态$|\rightarrow\rangle,|\uparrow\rangle,|\nearrow\rangle,|\nwarrow\rangle$之一。银行保存所有的偏振态记录和相应的序列号，如图 13.6 所示。钞票上印有序列号，但是偏振态保密。银行总能用正确的基测量每个光子的偏振态来验证真伪，而不受干扰。

对于制造伪钞的人来说，序列号是已知的，挑战在于怎样复制偏振态，这时得知道每个光子的基才能复制光子的偏振态，从而面临刚才王五在 BB-84 协议中所面临的两难情况。用正确的基（50%的可能性）能得到保密的偏振态并逼真地造假，选错了基（也有 50%的可能性）就会改变阱中的光子的偏振态，造出的伪钞偏振态就是错的。

例如，设纸币中光子的偏振态是$|\rightarrow\rangle$。如果造伪钞的人用$\{|\rightarrow\rangle,|\uparrow\rangle\}$基来测量，能得到正确的偏振态$|\rightarrow\rangle$，造假可能不会被发现。然而，如果用$\{|\nearrow\rangle,|\nwarrow\rangle\}$基来测量，由于

$$|\rightarrow\rangle=\frac{1}{\sqrt{2}}\left(|\nearrow\rangle-|\nwarrow\rangle\right)$$

就会等概率得到偏振态$|\nearrow\rangle$或态$|\nwarrow\rangle$。不妨设结果是$|\nearrow\rangle$。现在银行用正确的$\{|\rightarrow\rangle,|\uparrow\rangle\}$基检查偏振态，有 50%的可能得到结果$|\rightarrow\rangle$，还有 50%的可能得到结果$|\uparrow\rangle$。因此，每个光子被正确复制的概率是 3/4，被错误复制的概率是 1/4。如果一张钞票共有 N 个光子，那么伪钞通过银行验证性测试的概率是$(3/4)^N$。若 N 很大，这个概率就可能变得非常小。对于 $N=20$，成功率只有 0.3%左右。量子态不能被复制这一事实最终由保障这套体系安全性的基础——不可克隆定理来保证。

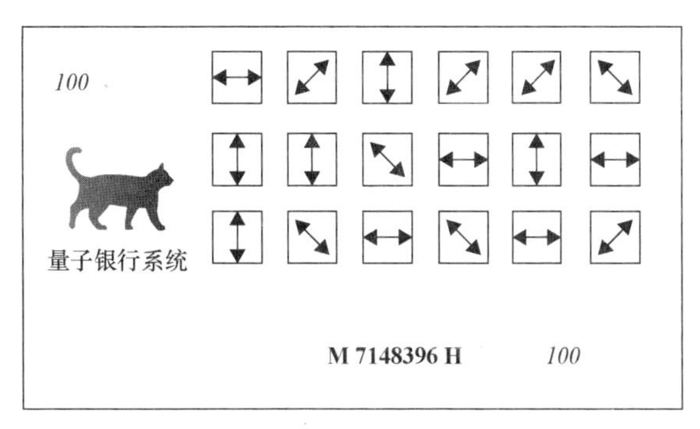

图 13.6　量子纸币不仅印有序列号，而且印有一些阱中的光子，每个光子的偏振态为 4 个 BB-84 偏振态$|\rightarrow\rangle,|\nearrow\rangle,|\uparrow\rangle,|\nwarrow\rangle$之一

习题

13.1　将以下十进制数表示为二进制数：688, 573, 894 和 974。

13.2　将以下二进制数表示为十进制数：10010111, 11011010, 10010001 和 11110011。

13.3　在 RSA 协议中选取两个质数 $p=47$ 和 $q=59$。求加密密钥 e 和解密密钥 d。若数字消息是 537，加密后的消息是什么？列出用密钥解密消息的过程。

13.4　考虑一套简单的代码，其中字母根据字母表的顺序编码为 1 到 26，再表示为 5 位二进制数。例如 A 是 00001，B 是 00010，C 是 00011，以此类推，直到 Z 是 11010。空格用 00000 表示。为从 A 到 Z 的所有字母开发一张表。加密过程为模 2 加，随机密钥为

10011 01010 00101 11000 10101 00010 10101 10101 10100 11100 01010 00110 10101 11110 10101 00100 10010 01111 01010 11001 11100 01001 10011 00110

解密这条消息：

11010 01010 01001 10111 00011 00111 10101 00100 00001 11101 00100 10010 00000 10011 10101 01001 10111 01100 00010 11000 10010 00000 10000 10101

13.5 设字母 A 到 Z 的编码方式与习题 13.4 中的一样。张三和李四之间交换的密钥是

10100 11100 01101 01100 01000 10001 01000 10010

张三用这个密钥编码并发送了下面这条消息：

10010 01110 01000 11111 00000 11100 01001 11100

求所发送消息的原文。

13.6 设张三用 BB-84 协议发送消息“001011001011”，基序列是

⊕⊕⊗⊕⊗⊗⊗⊕⊕⊗⊕⊗

张三的光子序列的偏振态是什么？李四用以下基序列来检测：

⊗⊕⊕⊗⊗⊕⊕⊕⊗⊕⊗⊗

求双方交换的密钥。张三和李四是怎样发现有人窃听的？

13.7 考虑用于量子密钥分发的 B-92 协议。设张三想用偏振态 $|\nearrow\rangle$ 编码“1”发送给李四。讨论李四用 $\{|\rightarrow\rangle,|\uparrow\rangle\}$ 基或 $\{|\nearrow\rangle,|\nwarrow\rangle\}$ 基测量光子的各种可能。李四能根据什么结果确信张三发了“1”？

参考书目

[1] R. L. Rivest, A. Shamir, and L. M. Adleman, *A method of obtaining digital signatures and publickey cryptosystems*, Communications of the ACM 21, 120 (1978).

[2] C. H. Bennett and G. Brassard, *Quantum cryptography: Public key distribution and coin tossing*, in Proceedings of IEEE International Conference on Computers, Systems, and Signal Processing, Bangalore, India (1984), pp 175-179.

[3] C. H. Bennett, *Quantum cryptography using any two nonorthogonal states*, Physical Review Letters 68, 3121 (1992).

[4] A. K. Ekert, *Quantum cryptography based on Bell's theorem*, Physical Review Letters 67, 661 (1991).

[5] C. H. Bennett, G. Brassard, and A. K. Eckert, *Quantum cryptography*, Scientific American 267, 50 (1992).

[6] S. Wiesner, *Conjugate coding*, SIGACT News 15, 77 (1983).

[7] M. A. Nielson and I. L. Chuang, *Quantum Computation and Quantum Information* (Cambridge University Press 2000).

[8] P. Lambropoulos and D. Petrosyan, *Fundamentals of Quantum Optics and Quantum Information* (Springer 2007).

第 14 章　不可见光子的光通信

以往任何通信方式都有个不言而喻的特征，即发送方和接收方之间应该通过交换某种东西来传递信息。例如，光脉冲或光子是光通信中的信息载体。二进制信息传输（0 或 1）中的信息编码可将水平偏振光子编码为“0”，将垂直偏振光子编码为“1”。因此，当张三与李四通信时，如果想发送“0”，就发送 1 个水平偏振光子，如果想发送“1”，就发送 1 个垂直偏振光子。另一种方式是，如果想发送“0”，就什么也不发送，如果想发送“1”，就发送 1 个光子。在这些通信实例中，总会交换什么东西（如光子），即使只在一半的通信中发生（如上述第二种情况）。难以置信的是，无论张三是想发送“0”还是想发送“1”，他和李四之间都可以在传输信道（如真空或光缆）中没有光子的情况下通信。

2013 年，笔者和同事 M. Alamri、Z.-H. Li 和 H. Salih 揭示量子力学可以实现上面这个难以置信的目标。这种通信协议被称为**反事实通信**。反事实通信用不可见光子进行光通信，其原理如图 14.1 所示。

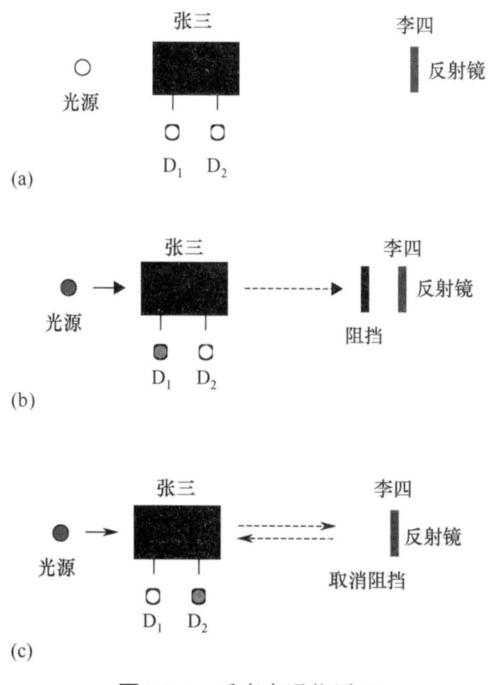

图 14.1　反事实通信原理

李四要向张三发送二进制信息“0”或“1”。如图 14.1(a)所示，张三有一个单光子源和一套包括反射镜和分束器（由方框表示）等光学设备在内的光学装置，以及两个光子探测器 D_1 和 D_2，李四只有一面反射镜。张三将一个光子发送给李四，让它以特定方式与盒子内部的光学设备交互，再通过传输信道（如真空或光纤）传输给李四。李四有两个选择：要么阻挡光子到达反射镜，如用手挡在反射镜前面［见图 14.1(b)］，要么什么都不做，让光子被反射镜反射［见图 14.1(c)］。当李四想通过阻挡光子来发送“0”时，张三的光子探测器 D_1 被命中［见图 14.1(b)］，表明李四向张三发了“0”。当李四想发送“1”且允许光子反射时，张三的光子探测器 D_2 被命中［见图 14.1(c)］，表明李四向张三发送了“1”。在这两种情况下，光子应该在张三与李四之间来回反射，但令人惊讶且违反直觉的是，在传输信道中找到这个光子的可能性为零。于是，光子在张三这边的盒中的光学仪器与反射镜之间来回反射，不断命中 D_1 与 D_2，不用去李四那边就可知道他到底是用手挡在反射镜前面还是什么都没做。

怎样实现这种通信呢？这看起来与心灵感应一样神乎其神。为了理解反事实通信协议，下面首先介绍一些简单的干涉设置方法，然后解释由反射镜和分束器组成的反事实通信演示系统。

14.1 马赫－曾德尔干涉仪

首先考虑一个由两台分束器和两面反射镜组成的干涉仪，如图 14.2(a)所示。这就是马赫－曾德尔干涉仪。

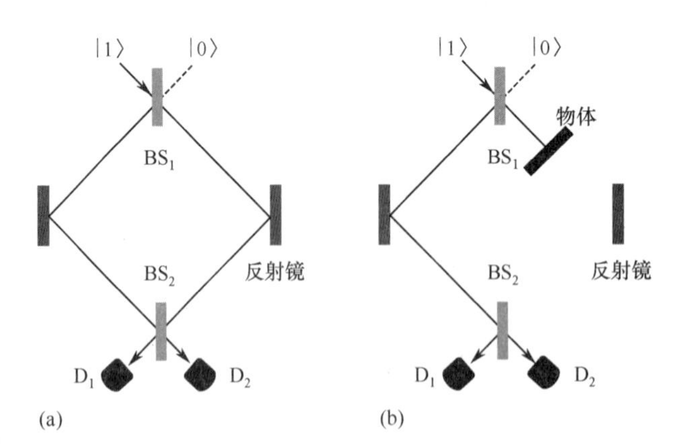

图 14.2 (a)在马赫－曾德尔干涉仪中，入射分束器 BS_1 上的光子被反射镜反射，到第二台分束器 BS_2 处复合，并被探测器 D_1 或 D_2 探测；(b)除了干涉仪右侧多了一个光子吸收器，其余配置与(a)中的相同

分析中主要涉及的光学器件是反射镜和分束器，分束器的一端有单光子输入，而另一端没有，将用到第 9 章 9.3 节与 9.4 节讨论的器件变换特性。单光子输入分束器的输入/输出关系见式（9.53）和式（9.54），即

$$|10\rangle \to \cos\theta|10\rangle + \sin\theta|01\rangle \tag{14.1}$$

$$|01\rangle \to \cos\theta|01\rangle - \sin\theta|10\rangle \tag{14.2}$$

此时，光子被反射的概率 $R=\cos^2\theta$，被透射的概率 $T=\sin^2\theta$。

在马赫－曾德尔干涉仪中［见图 14.2(a)］，一个偏振态为$|1\rangle$的光子从分束器（BS）左侧入射，而分束器右侧没有光子。因此，分束器的输入偏振态被指定为$|10\rangle$。输入的光子经过第一台分束器 BS_1，然后被反射镜反射，再经过第二台分束器 BS_2，最后到达 D_1 和 D_2。下面计算光子命中 D_1 和 D_2 的概率。

由式（14.1），光子通过第一台分束器 BS_1 后，偏振态是

$$|10\rangle \to \cos\theta_1|10\rangle + \sin\theta_1|01\rangle \tag{14.3}$$

无论光子从哪面反射镜反射回来，偏振态都不变，所以第二台分束器 BS_2 的输入偏振态也是$\cos\theta_1|10\rangle + \sin\theta_1|01\rangle$。因此，经过第二台分束器后，输出偏振态是

$$\begin{aligned}\cos\theta_1|10\rangle + \sin\theta_1|01\rangle &\to \cos\theta_1\left(\cos\theta_2|10\rangle + \sin\theta_2|01\rangle\right) + \sin\theta_1\left(\cos\theta_2|01\rangle - \sin\theta_2|10\rangle\right) \\ &= \cos(\theta_1+\theta_2)|10\rangle + \sin(\theta_1+\theta_2)|01\rangle\end{aligned} \tag{14.4}$$

式中，$\cos\theta_i$ 和 $\sin\theta_i$ 分别是第 i 台分束器的反射系数和透射系数。式中的每一项都有物理含义：幅值 $\cos\theta_1\cos\theta_2$ 是经分束器 BS_1 与 BS_2 两次反射在 D_1 上产生的振幅；幅值 $-\sin\theta_1\sin\theta_2$ 是经分束器 BS_1 与 BS_2 两次透射在 D_1 上产生的振幅；幅值 $\cos\theta_1\sin\theta_2$ 和 $\sin\theta_1\cos\theta_2$ 是经分束器 BS_1 的反射与分束器 BS_2 的透射在 D_2 上产生的振幅。

对于同一台分束器，有 $\theta_1=\theta_2=\theta$，输出偏振态为

$$\cos(2\theta)|10\rangle + \sin(2\theta)|01\rangle \tag{14.5}$$

对于一个 50/50 分束器，有 $\theta=\pi/4$，因此光子被反射的概率是 $R=\cos^2\theta=1/2$，被透射的概率是 $T=\sin^2\theta=1/2$，这两个概率相等。然而，由式（14.5）得出输出偏振态变成$|01\rangle$，从而一定会在 D_2 上探测到光子。同样注意到，当 $\theta\leqslant\pi/4$ 时，处于$|01\rangle$态的光子振幅增大。

接下来考虑如图 14.3(b)所示的配置。同样，一个光子从左侧进入马赫－曾德尔干涉仪，即输入偏振态是$|10\rangle$。在第一台分束器 BS_1 之后，光子的量子态与之前一样，

$$|10\rangle \to \cos\theta|10\rangle + \sin\theta|01\rangle$$

与之前情况的不同之处在于，如果光子经分束器透射，最终落到干涉仪的右臂，就会被吸收。由于光子在右臂的概率振幅（即处于$|01\rangle$偏振态）为 $\sin\theta$，它在右边被吸收或丢失的概率是

$$P_{右} = \sin^2\theta \tag{14.6}$$

光子在左臂的概率振幅为 $\cos\theta$，在第二台分束器 BS_2 之前的偏振态是$\cos\theta|10\rangle$，输出偏振态是

$$\cos\theta\left(\cos\theta|10\rangle + \sin\theta|01\rangle\right) \tag{14.7}$$

于是，光子被 D_1 探测到的概率是

$$P_{D_1} = \cos^4\theta \tag{14.8}$$

如果光子被 D_1 探测到，说明其已被两台分束器反射，每次贡献的因子都等于反射率 $r = \cos\theta$。

由式（14.7）可知该光子被 D_2 探测到的概率是

$$P_{D_2} = \cos^2\theta\sin^2\theta \tag{14.9}$$

这个实验只有三种可能：光子要么消失在右边，要么被 D_1 探测到，要么被 D_2 探测到。以上三种情况的概率之和为 1，即

$$P_{右} + P_{D_1} + P_{D_2} = 1 \tag{14.10}$$

14.2 零作用测量

图 14.2(a)和(b)中的马赫－曾德尔干涉仪有一个有意思的特性。在分束器为 50/50 的特殊情况（$\theta = \pi/4$）下，当干涉仪右边没有吸收器时，输出偏振态为$|01\rangle$［见图 14.2(a)］，于是 D_2 一定能探测到光子，这就是量子干涉的结果。

当干涉仪右边有物体时，光子被吸收的概率是

$$P_{右} = \sin^2\theta = \frac{1}{2} \tag{14.11}$$

命中 D_1 的概率是

$$P_{D_1} = \cos^4\theta = \frac{1}{4} \tag{14.12}$$

命中 D_2 的概率是

$$P_{D_2} = \cos^2\theta\sin^2\theta = \frac{1}{4} \tag{14.13}$$

有意思的事情发生了：如果没有物体拦着，D_2 一定会探测到光子。但是，如果有物体拦着，光子被 D_1 和 D_2 探测到的概率就各为 25%，另 50%的概率被那个物体吸收。接下来要研究的问题是：能不能只观察 D_1 和 D_2 来得到那里有没有物体这一信息？

如果 D_2 探测到了光子，那么它并不知道那里有没有物体，因为无论有没有物体，D_2 都有可能接收到光子。

然而，如果 D_1 探测到了光子，就能确定在干涉仪右边有物体。令人惊奇的是，在光子完全不与物体相互作用，而且完全沿着左边的轨迹运动的情况下［见图 14.2(b)］，也能确定有物体。这就是**零作用测量**。

零作用测量这个概念最早由阿舍朗·伊利泽和列夫·威德曼于 1993 年提出，他们还举了个生动的例子：测试炸弹。假设有一大堆炸弹，其中有好有坏。坏炸弹不吸收光子，能让光不受阻碍地通过，而好炸弹会吸收光子并爆炸。现在问题来了：能不能用光学方法在不引爆炸弹的情况下找到好炸弹？以往其他方法总有好炸弹在排爆时被不慎引爆。而这里介绍的零作用测量方法，发现好炸弹的成功率高达 25%。

14.3　马赫－曾德尔干涉仪阵列

下面考虑由 N 个马赫－曾德尔干涉仪组成的阵列，如图 14.3(a)和(b)所示。这两种情况都用到了由 N 台分束器组成的阵列，其反射率为 $r = \cos\left(\frac{\pi}{2N}\right)$，透射率为 $t = \sin\left(\frac{\pi}{2N}\right)$。因此，整个马赫－曾德尔干涉仪阵列的特征可用数字 N 表示，N 是马

赫－曾德尔干涉仪的数量，用来计算分束器的反射率：

$$r = \cos\theta, \quad \theta = \frac{\pi}{2N} \tag{14.14}$$

在图 14.3(a)中，没有哪台马赫－曾德尔干涉仪右臂有物体，但在图 14.3(b)中，每台干涉仪右边都有一个物体或吸收器。干涉仪的输入与之前一样，都是$|10\rangle$，单光子从第一台分束器左侧入射。接下来分别计算这两种情况下 D_1 和 D_2 探测到光子的概率。

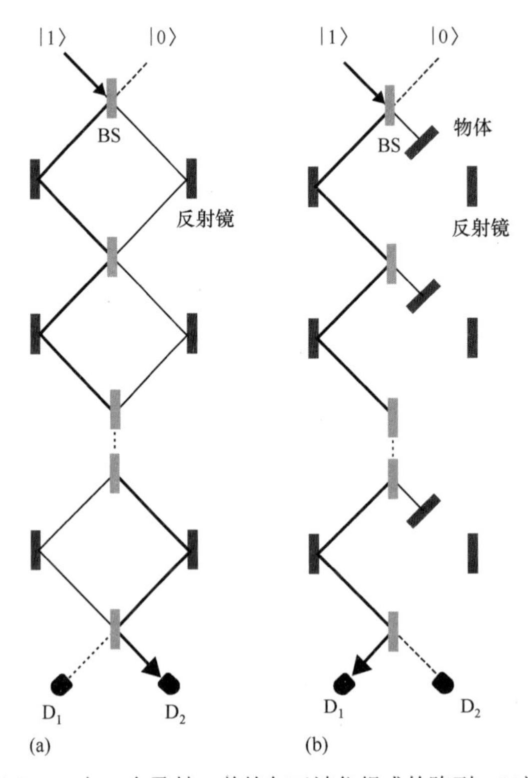

图 14.3 (a)由 N 台马赫－曾德尔干涉仪组成的阵列；(b)设置与(a)相同，但每一步都有 1 台吸收器，光子泄漏到右侧会被吸收

首先，考虑右边没有物体的情况［见图 14.3(a)］。已知光子以输入偏振态$|10\rangle$通过两台分束器，输出偏振态是

$$\cos(\theta_1+\theta_2)|10\rangle+\sin(\theta_1+\theta_2)|01\rangle \tag{14.15}$$

式中，$\cos\theta_i$ 和 $\sin\theta_i$ 分别是第 i 台分束器的反射系数和透射系数。对于有 N 台分束器的系统，可推广式（14.15）得

$$\cos(\theta_1+\theta_2+\cdots+\theta_N)|10\rangle+\sin(\theta_1+\theta_2+\cdots+\theta_N)|01\rangle \tag{14.16}$$

对于反射率相等的多台分束器（$\theta_1=\theta_2=\cdots=\theta_N=\theta$），输出结果是

$$\cos(N\theta)|10\rangle+\sin(N\theta)|01\rangle \tag{14.17}$$

由于 $N\theta=\frac{\pi}{2}$，光子经过 N 台马赫—曾德尔干涉仪后，最终偏振态是 $|01\rangle$，D_2 一定会探测到光子。如果每台分束器的反射率都是 $\theta=\frac{\pi}{2N}$，这一结果就与干涉仪的数量 N 无关。

下面分析图 14.3(b)中的装置，每台干涉仪右边都放了一个可以吸收入射光子的物体。

每一步的反射振幅为 $\cos\theta$，透射振幅为 $\sin\theta$。一旦右边的光子被吸收，其透射振幅就会丢失。经过 N 个周期后，初始偏振态 $|10\rangle$ 演化为

$$|10\rangle\to\cos^{N-1}\theta\big(\cos\theta|10\rangle+\sin\theta|01\rangle\big) \tag{14.18}$$

式中，$\cos^N\theta$ 是光子反射 N 次并被 D_1 探测到的振幅。D_1 探测到光子的概率是

$$P_{D_1}=\left|\cos^N\theta\right|^2=\cos^{2N}\theta \tag{14.19}$$

振幅 $\cos^{N-1}\theta\sin\theta$ 是光子反射 $N-1$ 次后到达最后一台分束器再透射到 D_2 的振幅。因此，D_2 探测到光子的概率是

$$P_{D_2}=\cos^{2N-2}\theta\sin^2\theta \tag{14.20}$$

还有一种可能是光子穿过右边并被吸收。由于总概率是 1，即

$$P_{右}+P_{D_1}+P_{D_2}=1 \tag{14.21}$$

所以有

$$P_{右}=1-P_{D_1}-P_{D_2}=(1-\cos^{2N-2}\theta) \tag{14.22}$$

结果表明，当 N 很大时，有 $\cos^{2N}\theta=\cos^{2N}(\pi/2N)\approx 1$①，光子几乎完全被反射且一定会被探测到。

综上所述，我们发现，当没有物体吸收光子［见图 14.4(a)］时，D_1 一定会探测到光子。而当每一步干涉仪右边都有物体吸收光子［见图 14.4(b)］时，几乎可以肯定 D_2 会探测到光子。下一节将借助这些结果来说明如何实现反事实通信（公共信道无光子）。

14.4　反事实通信

下面讨论传输信道无光子的反事实通信协议。

实验装置如图 14.4(a)和(b)所示，这是一个由 M 台马赫－曾德尔干涉仪组成的阵列。每台分束器 BS_M 的反射率和透射率分别是 $\cos\theta_M$ 和 $\sin\theta_M$，其中

$$\theta_M=\frac{\pi}{2M} \tag{14.23}$$

每台马赫－曾德干涉仪的右臂都有一个图 14.3(a)和(b)中的那种由 N 台马赫－曾德干涉仪组成的阵列，与上节讨论的一样。干涉仪阵列中分束器 BS_N 的反射率和透射率分别是 $\cos\theta_N$ 和 $\sin\theta_N$，其中

$$\theta_N=\frac{\pi}{2N} \tag{14.24}$$

因此，只需要 M 和 N 就能描述整个阵列，相应分束器的反射率和透射率分别为 θ_M 和 θ_N，通常 $M,N\gg 1$。

系统设置如下：光子源，全部 M 台分束器 BS_M，全部 $N\times M$ 台分束器 BS_N，外部干涉仪左边的所有 M 面反射镜，内部干涉仪左边的所有 $N\times M$ 面反射镜，张三这边的探测器 D_1 和 D_2，以及李四那边内部干涉仪右边和 $N\times M$ 面反射镜和探测器 D_L，如图

---

① 由 $\cos\theta$ 的级数展开式（2.35）和二项式展开有

$$(1+x)^n=1+nx+\frac{n(n+1)}{2!}x^2+\cdots$$

因此有

$$\cos^{2N}\left(\frac{\pi}{2N}\right)=\left(1-\frac{1}{2!}\left(\frac{\pi}{2N}\right)^2+\cdots\right)^{2N}=1-\frac{1}{2!}\frac{\pi^2}{2N}+\text{阶为}\left(\frac{1}{N^2}\right)\text{的项}$$

当 N 趋于无穷大（$N\to\infty$）时，得 $\cos^{2N}(\pi/2N)\to 1$。

14.4(a)和(b)所示。张三的这套装置和李四的反射镜阵列之间的区域是传输区域，可以很宽。

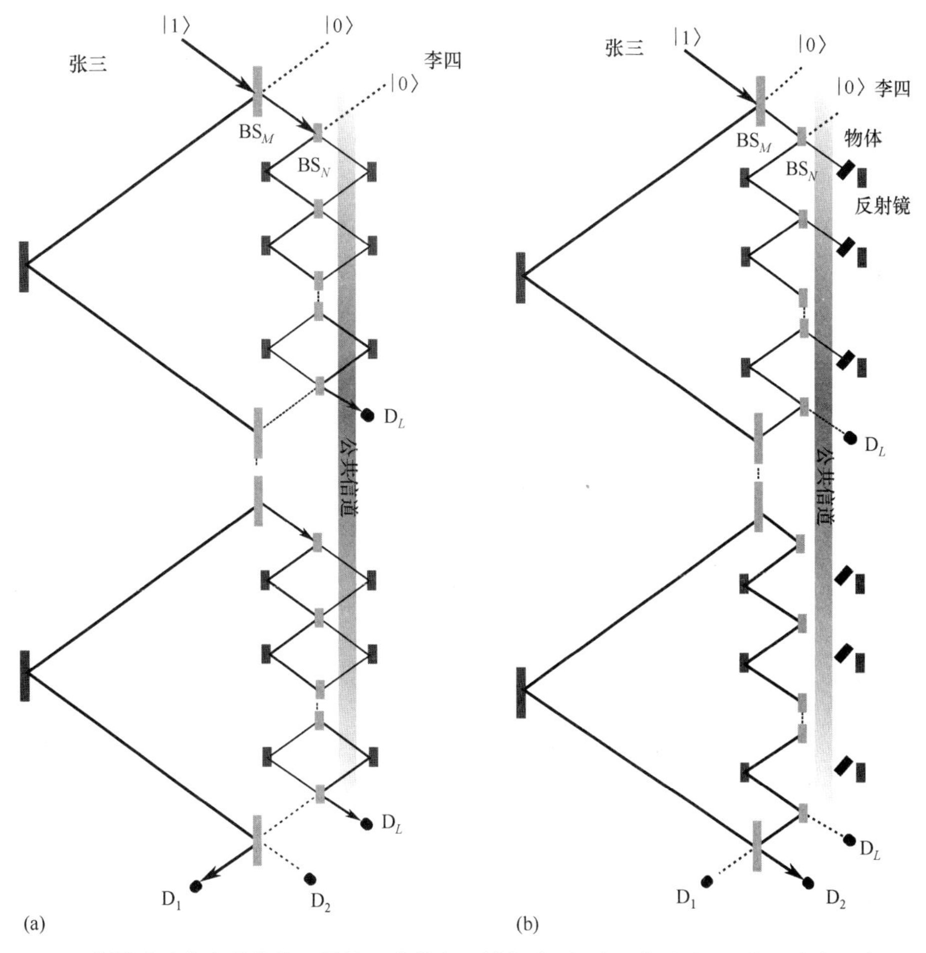

图 14.4　一种用于反事实通信的双马赫－曾德尔干涉仪阵列。张三发送光子，李四决定是发送(a)“1”（通过不阻挡反射镜）还是发送(b) “0”（通过吸收进入李四这边的干涉仪的光子）

下面解释反事实通信协议。在这个协议中，张三从左边发送一个单光子，如图 14.4 所示，输入偏振态是$|10\rangle$，李四发送信息：不挡在反射镜前面表示发送“1”，如图 14.4(a)所示，在每面反射镜前面放置吸收光子的物体表示发送“0”，如图 14.4(b)所示。当李四发送“1”时，张三这边的 D_1 接收到光子，从而知道李四发送了“1”；而当李四发送“0”时，张三这边的 D_2 接收到光子，从而知道李四发送了“0”。神奇的是，在这两种情况下，传输信道内都没有光子。

先看李四发送“1”的情况。如图 14.4(a)所示，没有放物体来阻挡或吸收光子。当 M 很大时，光子被分束器 BS$_M$ 反射的概率非常大，也有很小的概率发生透射。在那种罕见情况下，光子从 BS_M 透射到右侧，最终到达 D_L 并丢失［见图 14.3(a)］。因此，光子通过分束器 BS_M 从右侧返回左侧再进入大型干涉仪的概率是 0。基本上，位于 M 台干涉仪右边的由 N 台干涉仪组成的阵列起到了吸收器的作用。这种情况与图 14.3(b)中的情况非常类似，D_1 探测到光子的概率是

$$P_{D_1} = \left|\cos^M \theta_M\right|^2 = \cos^{2M} \theta_M \tag{14.25}$$

当 $M \gg 1$ 时，$P_{D_1} \approx 1$，因此 D_1 能以近 100%的概率探测到光子。值得注意的是，在 D_1 探测到光子的情况下，光子沿外部轨迹运动，被左边的这些 BS_M 反射，而永远不会出现在传输信道中。

再看李四想发送“0”的情况。如图 14.4(b)所示，在每级都阻挡了光子。外部 M 台干涉仪右边都有一个阻挡用的马赫－曾德尔干涉仪阵列。前面研究过这种阻挡阵列［见图 14.3(b)］，最终光子以几乎 100%的概率［$\cos^{2N}\theta_N = \cos^{2N}(\pi/2N) \approx 1$］停在左边（的探测器 D_1）。因此，图 14.4(b)中的装置实际上就是由没有物体阻挡的 M 台干涉仪组成的阵列［类似于图 14.4(a)］，D_2 以几乎 100%的概率探测到光子。D_2 探测到光子就告诉张三，李四发了“0”。需要再次强调的是，可以肯定光子从未穿过传输信道。因为如果它穿过了传输信道，就一定会被某个阻挡器吸收。

于是得到了一个高度违反直觉的结论：张三发送光子，李四可以允许这个光子从反射镜反射来发“1”，进而让张三用 D_1 探测到；李四也可以在干涉仪的每级阻挡光子来发“0”，进而让张三用 D_2 探测到。在这两种情况下，光子出现在传输信道中的概率都是 0。

习题

14.1　一套光学装置如下图所示，即在一台马赫－曾德尔干涉仪的右臂上另有一台马赫－曾德尔干涉仪。

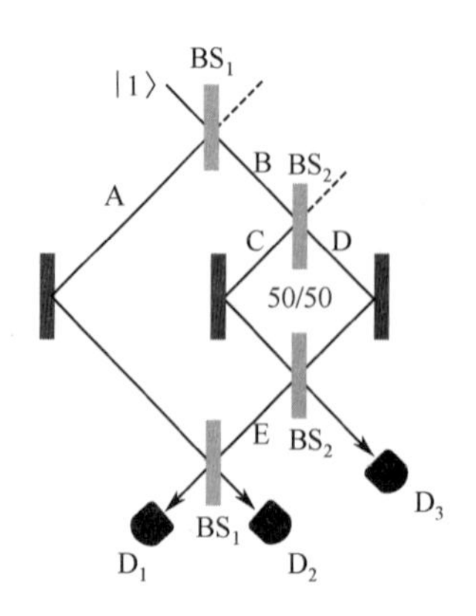

单个光子像图中那样入射。分束器 BS_2 是 50/50 分束器，分束器 BS_1 的透射振幅和反射振幅分别是 t 和 r。

(a) 求证无论 t 和 r 取多少，E 处都不可能存在光子。

(b) D_1、D_2 和 D_3 探测到光子的概率分别是多少？

提示：分束器 BS_1 的变换是（对于 $r = \cos\theta, t = \sin\theta$ ）

$$
\begin{aligned}
|10\rangle &\to \cos\theta|10\rangle + \sin\theta|01\rangle \\
|01\rangle &\to \cos\theta|01\rangle - \sin\theta|10\rangle
\end{aligned}
$$

参考书目

[1] A.C. Elitzur and L. Vaidman, *Quantum mechanical interaction-free measurements*, Foundations of Physics 23, 987 (1993).

[2] P. G. Kwiat, H. Weinfurter, T. Herzog, A. Zeilinger, and M. A. Kasevich, *Interaction-free measurement*, Physical Review Letters 74, 4763 (1995).

[3] H. Salih, Z.-H. Li, M. Alamri, and M. S. Zubairy, *Protocol for direct counterfactual communication*, Physical Review Letters 110, 170502 (2013).

[4] Z.-H. Li, M. Alamri, and M. S. Zubairy, *Direct quantum communication with almost invisible photons*, Physical Review A 89, 052334 (2014).

[5] Y. Cao, Y.-H. Li, Z. Cao, J. Yin, Y.-A. Chen, H.-L. Yin, T.-Y. Chen, X. Ma, C.-Z. Peng, J.-W. Pan, *Direct counterfactual communication via quantum Zeno effect*, Proceedings of the National Academy of Sciences 114, 4920 (2017).

第四部分

量子计算

第 15 章　量子计算 I

自从量子计算机被发现解决某些问题比传统计算机快得多以来，量子力学就成了热门研究领域。量子计算机的速度超快来源于量子力学一些新特性，正如相干叠加和量子纠缠。这样一来，量子计算机的算力就能超过传统计算机。

量子计算最早可追溯到理查德·费曼于 1982 年前后出现用量子计算机仿真求解复杂的量子力学问题。量子计算的数学框架由戴维·多伊奇于 20 世纪 80 年代末开发。尽管量子计算机的运算速度大幅提高，却一直没有用武之地，也没什么人感兴趣，直到 20 世纪 90 年代中叶事情才发生变化——出现了两种量子计算算法：一是分解大数的质因数，二是查找无序数据库中的目标。从那时起，相关研究方兴未艾。量子计算为量子力学概念（如相干叠加态和量子纠缠态）怎样以快到不可思议的速度解决某些问题提供了展示的舞台。

15.1　量子计算简介

位或比特（bit）是计算机大厦的一块砖，可取值为“0”或“1”。传统计算机中的位是有实指的，如电压——高电压对应“1”，低电压对应“0”，称为**传统比特**，或者简称**比特**。

另一方面，**量子位**（qubit）是一个包含两种可能的量子态的系统，两种可能的量子态分别记为$|0\rangle$和$|1\rangle$。量子位在实验室中有多种实现方式。例如，偏振态$|\rightarrow\rangle$或$|\uparrow\rangle$的光子分别对应于“0”或“1”；又如，基态$|g\rangle$和激发态$|e\rangle$的原子，以及辐射场没有光子的偏振态$|0\rangle$或者有 1 个光子的偏振态$|1\rangle$分别对应于“0”或“1”，都是量子位。用量子位而非传统比特来计算的计算机是量子计算机。

作为量子态的量子位，相比传统比特有以下两个优点。

（1）**相干叠加**。量子位可能以相干叠加态存在。例如，原子可以处于基态$|g\rangle$和激发态$|e\rangle$的叠加态，即$c_g|g\rangle+c_e|e\rangle$，其中$c_g$和$c_e$通常是满足$|c_g|^2+|c_e|^2=1$的复数。一般来说，量子位有以下偏振态：

$$|\psi\rangle=c_0|0\rangle+c_1|1\rangle \tag{15.1}$$

（2）**量子纠缠**。由两个及以上量子位组成的系统可以处于纠缠态，系统中的量子位失去独立的身份，一个量子位的偏振态取决于其他个量子位的偏振态。例如，当两个量子位处于偏振态

$$|\psi(1,2)\rangle=\frac{1}{\sqrt{2}}\left(|0_1,1_2\rangle+|1_1,0_2\rangle\right) \tag{15.2}$$

时，它们的偏振态不能写成$|\psi(1,2)\rangle=|\psi(1)\rangle|\psi(2)\rangle$的形式。如果第一个量子位处于偏振态$|0\rangle$，那么第二个量子位的偏振态是$|1\rangle$，对应于$|0_1,1_2\rangle$；如果第一个量子位处于偏振态$|1\rangle$，那么第二个量子位的偏振态是$|0\rangle$，对应于$|1_1,0_2\rangle$。这两个量子位不能独立表达。要了解基于量子纠缠的量子计算机的厉害之处，不妨看看由 N 个量子位产生的量子态。

一般来说，两个量子位的量子态可以写成

$$\frac{1}{2}\left(c_0|0,0\rangle+c_1|0,1\rangle+c_2|1,0\rangle+c_3|1,1\rangle\right) \tag{15.3}$$

即 $2^2=4$ 个偏振态的叠加。这里，$c_i(i=0,1,2,3)$ 是复数。双量子位计算机能存储 4 个复数。

类似地，由 4 个量子位产生的量子态是

$$\begin{aligned}\frac{1}{4}\big(&c_0|0,0,0,0\rangle+c_1|0,0,0,1\rangle+c_2|0,0,1,0\rangle+c_3|0,0,1,1\rangle+\\&c_4|0,1,0,0\rangle+c_5|0,1,0,1\rangle+\cdots+c_{15}|1,1,1,1\rangle\big)\end{aligned} \tag{15.4}$$

由此得到由 16 个复数 $c_0,c_1,\cdots,c_{15}$ 描述的 $2^4=16$ 个偏振态的叠加。N 个量子位可“同时”存储 2^N 个数。

如果将量子计算机的字长增加到 256 个量子位，那么像刚才分析的那样，能得到 2^{256} 个量子态叠加在 2^{256} 个复数振幅上。这个数字大得惊人，比 10^{77} 还大。据估计，在已知的可观测宇宙中，有 10^{78} 到 10^{82} 个原子，即原子的数量在一百万亿亿亿亿亿亿亿亿到一百亿亿亿亿亿亿亿亿亿之间。因此，如果能操纵 256 个量子位，如 256 个原子，就能拥有这样一台计算机——传统计算机只有用已知宇宙中几乎所有的原子数量这么长的字长才能获得与它媲美的算力。天文数字！太神奇了！难以置信！现在你可知道为什么量子计算机的前景这么令人兴奋吧！

现在问题来了——既然只用 256 个量子位就能制造出一台与内存中包含已知宇宙中所有原子的传统计算机性能相当的计算机，那么为什么到现在还没造出来？这个问题的答案在于量子力学自毁量子计算机前程的两方面。正如相干叠加和量子纠缠这两个量子力学的概念能通往超强量子计算机光明的前途那样，量子力学中另外两个概念恰恰相反——测量结果的概率性和退相干，可能会对量子计算机的健壮性和可靠性带来灾难性的后果。

本书一贯强调量子力学的概率性。现在来看一台 2 位计算机，其初始偏振态为

$$\left|\psi_{\text{输入}}\right\rangle = \left|0,0\right\rangle \tag{15.5}$$

经过一些运算，让两个量子位的输出偏振态为叠加态

$$\left|\psi_{\text{输出}}\right\rangle = \frac{1}{2}\left(d_0\left|0,0\right\rangle + d_1\left|0,1\right\rangle + d_2\left|1,0\right\rangle + d_3\left|1,1\right\rangle\right) \tag{15.6}$$

两个量子位的输出偏振态可能测出 $|0,0\rangle,|0,1\rangle,|1,0\rangle$ 或 $|1,1\rangle$，概率分别为 $|d_0|^2,|d_1|^2,|d_2|^2$ 和 $|d_3|^2$。测量结果以一定的概率出现。测量前不知道结果。这可太令人绝望了，只能以一定的概率出现可没用。这大概是“量子计算机”幻想的终结。

第二个问题与退相干相关，与量子位和环境之间的相互作用所引起的偏振态误差有关。日常经验表明，系统与环境的任何相互作用都有可能改变系统的状态，即使本来不想这样。例如，一杯热咖啡通过向环境散热慢慢冷却至室温。相对于这杯咖啡来说周边环境大得多，以至于环境温度的变化令人难以察觉，但小小一杯咖啡就这么凉了。退相干过程不可逆，就像这杯热咖啡要凉就真的会通过向周围环境流失能量变凉，而一杯凉咖啡却不会从周围环境吸收能量而突然变热。从量子力学的角度来看，情况更复杂，与真空的性质有关。在量子力学出现之前，真空被认为真的很空，什么都没有——是个没有光、没有运动也没有能量存在的地方。但量子力学中的真空却完全不同。根据量子力学理论，即便绝对零度、没有运动也没有能量存在的真空也拥有与电磁场相关的无限能量。此外，由海森堡不确定性关系产生的量子涨落也不容忽视，因此，当量子位（如处于激发态的原子）受到与真空涨落有关的涨落场影响时，可能会自发地衰变到基态，成为无法避免的错误来源。

这样就矛盾了：一方面，如果既能制备处于相干叠加态的量子位，又能让多个量子位处于纠缠态，就有可能飞速处理海量甚至天量数据；另一方面，概率性测量结果和量子位与环境相互作用所导致的退相干似乎扼杀了量子计算的前景。挑战在于怎样既利用量子纠缠的巨大潜力来解决问题，又不受测量结果概率性的负面影响，还要搬

开退相干这块绊脚石。解决这个实际问题需要受退相干影响最小的系统或纠错编码和程序。现在在少数几个应用中已经克服了这些问题，其中最有名的两个是前文提到的分解质因数和无序数据库查找。这些问题将在下一章讨论。

接下来介绍量子计算系统所需的条件，下一节先介绍与量子计算相关的逻辑门等基本模块。逻辑门以特定方式将量子位的输入偏振态转换为输出偏振态。

典型的量子计算系统与其他计算设备一样由输入、处理器和输出组成，如图 15.1 所示。输入由处于特定初始偏振态的量子位组成。在处理器内部，这些量子位可通过逻辑门执行必要的运算。输出也是一组处于特定量子纠缠态的量子位，测量这些量子位即得结果。

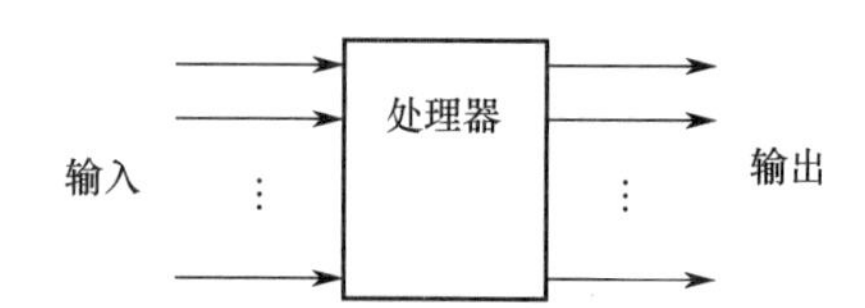

图 15.1　量子计算机示意图。由 3 部分组成：由一些特定偏振态的量子位组成的输入，由量子逻辑门组成的处理器，以及给出测量结果的输出

量子计算机可以用多种不同的技术，按需改变量子位的形式和处理器系统。例如，量子位可以是光子、原子、电子或其他双态量子系统。然而，任何量子计算机都应该满足同一套标准，即迪文森佐准则，具体包括：

- 量子计算机应该是一套采有明确定义的量子位的可扩展的物理系统。量子计算系统应该由只有 2 种而非更多种可能的偏振态的量子位组成。例如，本书中提到的氢原子能级其实有很多，多到无穷。原子可以处于任何能级，但只在两个能级（如基态和第一激发态）相关且原子不会出现在更高的激发态时，才能视为量子位。此外，计算复杂度应该与所需的量子位数成正比。
- 量子计算设备应该初始化到简单态，即量子位制备在特定初始态。这一偏振态可以是 $|0,0,0,\cdots\rangle$ 的形式，即所有量子位最初都处于 $|0\rangle$ 态。任何涨落或不确定性都会导致出错。
- 量子位的退相干时间应该相当长。前面说过，由涨落引起的退相干可能会导致出错，系统在这些涨落作用下随机演化。退相干过程有个时间尺度。量子计算系统只有赶在出错前完成足够多运算才有实用价值。
- 量子计算机应该有一套通用的量子门。与经典计算一样，量子计算实现算法也需要用到逻辑门。量子计算机的通用逻辑门是一套由 1 到 2 个量子位的门组成的小规模逻辑门，在大型设备中也能用。这套逻辑门应该是现成的，能执行所需计算。

- 应该能实现精确到量子位的测量。在量子计算设备中，输入的量子位交互形成量子逻辑门阵列。计算完成后，设备的输出偏振态可通过测量输出的量子位读取。测量应该很可靠，无显著误差。

现在还很难想象很快就会有能像普通计算机一样解决各类问题的通用量子计算机面世，但设计出比传统计算机快得多的能解决特定问题的量子计算机应该很有可能。

15.2　量子逻辑门

计算机由逻辑门组成。传统计算机中的逻辑门是一种可以有两个及以上输入端、输出端的设备。输入端有二进制输入“0”和“1”，分别对应于低电压和高电压。输出端可以有特定二进制输出。真值表用来描述输入－输出关系，例如**与门**（AND）和**异或门**（XOR）的真值表如下所示。

与门

A	B	$A\cdot B$
0	0	0
0	1	0
1	0	0
1	1	1

异或门

A	B	$A\oplus B$
0	0	0
0	1	1
1	0	1
1	1	0

其中，A 和 B 是输入端的状态。输入的二进制数有 4 种可能，即$\{0_A, 0_B\}$,$\{0_A, 1_B\}$,$\{1_A, 0_B\}$,$\{1_A, 1_B\}$。与门用 $A\cdot B$ 表示，仅当两个输入都是“1”时才输出“1”；当一个或两个输入是“0”时，输出“0”。异或门用 $A\oplus B$ 表示，仅有 A 或仅有 B 是“1”时输出“1”，当两个输入都是“0”时或者都是“1”时，输出“0”。与门和异或门的符号如图 15.2 所示。

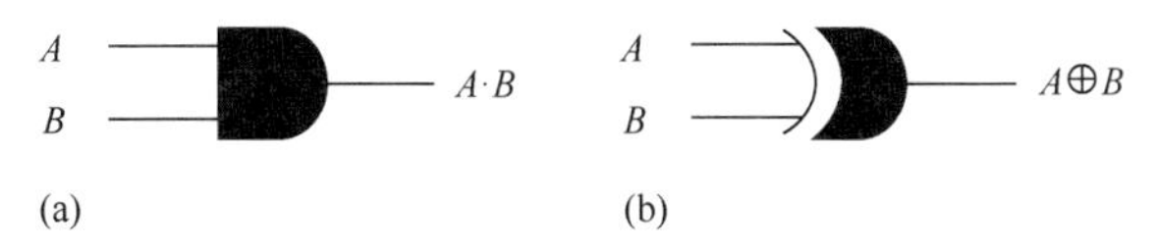

图 15.2　与门和异或门的符号

仔细观察这些门，不难发现异或门表示两个二进制数的和：

$$0+0=0$$
$$0+1=1$$
$$1+0=1$$
$$1+1=0$$

与门代表进位，只有“1”和“1”相加时，进位才是“1”。如图 15.3 所示，这两个门可以组合在一起形成一个半加器，这样，对于输入 A 和 B，输出是和（$A\cdot B$）与进位（$A\oplus B$）。

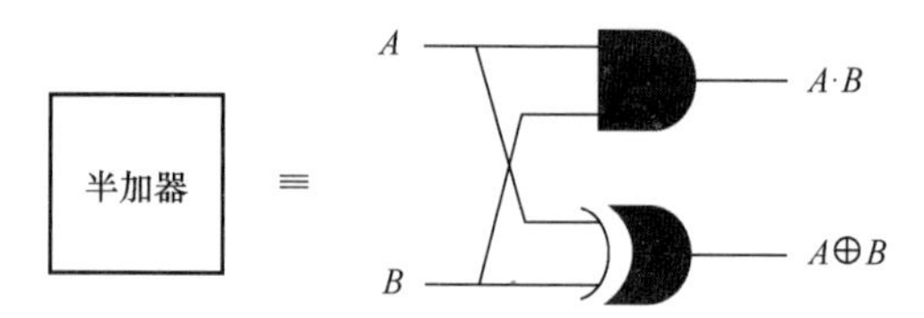

图 15.3　半加器电路。在二进制求和过程中，异或门求和，与门求进位

传统逻辑门不可逆，即不能通过输出值确定输入值。例如，在异或门中，如果输出是“1”，就无法确定输入是$\{0_A, 1_B\}$还是$\{1_A, 0_B\}$。

再看量子逻辑门。由于量子力学的相干性，量子逻辑门应该可逆，由单量子位门和双量子位门组成。

先介绍单量子位门。一般来说，单量子位门称为**酉门**（unitary gate），记为U_θ，单输入、单输出，作用于偏振态$|0\rangle$或偏振态$|1\rangle$时，通常产生偏振态$|0\rangle$和偏振态$|1\rangle$的相干叠加，即

$$U_\theta|0\rangle=\cos\theta|0\rangle+\sin\theta|1\rangle \tag{15.7}$$

$$U_\theta|1\rangle=\sin\theta|0\rangle-\cos\theta|1\rangle \tag{15.8}$$

如第 9 章所述，用水平和垂直偏振光子分别表示$|0\rangle$和$|1\rangle$，就能用偏振分束器实现这样的变换。

对于$\theta=\pi/4$的特殊情况，最大相干发生在$|0\rangle$和$|1\rangle$之间，形成阿达玛门 H，即

$$H|0\rangle\equiv U_{\pi/4}|0\rangle=\frac{1}{\sqrt{2}}\left(|0\rangle+|1\rangle\right) \tag{15.9}$$

$$H|1\rangle \equiv U_{\pi/4}|1\rangle = \frac{1}{\sqrt{2}}\left(|0\rangle - |1\rangle\right) \tag{15.10}$$

位翻转门$\left(|0\rangle \to |1\rangle 和 |1\rangle \to |0\rangle\right)$记为$X$，形成于$\theta = \pi/2$时，即

$$X|0\rangle \equiv U_{\pi/2}|0\rangle = |1\rangle \tag{15.11}$$

$$X|1\rangle \equiv U_{\pi/2}|1\rangle = |0\rangle \tag{15.12}$$

类似地，Z门输入$|1\rangle$时才改变符号，形成于$\theta = 0$时，即

$$Z|0\rangle \equiv U_0|0\rangle = |0\rangle \tag{15.13}$$

$$Z|1\rangle \equiv U_0|1\rangle = -|1\rangle \tag{15.14}$$

下表列出了这些重要的单量子位门。

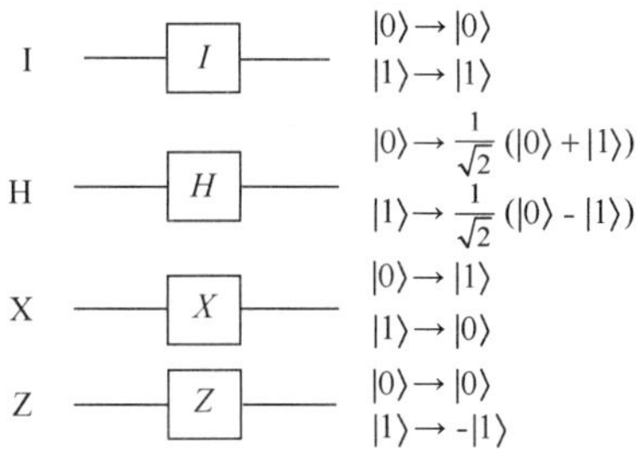

门	符号	变换
I	I	$\lvert 0\rangle \to \lvert 0\rangle$ $\lvert 1\rangle \to \lvert 1\rangle$
H	H	$\lvert 0\rangle \to \frac{1}{\sqrt{2}}(\lvert 0\rangle + \lvert 1\rangle)$ $\lvert 1\rangle \to \frac{1}{\sqrt{2}}(\lvert 0\rangle - \lvert 1\rangle)$
X	X	$\lvert 0\rangle \to \lvert 1\rangle$ $\lvert 1\rangle \to \lvert 0\rangle$
Z	Z	$\lvert 0\rangle \to \lvert 0\rangle$ $\lvert 1\rangle \to -\lvert 1\rangle$

其中，I 门类似于缓冲器：输入“0”输出还是“0”，输入“1”输出还是“1”。

再介绍双量子位门。这些门负责在两个量子位之间创建纠缠态。与之前介绍的传统逻辑门不同，双量子位门是双输入、双输出门，而且可逆。

有两种常见的双量子位门。一是量子相位门，记为Q_ϕ。对于这两个输入值，量子相位门的输入—输出变换为

$$Q_\phi|0_1, 0_2\rangle = |0_1, 0_2\rangle \tag{15.15}$$

$$Q_\phi|0_1, 1_2\rangle = |0_1, 1_2\rangle \tag{15.16}$$

$$Q_\phi|1_1, 0_2\rangle = |1_1, 0_2\rangle \tag{15.17}$$

$$Q_\phi|1_1,1_2\rangle = e^{i\phi}|1_1,1_2\rangle \tag{15.18}$$

可见，量子相位门Q_ϕ的偏振态在一两个量子位处于偏振态$|0\rangle$时都不变，只有输入$|1_1,1_2\rangle$时才产生相移$e^{i\phi}$，特例是

$$Q_\pi|0_1,0_2\rangle = |0_1,0_2\rangle \tag{15.19}$$

$$Q_\pi|0_1,1_2\rangle = |0_1,1_2\rangle \tag{15.20}$$

$$Q_\pi|1_1,0_2\rangle = |1_1,0_2\rangle \tag{15.21}$$

$$Q_\pi|1_1,1_2\rangle = -|1_1,1_2\rangle \tag{15.22}$$

另一个是受控非门（CNOT 门）。受控非门的真值表如下所示。

受控非门

$\|A\rangle$	$\|B\rangle$	$\|A\rangle$	$\|A\oplus B\rangle$
$\|0\rangle$	$\|0\rangle$	$\|0\rangle$	$\|0\rangle$
$\|0\rangle$	$\|1\rangle$	$\|0\rangle$	$\|1\rangle$
$\|1\rangle$	$\|0\rangle$	$\|1\rangle$	$\|1\rangle$
$\|1\rangle$	$\|1\rangle$	$\|1\rangle$	$\|0\rangle$

其中，$|A\rangle$是控制位，$|B\rangle$是受控位或目标位。当控制量子位$|A\rangle$处于偏振态$|0\rangle$时，受控位$|B\rangle$保持不变；然而，当控制量子位$|A\rangle$处于偏振态$|1\rangle$时，受控位$|B\rangle$翻转，即$|0\rangle\to|1\rangle$和$|1\rangle\to|0\rangle$。因此，受控非门U_{CNOT}能实现以下变换：

$$U_{\text{CNOT}}|0_1,0_2\rangle = |0_1,0_2\rangle \tag{15.23}$$

$$U_{\text{CNOT}}|0_1,1_2\rangle = |0_1,1_2\rangle \tag{15.24}$$

$$U_{\text{CNOT}}|1_1,0_2\rangle = |1_1,1_2\rangle \tag{15.25}$$

$$U_{\text{CNOT}}|1_1,1_2\rangle = |1_1,0_2\rangle \tag{15.26}$$

CNOT 门电路符号如图 15.4 所示。

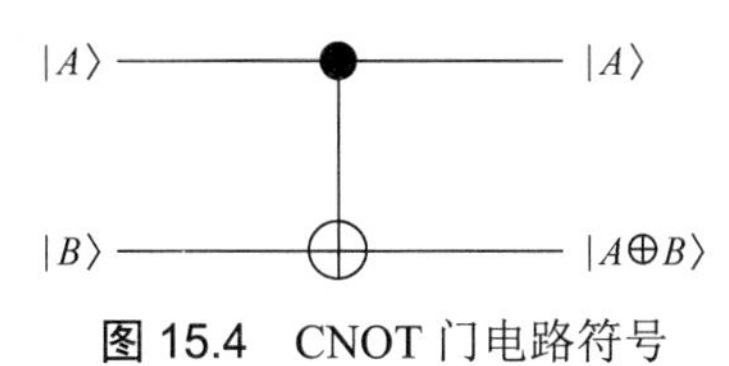

图 15.4　CNOT 门电路符号

前面提到过，贝尔态基在量子隐形传态和量子交换等许多应用中发挥着关键作用：

$$\left|B_{00}(1,2)\right\rangle = \frac{1}{\sqrt{2}}\left(\left|0_1,0_2\right\rangle + \left|1_1,1_2\right\rangle\right) \tag{15.27}$$

$$\left|B_{01}(1,2)\right\rangle = \frac{1}{\sqrt{2}}\left(\left|0_1,0_2\right\rangle + \left|1_1,0_2\right\rangle\right) \tag{15.28}$$

$$\left|B_{10}(1,2)\right\rangle = \frac{1}{\sqrt{2}}\left(\left|0_1,0_2\right\rangle - \left|1_1,1_2\right\rangle\right) \tag{15.29}$$

$$\left|B_{11}(1,2)\right\rangle = \frac{1}{\sqrt{2}}\left(\left|0_1,1_2\right\rangle - \left|1_1,0_2\right\rangle\right) \tag{15.30}$$

下面举例说明如何用本节介绍的量子逻辑门来创建贝尔基态以及如何用逻辑门来测量贝尔基态。

图 15.5(a)所示的电路由阿达玛门和受控非门组成，可以产生所需的贝尔基态。例如，考虑由初始态$\left|0_1,0_2\right\rangle$生成贝尔基态$\left|B_{00}(1,2)\right\rangle$。首先在初始态$\left|0_1,0_2\right\rangle$的第一个量子位上应用阿达玛 H_1 门。由式（15.9）得到结果偏振态为

$$\frac{1}{\sqrt{2}}\left(\left|0_1,0_2\right\rangle + \left|1_1,0_2\right\rangle\right)$$

$|a\rangle$　H　$|b\rangle$　$|B_{ab}\rangle$　(a)

$|B_{ab}\rangle$　H　$|a\rangle$　$|b\rangle$　(b)

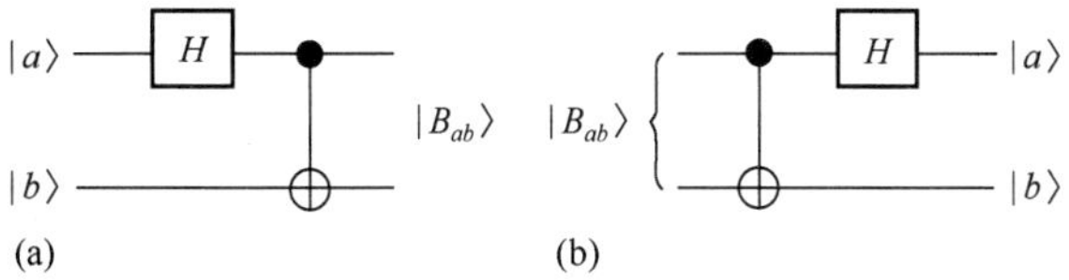

图 15.5　电路图：(a)利用阿达玛门和 CNOT 门制备贝尔态；(b)测量贝尔基态

接下来在量子位加受控非门。由式（15.23）可知，受控非门保持偏振态$\left|0_1,0_2\right\rangle$不变；由式（15.25）可知，偏振态$\left|1_1,0_2\right\rangle$变换为$\left|1_1,1_2\right\rangle$。最终结果是输出贝尔基态$\left|B_{00}\right\rangle$，如式（15.27）所示，即

$$U_{\text{CNOT}}H_1|0_1,0_2\rangle=|B_{00}(1,2)\rangle \tag{15.31}$$

同理，偏振态 $|0_1,1_2\rangle$, $|1_1,0_2\rangle$, $|1_1,1\rangle$ 分别变换为贝尔基态 $|B_{01}(1,2)\rangle$, $|B_{10}(1,2)\rangle$ 和 $|B_{11}(1,2)\rangle$ 。

逆过程对应于测量贝尔基态——贝尔基态 $|B_{ab}(1,2)\rangle$ $(a,b=0,1)$ 可产生输出偏振态 $|a,b\rangle$，然后用如图 15.5(b)所示的电路测量。由第一量子位的偏振态 $|a\rangle$ 和第二量子位的偏振态 $|b\rangle$ 的测量结果得知，输入态是输入中的贝尔态 $|B_{ab}(1,2)\rangle$ 。

15.3 多伊奇问题

1985 年，戴维·多伊奇研究了一个能体现量子计算机强大性能的简单问题。这个原型问题可能没有实际用途，但其意义在于揭示了尽管量子力学有概率性，但仍然可以获得量子力学问题的明确答案。

问题声明如下：给定一个二元变量的二元函数 $f(x)$，即 x 只能取“0”和“1”这两个值，且 $f(0)$ 和 $f(1)$ 也只能取这两个值——同样是“0”和“1”，那么

$$f(0)\text{可以是}0\text{或}1$$
$$f(1)\text{可以是}0\text{或}1$$

现在有两种可能：要么 $f(0)$ 等于 $f(1)$，即 $f(0)$ 和 $f(1)$ 都等于 0 或者都等于 1，要么 $f(0)$ 不等于 $f(1)$［即如果 $f(0)$ 等于 0，那么 $f(1)$ 等于 1，反之亦然］。问题是能否仅通过 1 次测量就确定

$$f(0)=f(1) \tag{15.32}$$

或

$$f(0)\neq f(1)? \tag{15.33}$$

以往需要 2 次测量来解决这个问题。只有既测量 $f(0)$ 又测量 $f(1)$ 才能知道它们是否相等。量子力学能做得更好，只测量一次就解决问题吗？答案是可以，详见下面的说明。

这个问题可以用两个量子位来解决。设两个量子位的初始态为 $|x\rangle\,|y\rangle$ 或 $|x,y\rangle$，用量子计算机对输入的量子位进行以下变换：

$$\left|x,y\right\rangle \rightarrow \left|x,y\oplus f(x)\right\rangle \tag{15.34}$$

其中，$\left|y\oplus f(x)\right\rangle$是受控非门，实现如下二进制状态转换：

$$\left|0,0\right\rangle \rightarrow \left|0,0\oplus f(0)\right\rangle = \left|0,f(0)\right\rangle \tag{15.35}$$

$$\left|0,1\right\rangle \rightarrow \left|0,1\oplus f(0)\right\rangle = \left|0,\overline{f(0)}\right\rangle \tag{15.36}$$

$$\left|1,0\right\rangle \rightarrow \left|1,0\oplus f(1)\right\rangle = \left|1,f(1)\right\rangle \tag{15.37}$$

$$\left|1,1\right\rangle \rightarrow \left|1,1\oplus f(1)\right\rangle = \left|1,\overline{f(1)}\right\rangle \tag{15.38}$$

式中，横线表示取相反数：$\overline{0}=1,\overline{1}=0$。例如，如果$f(0)=0$，那么$\overline{f(0)}=1$。

设两个量子位起初制备于$\left|0\right\rangle$态和$\left|1\right\rangle$态，如图 15.6 所示。对它们应用阿达玛变换（15.9）和（15.10）得

$$\left|x\right\rangle = H\left|0\right\rangle = \frac{1}{\sqrt{2}}\left(\left|0\right\rangle + \left|1\right\rangle\right) \tag{15.39}$$

$$\left|y\right\rangle = H\left|1\right\rangle = \frac{1}{\sqrt{2}}\left(\left|0\right\rangle - \left|1\right\rangle\right) \tag{15.40}$$

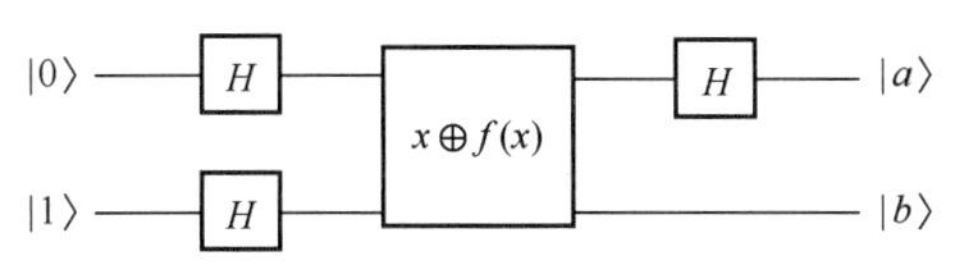

图 15.6　实现多伊奇算法的电路

于是，两个量子位的输入偏振态是

$$\begin{aligned}\left|\psi_{\text{in}}\right\rangle &= \left|x\right\rangle\left|y\right\rangle \\ &= \frac{1}{\sqrt{2}}\left(\left|0\right\rangle + \left|1\right\rangle\right)\frac{1}{\sqrt{2}}\left(\left|0\right\rangle - \left|1\right\rangle\right) \\ &= \frac{1}{2}\left(\left|0,0\right\rangle - \left|0,1\right\rangle + \left|1,0\right\rangle - \left|1,1\right\rangle\right)\end{aligned} \tag{15.41}$$

由式（15.34）得输出偏振态为

$$\begin{aligned}|\psi_{\text{out}}\rangle &= |x, y \oplus f(x)\rangle \\ &= \frac{1}{2}\left(|0, f(0)\rangle - |0, \overline{f(0)}\rangle + |1, f(1)\rangle - |1, \overline{f(1)}\rangle\right) \\ &= \frac{1}{2}\left[|0\rangle\left(|f(0)\rangle - |\overline{f(0)}\rangle\right) + |1\rangle\left(|f(1)\rangle - |\overline{f(1)}\rangle\right)\right]\end{aligned} \tag{15.42}$$

式中用到了式（15.35）至式（15.38）的变换。

接下来考虑两种情况：若 $f(0)=f(1)$，则 $\overline{f(0)}=\overline{f(1)}$，得

$$|\psi_{\text{out}}\rangle = \frac{1}{2}\left(|0\rangle + |1\rangle\right)\left(|f(0)\rangle - |\overline{f(0)}\rangle\right) \tag{15.43}$$

然而，若 $f(0)\neq f(1)$，则 $f(0)=\overline{f(1)}$ 且 $f(1)=\overline{f(0)}$，输出结果是

$$|\psi_{\text{out}}\rangle = \frac{1}{2}\left(|0\rangle - |1\rangle\right)\left(|f(0)\rangle - |\overline{f(0)}\rangle\right) \tag{15.44}$$

接下来在第一量子位做阿达玛变换：

$$|0\rangle \rightarrow \frac{1}{\sqrt{2}}\left(|0\rangle + |1\rangle\right)$$
$$|1\rangle \rightarrow \frac{1}{\sqrt{2}}\left(|0\rangle - |1\rangle\right)$$

对于 $f(0)=f(1)$，输出偏振态［式（15.43）］变成

$$|\psi_{\text{out}}\rangle = |0\rangle\left(|f(0)\rangle - |\overline{f(0)}\rangle\right) \tag{15.45}$$

并且对于 $f(0)\neq f(1)$［式（15.44）］变成

$$|\psi_{\text{out}}\rangle = |1\rangle\left(|f(0)\rangle - |\overline{f(0)}\rangle\right) \tag{15.46}$$

最后测量第一量子位 $|a\rangle$（见图 15.6）。由式（15.45）和式（15.46）可知，若结果为 $|0\rangle$，则 $f(0)=f(1)$；若结果为 $|1\rangle$，则 $f(0)\neq f(1)$。因此，通过一次测量就能确定究竟是 $f(0)=f(1)$ 还是 $f(0)\neq f(1)$。

这个结果好极了，以往可没有什么算法只测量一次就能解决这个问题。

15.4　重新审视量子隐形传态

10.4 节介绍了如何用纠缠从张三向李四远程传送未知偏振态：

$$|\psi_C\rangle = c_0|0\rangle + c_1|1\rangle \tag{15.47}$$

本节从量子电路的角度重新讨论量子隐形传态。

量子隐形传态电路如图 15.7 所示。张三和李四共享一对处于贝尔态的量子位：

$$|B_{00}(A,B)\rangle = \frac{1}{\sqrt{2}}\left(|0_A,0_B\rangle + |1_A,1_B\rangle\right) \tag{15.48}$$

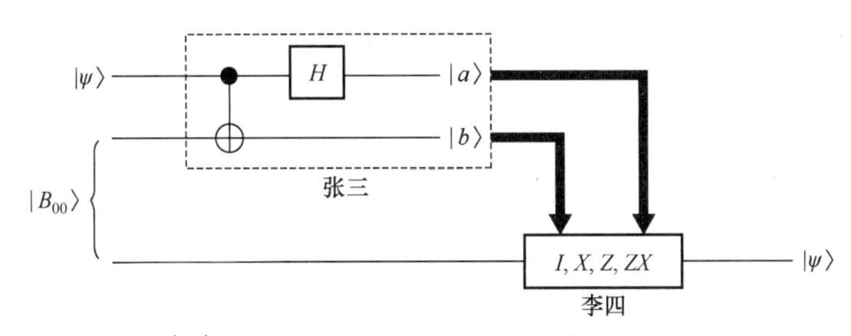

图 15.7　将 $|\psi\rangle$ 态从张三通过量子隐形传态发给李四的电路。贝尔态基 $|B_{00}\rangle$ 创建在张三与李四之间。张三用联合贝尔基测量手头的这两个量子位，再通过经典信道将结果传送给李四。李四根据张三的测量结果，分别用 I, X, Z, ZX 门对手头的量子位实施变换，恢复 $|\psi\rangle$ 态

三量子位系统的初始态 $|\psi_3\rangle$ 是

$$\begin{aligned}|\psi_3^{(0)}\rangle &= |\psi_C\rangle|B_{00}(A,B)\rangle \\ &= \frac{1}{\sqrt{2}}\left[c_0|0_C\rangle\left(|0_A\rangle|0_B\rangle + |1_A\rangle|1_B\rangle\right) + c_1|1_C\rangle\left(|0_A\rangle|0_B\rangle + |1_A\rangle|1_B\rangle\right)\right]\end{aligned} \tag{15.49}$$

前两个量子位（C 和 A）在张三这边，后一个量子位（B）在李四那边。张三对两个量子位应用 CNOT 变换，用要传到李四的量子位 C 作为控制量子位。因此有 $|0_C\rangle|0_A\rangle \to |0_C\rangle|0_A\rangle$，$|0_C\rangle|1_A\rangle \to |0_C\rangle|1_A\rangle$，$|1_C\rangle|0_A\rangle \to |1_C\rangle|1_A\rangle$ 和 $|1_C\rangle|1_A\rangle \to |1_C\rangle|0_A\rangle$，结果偏振态是

$$\left|\psi_3^{(1)}\right\rangle=\frac{1}{\sqrt{2}}\left[c_0\left|0_C\right\rangle\left(\left|0_A\right\rangle\left|0_B\right\rangle+\left|1_A\right\rangle\left|1_B\right\rangle\right)+c_1\left|1_C\right\rangle\left(\left|1_A\right\rangle\left|0_B\right\rangle+\left|0_A\right\rangle\left|1_B\right\rangle\right)\right] \tag{15.50}$$

然后，张三对量子位 C 做阿达玛变换［式（15.9）和式（15.10）］，得

$$\begin{aligned}\left|\psi_3^{(2)}\right\rangle=\frac{1}{2}\Big[&c_0\left(\left|0_C\right\rangle+\left|1_C\right\rangle\right)\left(\left|0_A\right\rangle\left|0_B\right\rangle+\left|1_A\right\rangle\left|1_B\right\rangle\right)+\\&c_1\left(\left|0_C\right\rangle-\left|1_C\right\rangle\right)\left(\left|1_A\right\rangle\left|0_B\right\rangle+\left|0_A\right\rangle\left|1_B\right\rangle\right)\Big]\end{aligned} \tag{15.51}$$

即

$$\begin{aligned}\left|\psi_3^{(2)}\right\rangle=\frac{1}{2}\Big[&\left|0_C,0_A\right\rangle\left(c_0\left|0_B\right\rangle+c_1\left|1_B\right\rangle\right)+\left|0_C,1_A\right\rangle\left(c_0\left|1_B\right\rangle+c_1\left|0_B\right\rangle\right)+\\&\left|1_C,0_A\right\rangle\left(c_0\left|0_B\right\rangle-c_1\left|1_B\right\rangle\right)+\left|1_C,1_A\right\rangle\left(c_0\left|1_B\right\rangle-c_1\left|0_B\right\rangle\right)\Big]\end{aligned} \tag{15.52}$$

最后，张三测量手头的两个量子位 C 和 A 并将结果与这两个量子位的信息传送给李四。结果可能有 4 种偏振态：$\left|0_C,0_A\right\rangle,\left|0_C,1_A\right\rangle,\left|1_C,0_A\right\rangle$ 和 $\left|1_C,1_A\right\rangle$。

测量结果 $\left|0_C,0_A\right\rangle$ 表明，李四的量子位的偏振态等价于要传输的原始偏振态 $|\psi\rangle$。因此，如果李四从张三那里收到两位消息 00，就知道量子位 B 的偏振态与 $|\psi_C\rangle$ 一样，不用改了，相当于用了 I 运算。

另一方面，如果李四收到消息 01，将 X（NOT）变换应用于量子位，偏振态就变成 $|\psi_\mathrm{C}\rangle$。

类似地，消息 10 或 11 让李四分别用 Z 或 ZX 变换得到偏振态 $|\psi_\mathrm{C}\rangle$。

协议到此结束，从而用单量子位门和双量子位门实现了未知偏振态的量子隐形传态。

15.5 量子密集编码

如前所述，光子是信息的理想载体。一般来说，1 个光子只能携带 1 比特的信息 {0, 1}。例如，水平偏振态 $|\rightarrow\rangle$ 的光子可以代表“0”，垂直偏振态 $|\uparrow\rangle$ 的光子可以代表“1”，于是张三可以通过适当地选择光子的偏振态来向李四发送 1 比特信息，即“0”或“1”。有意思的是，能否只交换 1 个光子就发送 2 比特信息（即{00, 01, 10, 11}）？如果可以，那么信息容量就能翻倍。量子纠缠能实现这一目标。

第一步，张三和李四可以制备一对处于纠缠态的光子：

$$\frac{1}{\sqrt{2}}\left[\left|0_A,0_B\right\rangle+\left|1_A,1_B\right\rangle\right] \tag{15.53}$$

张三留着第一量子位，将第二量子位发给李四，这个过程网速慢也能完成。设量子位可以在退相干导致出错前在各自的偏振态保持足够长的时间。接下来张三执行图 15.8 中的 4 种运算之一，将量子位发送给李四，就能携带 2 比特信息。

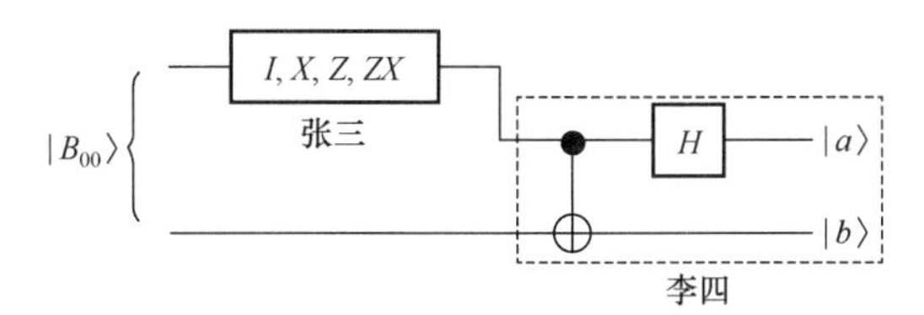

图 15.8　量子密集编码电路

如果张三想发送“00”，那么什么也不用做（对应于逻辑门 I），直接发给李四即可。在这种情况下，李四的两个光子的偏振态是

$$\left|B_{00}(A,B)\right\rangle=\frac{1}{\sqrt{2}}\left(\left|0_A,0_B\right\rangle+\left|1_A,1_B\right\rangle\right) \tag{15.54}$$

如果张三想发送“01”，在将光子发送给李四之前，先对量子位应用逻辑门 X，以实现变换 $\left|0_A\right\rangle\to\left|1_A\right\rangle$ 和 $\left|1_A\right\rangle\to\left|0_A\right\rangle$。在这种情况下，李四的两个光子的偏振态是

$$\left|B_{01}(A,B)\right\rangle=\frac{1}{\sqrt{2}}\left(\left|0_A,1_B\right\rangle+\left|1_A,0_B\right\rangle\right) \tag{15.55}$$

如果张三想发送“10”，在将光子发送给李四之前，先对量子位应用逻辑门 Z，以实现变换 $\left|0_A\right\rangle\to\left|0_A\right\rangle$ 和 $\left|1_A\right\rangle\to-\left|1_A\right\rangle$。在这种情况下，李四的两个光子的偏振态是

$$\left|B_{10}(A,B)\right\rangle=\frac{1}{\sqrt{2}}\left(\left|0_A,0_B\right\rangle-\left|1_A,1_B\right\rangle\right) \tag{15.56}$$

最后，如果张三想发送“11”，在将光子发送给李四之前，先对量子位应用逻辑门 Z，以实现变换 $\left|0_A\right\rangle\to\left|0_A\right\rangle$ 和 $\left|1_A\right\rangle\to-\left|1_A\right\rangle$；再对量子位应用逻辑门 X，以实现变换 $\left|0_A\right\rangle\to\left|1_A\right\rangle$ 和 $\left|1_A\right\rangle\to\left|0_A\right\rangle$。在这种情况下，李四的两个光子的偏振态（忽略了微不足道的全局因子−1）是

$$\left|B_{11}(A,B)\right\rangle = \frac{1}{\sqrt{2}}\left(\left|0_A,1_B\right\rangle - \left|1_A,0_B\right\rangle\right) \tag{15.57}$$

于是，李四这边收到的纠缠态是相互正交的贝尔态之一，因此李四可以用图 15.8 中的由受控非门和阿达玛门 H 构成的贝尔态鉴别器来测量两个量子位，从而唯一确定贝尔态，最终确定二进制信息。因此，在事先知道纠缠态的情况下，张三的光子可携带 2 比特信息。

习题

15.1　交换门 U_{SW} 能实现以下变换：

$$U_{\mathrm{SW}}|0\rangle|0\rangle = |0\rangle|0\rangle$$
$$U_{\mathrm{SW}}|0\rangle|1\rangle = |1\rangle|0\rangle$$
$$U_{\mathrm{SW}}|1\rangle|0\rangle = |0\rangle|1\rangle$$
$$U_{\mathrm{SW}}|1\rangle|1\rangle = |1\rangle|1\rangle$$

证明该门可通过下图这种方式组合 3 个 CNOT 门来实现：

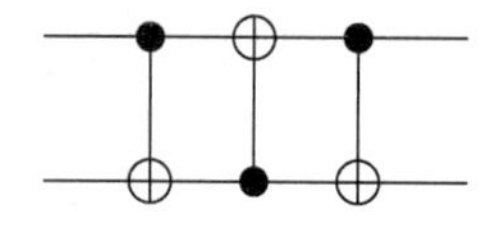

15.2　证明下列电路产生相同的变换：

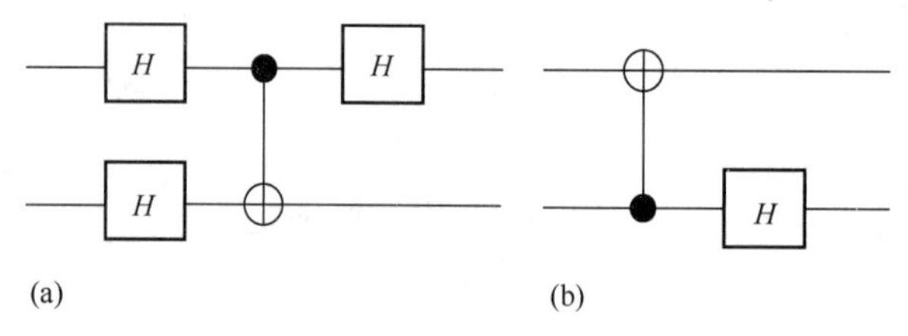

列出全部 4 种可能的输入偏振态 $|0_1,0_2\rangle$, $|0_1,1_2\rangle$, $|1_1,0_2\rangle$ 和 $|1_1,1_2\rangle$ 变换后的状态。

15.3　证明 CNOT 门可通过组合阿达玛门和量子相位门 Q_π 来实现。

15.4　本章详细介绍了如何通过先在第一量子位 H_1 上应用阿达玛门，然后在初始态 $|0_1,0_2\rangle$ 上应用 CNOT 门来创建贝尔态 $|B_{00}\rangle$。采用类似的方式证明：第一量子位 H_1 上的阿达玛门和初始态 $|0_1,1_2\rangle$, $|1_1,0_2\rangle$ 和 $|1_1,1_2\rangle$ 上的 CNOT 门分别产生贝尔基态 $|B_{01}\rangle$, $|B_{10}\rangle$ 和 $|B_{11}\rangle$。

15.5　证明图 15.5(b)中第一量子位上的 CNOT 门及后面的阿达玛门 H_1 可以将初始贝尔基态 $|B_{00}(A,B)\rangle$，$|B_{01}(A,B)\rangle$，$|B_{10}(A,B)\rangle$ 和 $|B_{11}(A,B)\rangle$ 分别变换为偏振态 $|0_A,0_B\rangle$, $|0_A,1_B\rangle$, $|1_A,0_B\rangle$ 和 $|1_A,1_B\rangle$。

参考书目

[1] R. P. Feynman, *Simulating physics with computers*, International Journal of Theoretical Physics 21, 467 (1982).

[2] R. P. Feynman, *Quantum mechanical computer*, Optics News 11, 11 (1985).

[3] D. Deutsch, *Quantum theory, the Church–Turing principle, and the universal quantum computer*, Proceedings of the Royal Society (London) 400, 97 (1985).

[4] P. Shor, *Algorithms for Quantum Computation*, in Proceedings of 35th Annual Symposium on Foundations of Computer Science (1994), pp 124.

[5] T. Sleator and H. Weinfurter, *Realizable universal quantum gates*, Physical Review Letters 74, 15 (1995).

[6] D. Deutsch, *Quantum communication*, Physics World 5, 57 (1992).

[7] C. H. Bennett, G. Brassard, C. Crepeau, R. Jozsa, A. Peres, and W. Wooters, *Teleporting an unknown quantum state via dual classical and EPR channels*, Physical Review Letters 70, 1895 (1993).

[8] C. Bennett and S. Wiesner, *Communication via one- and two-particle operators on Einstein-Podolsky-Rosen states,* Physical Review Letters 69, 2881 (1992).

[9] M. A. Nielson and I. L. Chuang, *Quantum Computation and Quantum Information* (Cambridge University Press 2000).

[10] P. Lambropoulos and D. Petrosyan, *Fundamentals of Quantum Optics and Quantum Information* (Springer 2007).

[11] C. P. Williams and S. H. Clearwater, *Explorations in Quantum Computing*, (Springer 1998).

[12] S. Stenholm and K.-A. Suominen, *Quantum Approach to Informatics* (John Wiley 2005).

第 16 章　量子计算 II

第 13 章介绍了 RSA 算法，用于在光纤或电话线等公共信道上交换密钥，为当今世界互联网电子商务中的通信安全提供基础。有了 RSA 算法保障公共信道密钥交换的安全，才能安全地在网上传输信用卡号等隐私信息。本章介绍 RSA 算法的安全性有多么依赖于将 N 分解为质因数 p 与 q 的复杂度。用传统计算机求因数 p 与 q 要花很长的时间，保证了基于 RSA 的信息交换是安全的。已知现在常用的 RSA 算法中的 256 位数用最快的计算机分解质因数也要花几十年时间，然而，如果能够求一种快得多的因数分解（找到数字 N 的质因数 p 与 q ）算法，RSA 算法就没用了，而电子商务也将面临严重威胁。

1994 年，彼得·秀尔提出了一种量子计算算法，用于高效地将数字 N 分解为质因数 p 与 q，引起了国际社会广泛警惕。量子力学可能会严重威胁电子商务的安全基础，震动了信息安全界，掀起了量子计算这个新兴领域的研究热潮。秀尔算法现在还是量子计算应用前景的力证。

还有一种算法由洛夫·格罗弗提出，用于检索无序数据库。众所周知，在大型数据库中搜索特定的对象难度就像大海捞针。量子计算机求解这个问题比以往快得多，这也是兴起量子计算研究热潮的另一个主要原因。

16.1　怎样因数分解 N

先看怎样求数字 N 的质因数这个问题，即如果数字 $N = pq$ ，其中 p 与 q 为质数，那么怎样求 p 与 q？详见下面的说明。

显然，可以逐一尝试将 N 除以每个质数，即从最小的质数 2 开始直到 $\sqrt{N}$ ，来看 N 能否被整除。如果能被整除，这个质数就是它的一个因数。N 的质因数应至少有 1 个，不超过 $\sqrt{N}$ 个。例如，求 21583 的因数，可以首先列出小于 $\sqrt{21583} \approx 147$ 的所有质数，这样的质数有 34 个，它们是

$$2,3,5,7,11,13,17,19,23,29,31,37,41,43,47,53,59,61,67,$$
$$71,73,79,83,89,97,101,103,107,109,113,127,131,137,139$$

接着，逐一尝试将 $N = 21583$ 除以每个质数，发现恰好能被 113 整除。由于

$21583/113=191$，所以得到 21583 的质因数是 113 和 191。

这种算法对于相对较小的数 N 可能还管用，因为可以知道所有小于 N 的质数，但对于一个很大的数，比如 256 位的数来说，这些质数的数量多得惊人，再这么做就不现实了。17 世纪末，著名数学家高斯与勒让德推测，比一个大数 N 小的质数约有 $N/\ln N$ 个，数量可能多得惊人。因此，分解质因数还需要更好的算法。

在阐明算法前，先举个简单的例子：求 $N=15$ 的质因数。先选个与 N 互质的整数 x，即 x 与 N 之间没有公因数，最大公约数（gcd）为 1[①]。例如，选 $x=2$，可以验证 2 与 15 之间没有公因数。下一步是求下列函数生成的数列：

$$f(a)=x^a \bmod N \tag{16.1}$$

回顾模函数的定义可知，表达式

$$b=a \bmod N \tag{16.2}$$

表示 b 是 a 除以 N 的余数，因此 $3=21 \bmod 6$，$5=65 \bmod 12$ 等。第 13 章中介绍 RSA 算法时用到过模函数。

接着在式（16.1）中代入 $x=2$ 与 $N=15$，得到如下序列：

$$\begin{gathered}
f(0)=2^0 \bmod 15=1\\
f(1)=2^1 \bmod 15=2\\
f(2)=2^2 \bmod 15=4\\
f(3)=2^3 \bmod 15=8\\
f(4)=2^4 \bmod 15=1\\
f(5)=2^5 \bmod 15=2\\
f(6)=2^6 \bmod 15=4\\
f(7)=2^7 \bmod 15=8\\
f(8)=2^8 \bmod 15=1\\
f(9)=2^9 \bmod 15=2\\
\vdots
\end{gathered}$$

① 欧几里得算法可用于求两个数 a 与 b 之间的最大公约数（$a>b$）。先用 a 除以 b，得余数 r_1，后用 b 除以 r_1，得余数 r_2，再用 r_1 除以 r_2 并继续这个过程直到余 0 为止，最后的非零余数即为 $\gcd(a,b)$。例如，求 $\gcd(45,30)$时，可先用 45 除以 30，余数为 15，再用 30 除以 15，余数为 0，因此 $\gcd(45,30)=15$。

显然，这是一个周期序列，周期$r=4$。对于任意的 a，有

$$f(a)=f(a+r) \tag{16.3}$$

例如，$f(1)=f(1+4)=f(5)$等。不难发现$f(r)=f(4)=1$，因此根据式（16.1），有

$$1=x^r \bmod N \tag{16.4}$$

在该例中，$x=2$，$N=15$，周期$r=4$，于是有

$$1=2^4 \bmod 15$$

上式可改写成

$$0=(2^4-1) \bmod 15$$

即(2^4-1)可被 15 整除，而$(2^4-1)=(2^2-1)(2^2+1)=3\times 5$，因此 3 和 5 都是 15 的因数。可以用 15 除以 5 和 3 验算，发现它们确实都是 15 的因数。

有意思的是，这个算法的关键在于找到函数$f(a)$的周期 r，见到 r 为偶数（这里$r=4$）就可以求出比$N=15$更小的因数$(2^{r/2}-1)=(2^2-1)$与$(2^{r/2}+1)=(2^2+1)$，其中包含质因数，这是这种求 N 的质因数的算法的精髓。

为阐明这个算法，来看一个稍微复杂一些的例子：求$N=91$的质因数。令$x=3$，序列

$$f(a)=x^a \bmod N$$

包括

$$f(0)=3^0 \bmod 91=1$$
$$f(1)=3^1 \bmod 91=3$$
$$f(2)=3^2 \bmod 91=9$$
$$f(3)=3^3 \bmod 91=27$$
$$f(4)=3^4 \bmod 91=81$$
$$f(5)=3^5 \bmod 91=61$$
$$f(6)=3^6 \bmod 91=1$$
$$f(7)=3^7 \bmod 91=3$$

$$f(8) = 3^8 \bmod 91 = 9$$
$$f(9) = 3^9 \bmod 91 = 27$$
$$\vdots$$

$f(a)$ 的周期 r 是 6，即对于任意 a，$f(a) = f(a+6)$。由

$$f(r) = 1 = x^r \bmod N$$

得，对于 $x = 3$ 与 $N = 91$，有

$$1 = 3^6 \bmod 91$$

上式可重写为

$$0 = (3^3 - 1)(3^3 + 1) \bmod 91$$

因此 $(3^3 - 1) = 26 = 13 \times 2$ 与 $(3^3 + 1) = 28 = 7 \times 4$ 都有 91 的质因数，可以验证这些质因数为 13 和 7。

这几个例子清晰地表明，求 N 的质因数的算法的主要目标是求函数 $f(a) = x^a (\bmod N)$ 的周期 r。下面概括求 N 的质因数 p 与 q 的一般步骤。

随机选一个与 N 没有公因数的数 x，求如下序列的周期 r：

$$f(a) = x^a \bmod N$$

如果周期 r 是偶数，那么继续；如果周期是奇数，那么再选一个不同的 x，求新 x 值所对应的序列 $f(a)$ 的周期。如果周期 r 是偶数，那么

$$1 = x^r \bmod N$$
$$0 = (x^{r/2} - 1)(x^{r/2} + 1) \bmod N$$

因此，$(x^{r/2} - 1)$ 或 $(x^{r/2} + 1)$ 与 N 一定有公因数，再分解这两个较小的数 $(x^{r/2} - 1)$ 与 $(x^{r/2} + 1)$，并通过求 N 是否能被这些数整除来验证这些质数是 N 的因数。

因此，分解质因数的关键步骤是求函数 $f(a) = x^a (\bmod N)$ 的周期 r。

16.2　离散量子傅里叶变换

量子力学对于求函数 $f(a)$ 的周期 r 有什么用？离散“量子”傅里叶变换还真管用。

这是量子力学的基本特性用来解决实际问题的好案例，叠加原理、量子干涉、量子纠缠和测量的概率性都用上了。

对$|a\rangle$做量子傅里叶变换：

$$|a\rangle \to \frac{1}{\sqrt{q}}\sum_{c=0}^{q-1} e^{2\pi i\frac{ac}{q}}|c\rangle \tag{16.5}$$

即偏振态$|a\rangle$由所有可能的偏振态相干叠加而成。举个简单的例子，设$q=8$，对于$a=0$与 1，得到下列变换：

$$|0\rangle \to \frac{1}{\sqrt{8}}\left[|0\rangle+|1\rangle+|2\rangle+|3\rangle+|4\rangle+|5\rangle+|6\rangle+|7\rangle\right]$$

$$|1\rangle \to \frac{1}{\sqrt{8}}\left[e^{i0}|0\rangle+e^{i\frac{\pi}{4}}|1\rangle+e^{i\frac{\pi}{2}}|2\rangle+e^{i\frac{3\pi}{4}}|3\rangle+e^{i\pi}|4\rangle+e^{i\frac{5\pi}{4}}|5\rangle+e^{i\frac{3\pi}{2}}|6\rangle+e^{i\frac{7\pi}{4}}|7\rangle\right]$$

类似地，可以得到偏振态$|2\rangle\cdots|7\rangle$的变换。重要的是，每个幅度都有确定的相位，下面借助这种量子态变换求函数$f(a)$的周期。

为此，考虑两个系统A和B间的纠缠态$|\phi(A,B)\rangle$的量子傅里叶变换：

$$|\phi(A,B)\rangle=\frac{1}{\sqrt{q}}\sum_{a=0}^{q-1}|af(a)\rangle \to |\psi(A,B)\rangle=\frac{1}{q}\sum_{a=0}^{q-1}\sum_{c=0}^{q-1}e^{2\pi i\frac{ac}{q}}|c,f(a)\rangle \tag{16.6}$$

这是包含q^2项的双重求和。

同样，为简单起见，考虑$q=8$的情况。此时，有

$$|\psi(A,B)\rangle=\frac{1}{8}\sum_{a=0}^{7}\sum_{c=0}^{7}e^{2\pi i\frac{ac}{8}}|c,f(a)\rangle \tag{16.7}$$

这个双重求和展开如下：

$$|\psi(A,B)\rangle=\frac{1}{8}|0\rangle\left[|f(0)\rangle+|f(1)\rangle+|f(2)\rangle+|f(3)\rangle+|f(4)\rangle+|f(5)\rangle+|f(6)\rangle+|f(7)\rangle\right]+$$

$$\frac{1}{8}|1\rangle\left[e^{i0}|f(0)\rangle+e^{i\frac{\pi}{4}}|f(1)\rangle+e^{i\frac{2\pi}{4}}|f(2)\rangle+e^{i\frac{3\pi}{4}}|f(3)\rangle+e^{i\frac{4\pi}{4}}|f(4)\rangle+e^{i\frac{5\pi}{4}}|f(5)\rangle+e^{i\frac{6\pi}{4}}|f(6)\rangle+e^{i\frac{7\pi}{4}}|f(7)\rangle\right]+$$

$$\frac{1}{8}|2\rangle\left[\mathrm{e}^{\mathrm{i}0}|f(0)\rangle+\mathrm{e}^{\mathrm{i}\frac{2\pi}{4}}|f(1)\rangle+\mathrm{e}^{\mathrm{i}\frac{4\pi}{4}}|f(2)\rangle+\mathrm{e}^{\mathrm{i}\frac{6\pi}{4}}|f(3)\rangle+\mathrm{e}^{\mathrm{i}0}|f(4)\rangle+\mathrm{e}^{\mathrm{i}\frac{2\pi}{4}}|f(5)\rangle+\mathrm{e}^{\mathrm{i}\frac{4\pi}{4}}|f(6)\rangle+\mathrm{e}^{\mathrm{i}\frac{6\pi}{4}}|f(7)\rangle\right]+$$
$$\frac{1}{8}|3\rangle\left[\mathrm{e}^{\mathrm{i}0}|f(0)\rangle+\mathrm{e}^{\mathrm{i}\frac{3\pi}{4}}|f(1)\rangle+\mathrm{e}^{\mathrm{i}\frac{6\pi}{4}}|f(2)\rangle+\mathrm{e}^{\mathrm{i}\frac{\pi}{4}}|f(3)\rangle+\mathrm{e}^{\mathrm{i}\frac{4\pi}{4}}|f(4)\rangle+\mathrm{e}^{\mathrm{i}\frac{7\pi}{4}}|f(5)\rangle+\mathrm{e}^{\mathrm{i}\frac{2\pi}{4}}|f(6)\rangle+\mathrm{e}^{\mathrm{i}\frac{5\pi}{4}}|f(7)\rangle\right]+$$
$$\frac{1}{8}|4\rangle\left[\mathrm{e}^{\mathrm{i}0}|f(0)\rangle+\mathrm{e}^{\mathrm{i}\frac{4\pi}{4}}|f(1)\rangle+\mathrm{e}^{\mathrm{i}0}|f(2)\rangle+\mathrm{e}^{\mathrm{i}\frac{4\pi}{4}}|f(3)\rangle+\mathrm{e}^{\mathrm{i}0}|f(4)\rangle+\mathrm{e}^{\mathrm{i}\frac{4\pi}{4}}|f(5)\rangle+\mathrm{e}^{\mathrm{i}0}|f(6)\rangle+\mathrm{e}^{\mathrm{i}\frac{4\pi}{4}}|f(7)\rangle\right]+$$
$$\frac{1}{8}|5\rangle\left[\mathrm{e}^{\mathrm{i}0}|f(0)\rangle+\mathrm{e}^{\mathrm{i}\frac{5\pi}{4}}|f(1)\rangle+\mathrm{e}^{\mathrm{i}\frac{2\pi}{4}}|f(2)\rangle+\mathrm{e}^{\mathrm{i}\frac{7\pi}{4}}|f(3)\rangle+\mathrm{e}^{\mathrm{i}\frac{4\pi}{4}}|f(4)\rangle+\mathrm{e}^{\mathrm{i}\frac{\pi}{4}}|f(5)\rangle+\mathrm{e}^{\mathrm{i}\frac{6\pi}{4}}|f(6)\rangle+\mathrm{e}^{\mathrm{i}\frac{3\pi}{4}}|f(7)\rangle\right]+$$
$$\frac{1}{8}|6\rangle\left[\mathrm{e}^{\mathrm{i}0}|f(0)\rangle+\mathrm{e}^{\mathrm{i}\frac{6\pi}{4}}|f(1)\rangle+\mathrm{e}^{\mathrm{i}\frac{4\pi}{4}}|f(2)\rangle+\mathrm{e}^{\mathrm{i}\frac{2\pi}{4}}|f(3)\rangle+\mathrm{e}^{\mathrm{i}0}|f(4)\rangle+\mathrm{e}^{\mathrm{i}\frac{6\pi}{4}}|f(5)\rangle+\mathrm{e}^{\mathrm{i}\frac{4\pi}{4}}|f(6)\rangle+\mathrm{e}^{\mathrm{i}\frac{2\pi}{4}}|f(7)\rangle\right]+$$
$$\frac{1}{8}|7\rangle\left[\mathrm{e}^{\mathrm{i}0}|f(0)\rangle+\mathrm{e}^{\mathrm{i}\frac{7\pi}{4}}|f(1)\rangle+\mathrm{e}^{\mathrm{i}\frac{6\pi}{4}}|f(2)\rangle+\mathrm{e}^{\mathrm{i}\frac{5\pi}{4}}|f(3)\rangle+\mathrm{e}^{\mathrm{i}\frac{4\pi}{4}}|f(4)\rangle+\mathrm{e}^{\mathrm{i}\frac{3\pi}{4}}|f(5)\rangle+\mathrm{e}^{\mathrm{i}\frac{2\pi}{4}}|f(6)\rangle+\mathrm{e}^{\mathrm{i}\frac{\pi}{4}}|f(7)\rangle\right]$$

（16.8）

式中用到了

$$\mathrm{e}^{\mathrm{i}(2\pi n+\theta)}=\mathrm{e}^{2\pi\mathrm{i}n}\,\mathrm{e}^{\mathrm{i}\theta}=\mathrm{e}^{\mathrm{i}\theta}(n=0,\pm1,\pm2,\cdots) \tag{16.9}$$

共有 $8\times8=64$ 项表示 $|\psi(A,B)\rangle$。图 16.1 中画出了所有 64 项的相位，第 i 条水平线与第 j 条竖直线的交点是偏振态 $|c=j,f(i)\rangle$ 对和中的相位贡献。

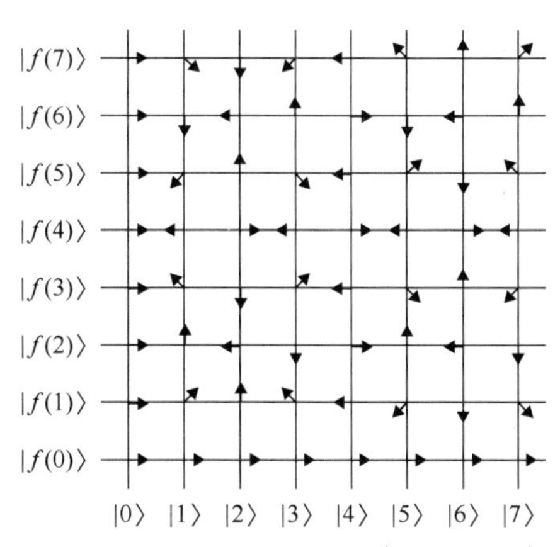

图 16.1　每个交点处的箭头对应于 $|c=j,f(i)\rangle$ 的相位

下面设函数 $f(a)$ 的周期 r 等于 2，即 $f(a)=f(a+2)$。此时，有

$$f(0)=f(2)=f(4)=f(6)$$
$$f(1)=f(3)=f(5)=f(7)$$

和式（16.8）可改写为

$$\begin{aligned}|\psi(A,B)\rangle=&\frac{1}{8}|0\rangle\left[|f(0)\rangle\left(1+\mathrm{e}^{\mathrm{i}0}+\mathrm{e}^{\mathrm{i}0}+\mathrm{e}^{\mathrm{i}0}\right)+|f(1)\rangle\left(1+\mathrm{e}^{\mathrm{i}0}+\mathrm{e}^{\mathrm{i}0}+\mathrm{e}^{\mathrm{i}0}\right)\right]+\\&\frac{1}{8}|1\rangle\left[|f(0)\rangle\left(1+\mathrm{e}^{\mathrm{i}\frac{2\pi}{4}}+\mathrm{e}^{\mathrm{i}\frac{4\pi}{4}}+\mathrm{e}^{\mathrm{i}\frac{6\pi}{4}}\right)+|f(1)\rangle\left(\mathrm{e}^{\mathrm{i}\frac{\pi}{4}}+\mathrm{e}^{\mathrm{i}\frac{3\pi}{4}}+\mathrm{e}^{\mathrm{i}\frac{5\pi}{4}}+\mathrm{e}^{\mathrm{i}\frac{7\pi}{4}}\right)\right]+\\&\frac{1}{8}|2\rangle\left[|f(0)\rangle\left(1+\mathrm{e}^{\mathrm{i}\frac{4\pi}{4}}+\mathrm{e}^{\mathrm{i}0}+\mathrm{e}^{\mathrm{i}\frac{4\pi}{4}}\right)+|f(1)\rangle\left(\mathrm{e}^{\mathrm{i}\frac{2\pi}{4}}+\mathrm{e}^{\mathrm{i}\frac{6\pi}{4}}+\mathrm{e}^{\mathrm{i}\frac{2\pi}{4}}+\mathrm{e}^{\mathrm{i}\frac{6\pi}{4}}\right)\right]+\\&\frac{1}{8}|3\rangle\left[|f(0)\rangle\left(1+\mathrm{e}^{\mathrm{i}\frac{6\pi}{4}}+\mathrm{e}^{\mathrm{i}\frac{4\pi}{4}}+\mathrm{e}^{\mathrm{i}\frac{2\pi}{4}}\right)+|f(1)\rangle\left(\mathrm{e}^{\mathrm{i}\frac{3\pi}{4}}+\mathrm{e}^{\mathrm{i}\frac{\pi}{4}}+\mathrm{e}^{\mathrm{i}\frac{7\pi}{4}}+\mathrm{e}^{\mathrm{i}\frac{5\pi}{4}}\right)\right]+\\&\frac{1}{8}|4\rangle\left[|f(0)\rangle\left(1+\mathrm{e}^{\mathrm{i}0}+\mathrm{e}^{\mathrm{i}0}+\mathrm{e}^{\mathrm{i}0}\right)+|f(1)\rangle\left(\mathrm{e}^{\mathrm{i}\frac{4\pi}{4}}+\mathrm{e}^{\mathrm{i}\frac{4\pi}{4}}+\mathrm{e}^{\mathrm{i}\frac{4\pi}{4}}+\mathrm{e}^{\mathrm{i}\frac{4\pi}{4}}\right)\right]+\\&\frac{1}{8}|5\rangle\left[|f(0)\rangle\left(1+\mathrm{e}^{\mathrm{i}\frac{2\pi}{4}}+\mathrm{e}^{\mathrm{i}\frac{4\pi}{4}}+\mathrm{e}^{\mathrm{i}\frac{6\pi}{4}}\right)+|f(1)\rangle\left(\mathrm{e}^{\mathrm{i}\frac{5\pi}{4}}+\mathrm{e}^{\mathrm{i}\frac{7\pi}{4}}+\mathrm{e}^{\mathrm{i}\frac{\pi}{4}}+\mathrm{e}^{\mathrm{i}\frac{3\pi}{4}}\right)\right]+\\&\frac{1}{8}|6\rangle\left[|f(0)\rangle\left(1+\mathrm{e}^{\mathrm{i}\frac{4\pi}{4}}+\mathrm{e}^{\mathrm{i}0}+\mathrm{e}^{\mathrm{i}\frac{4\pi}{4}}\right)+|f(1)\rangle\left(\mathrm{e}^{\mathrm{i}\frac{6\pi}{4}}+\mathrm{e}^{\mathrm{i}\frac{2\pi}{4}}+\mathrm{e}^{\mathrm{i}\frac{6\pi}{4}}+\mathrm{e}^{\mathrm{i}\frac{2\pi}{4}}\right)\right]+\\&\frac{1}{8}|7\rangle\left[|f(0)\rangle\left(1+\mathrm{e}^{\mathrm{i}\frac{6\pi}{4}}+\mathrm{e}^{\mathrm{i}0}+\mathrm{e}^{\mathrm{i}\frac{2\pi}{4}}\right)+|f(1)\rangle\left(\mathrm{e}^{\mathrm{i}\frac{7\pi}{4}}+\mathrm{e}^{\mathrm{i}\frac{5\pi}{4}}+\mathrm{e}^{\mathrm{i}\frac{3\pi}{4}}+\mathrm{e}^{\mathrm{i}\frac{\pi}{4}}\right)\right]\end{aligned} \tag{16.10}$$

由关系式

$$\mathrm{e}^{\mathrm{i}(\pi+\theta)}=\mathrm{e}^{\mathrm{i}\pi}\mathrm{e}^{\mathrm{i}\theta}=-\mathrm{e}^{\mathrm{i}\theta} \tag{16.11}$$

得所有包含偏振态$|1\rangle,|2\rangle,|3\rangle,|5\rangle,|6\rangle$与$|7\rangle$的项都为零，只剩下包含$|0\rangle$和$|4\rangle$的项。由于$f(a)=f(a+2)$，最终结果是

$$|\psi(A,B)\rangle=\frac{1}{2}\left(|0,f(0)\rangle+|0,f(1)\rangle+|4,f(0)\rangle-|4,f(1)\rangle\right) \tag{16.12}$$

因此，状态 A 的结果为$|0\rangle$或$|4\rangle$的概率相等①，巧妙应用量子傅里叶变换消去大部分

① 根据 2.4 节，出现$|0\rangle$的概率为

$$P(0)=|\langle 0,f(0)|\psi(A,B)\rangle|^2+|\langle 0,f(1)|\psi(A,B)\rangle|^2=1/2$$

类似地，出现$|4\rangle$的概率为

$$P(4)=|\langle 4,f(0)|\psi(A,B)\rangle|^2+|\langle 4,f(1)|\psi(A,B)\rangle|^2=1/2$$

项，只剩下少数项。从图 16.1 中可以形象地看到，当 $f(a)=f(a+2)$ 时，只剩下偏振态 $|0\rangle$ 或 $|4\rangle$。

问题显而易见：剩下的 $|0\rangle$ 和 $|4\rangle$ 的意义是什么？这些偏振态与求周期 r 有什么关系？

总体而言，因为 $f(a)=f(a+r)$，剩下的偏振态 $|c\rangle$ 只有

$$|c_0\rangle=|0\rangle,|q/r\rangle,|2q/r\rangle,\cdots,|(r-1)q/r\rangle \tag{16.13}$$

其他各项都没了。这里，$q=8$ 而 $r=2$，因此剩下的偏振态只有 $|0\rangle$ 和 $|4\rangle$，根据量子力学的概率性，这两个偏振态出现的概率相等①。

这个结果很有意思，是量子干涉的结果——干涉相消振幅抵消，干涉相长振幅还在。因此，如果制备了形如式（16.6）的偏振态 $|\psi(A,B)\rangle$ 使 $f(a)$ 呈周期性，而周期 r 未知，那么偏振态 $|c\rangle$ 的测量结果包含 r 的信息。即使对于非常大的 q，如果在同一个系统中测量偏振态 $|c\rangle$，也应该等概率地测得结果 $|0\rangle,|q/r\rangle,|2q/r\rangle,\cdots,|(r-1)q/r\rangle$。因此，测量几次就能确定 r 的值，这就是以下秀尔算法。

16.3　秀尔算法

借助因数分解 N 的数学方法和量子傅里叶变换求函数周期的能力，可以提出秀尔算法的简化形式，以量子力学的方式大大加快因数分解。

量子计算机有两个寄存器 A 和 B，寄存器本质上是两组独立的量子位。例如，如果量子位是双能级原子，那么寄存器 A 对应一组原子而寄存器 B 对应另一组原子。每个寄存器由初始化为“0”的量子位组成，即两个寄存器中的所有量子位最初都处于偏振态 $|0\rangle$。因此，如果寄存器 A 有 n 个量子位而寄存器 B 有 m 个量子位，那么初始态是

$$|A_0;B_0\rangle=|0_1,0_2,\cdots,0_n;0_1,0_2,\cdots,0_m\rangle \tag{16.14}$$

① 这个结果在 q 被 r 整除时严格成立，若不满足，状态 $|c\rangle$ 的测量结果可能有与式（16.13）列出的不同分布，但可以证明得到这些状态的概率将显著降低。为简单起见，以下设条件 q 被 r 整除已经满足。

为简单起见，用$|0;0\rangle$表示该偏振态，即

$$|A_0;B_0\rangle = |0;0\rangle \tag{16.15}$$

寄存器 A 用于保留周期待求的函数 $f(a)$ 的参数，寄存器 B 用于存储 $f(a)$ 的值。

来看序列

$$f(0), f(1), f(2), \cdots, f(q-1)$$

式中，$q = 2^k$。寄存器 A 存储 k 个量子位，所以它可以存储 a 从 0 到 2^k 的所有值。已知 k 个量子位可以存储 2^k 个数字，寄存器 B 应有足够多量子位来存储以上序列所能包含的最大值。

秀尔算法分为以下 4 步。

（1）对寄存器 A 的每个量子位，求阿达玛变换 H，即

$$H|0\rangle = \frac{1}{\sqrt{2}}(|0\rangle + |1\rangle) \tag{16.16}$$

寄存器 A 所得偏振态为所有可能的 2^k 种偏振态的叠加：

$$|0,0\rangle \Rightarrow \frac{1}{\sqrt{q}}\sum_{a=0}^{q-1}|a,0\rangle \tag{16.17}$$

由此得到长度为 k 的寄存器 A 中的每一位。

（2）对于任何输入，将偏振态$|a,0\rangle$映射到偏振态$|a,f(a)\rangle$。寄存器 B 所需量子位数量应至少足以存储计算中最长的 $f(a)$ 结果：

$$\frac{1}{\sqrt{q}}\sum_{a=0}^{q-1}|a,0\rangle \Rightarrow \frac{1}{\sqrt{q}}\sum_{a=0}^{q-1}|a,f(a)\rangle \tag{16.18}$$

这是个高度纠缠态！

为阐明这两步，下面考虑分解 $N=91$ 的质因数。在上述因数分解算法中，取 $x=3$，如果只保留 8 项，那么寄存器 A 只需要 3 个量子位，对每个量子位做阿达玛变换，得

$$
\begin{aligned}
|0,0,0\rangle &\Rightarrow \frac{1}{\sqrt{2}}(|0\rangle+|1\rangle)\frac{1}{\sqrt{2}}(|0\rangle+|1\rangle)\frac{1}{\sqrt{2}}(|0\rangle+|1\rangle) \\
&= \frac{1}{\sqrt{8}}(|0,0,0\rangle+|0,0,1\rangle+|0,1,0\rangle+|0,1,1\rangle+|1,0,0\rangle+|1,0,1\rangle+|1,1,0\rangle+|1,1,1\rangle) \\
&= \frac{1}{\sqrt{8}}\sum_{a=0}^{7}|a\rangle
\end{aligned}
\tag{16.19}
$$

式中，量子二进制偏振态可以转换为十进制数字偏振态，例如$|0,0,0\rangle \equiv |0\rangle, |0,0,1\rangle \equiv |1\rangle$, $|0,1,0\rangle \equiv |2\rangle, |0,1,1\rangle \equiv |3\rangle$ 等。

接下来，制备纠缠态

$$
\frac{1}{\sqrt{8}}\sum_{a=0}^{7}|a,f(a)\rangle = \frac{1}{\sqrt{8}}(|0,1\rangle+|1,3\rangle+|2,9\rangle+|3,27\rangle+|4,81\rangle+|5,61\rangle+|6,1\rangle+|7,3\rangle) \tag{16.20}
$$

由于 $f(a)$ 的最大值是 81，最少需要 7 个量子位存储 a 的每个值对应的 $f(a)$ 。式(16.20) 中的十进制偏振态可以转换成二进制偏振态：$|0,1\rangle \equiv |000;0000001\rangle, |1,3\rangle \equiv |001;0000011\rangle, |2,9\rangle \equiv |010;0001001\rangle$ 等。整个 A 寄存器与 B 寄存器的联合偏振态由 10 个量子位的纠缠态组成：

$$
\begin{aligned}
\frac{1}{\sqrt{8}}\sum_{a=0}^{7}|a,f(a)\rangle = \frac{1}{\sqrt{8}}(&|000;0000001\rangle+|001;0000011\rangle+ \\
&|010;0001001\rangle+|011;0011011\rangle+ \\
&|100;1010001\rangle+|101;0111101\rangle+ \\
&|110;0000001\rangle+|111;0000011\rangle)
\end{aligned}
\tag{16.21}
$$

可见，就连 91 这么小的数对纠缠态的要求也很高。这一步是用秀尔算法分解大数的绊脚石。

（3）对第一个寄存器做离散“量子”傅里叶变换：

$$
|a\rangle \Rightarrow \frac{1}{\sqrt{q}}\sum_{c=0}^{q-1}\mathrm{e}^{2\pi\mathrm{i}\frac{ac}{q}}|c\rangle \tag{16.22}
$$

于是

$$
\frac{1}{\sqrt{q}}\sum_{a=0}^{q-1}|a,f(a)\rangle \Rightarrow \frac{1}{q}\sum_{c=0}^{q-1}\sum_{c=0}^{q-1}\mathrm{e}^{2\pi\mathrm{i}\frac{ac}{q}}|c,f(a)\rangle \tag{16.23}
$$

（4）最后，进行测量。通过测量寄存器 A 中所有量子位的偏振态分析量子计算机的输出。如前文所述，对于量子傅里叶变换，如果 $f(a)=f(a+r)$，那么从系数

$$\mathrm{e}^{2\pi\mathrm{i}\frac{ac}{q}}$$

可以看出，只有当 c/q 是 $1/r$ 的倍数时，a 的和才产生相长干涉，而 c/q 取其他值将产生相消干涉。

每次测量都会得到 c 的允许值之一所对应的结果，例如

$$c=\frac{q}{r}n,\quad n=0,1,2,\cdots \tag{16.24}$$

即 c 的测量结果是 0 或 q/r 或 $2q/r$ 等。对同一套系统多次测量第一寄存器，就得到如图 16.2 所示的 c/q 直方图。测量足够多次，即可推断周期 r 的值，这就是秀尔算法。有意思的是，量子傅里叶变换对于求函数 $f(a)$ 的周期发挥了关键作用。

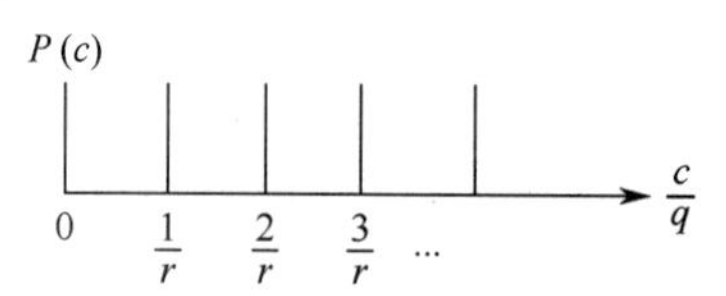

图 16.2 只有对满足条件 $c=qn/r$（n 为整数）的那些 c，第一寄存器中结果为 $|c\rangle$ 的概率才不会消失

尽管数学原理很简单，在实验中实现秀尔算法对很大的数分解质因数还是很难，不仅会面临第 15 章介绍的与退相干有关的常见问题，一些算法对非常大的 q 生成形如式（16.23）的大型纠缠态还会出别的问题。尽管这样，秀尔算法仍然揭示了耗费比以往短得多的时间内对大数分解质因数的可能性。已知目前最高效的算法分解 1000 位的大数所需要的时间差不多等于宇宙诞生以来历经的总时间。如果实验条件可行，秀尔算法只用几百万步就能完成这项任务。

16.4 量子押宝游戏

量子计算算法还有一个重要的用途，即在无序数据库中检索目标。该算法将在 16.5 节中介绍。本节介绍量子计算机行径玩押宝游戏还能神奇地稳赢的。

在押宝游戏中，4 个倒扣的盅晃来晃去，其中只有一个下面有宝，玩家要猜宝在哪里（见图 16.3）。搜索过程要掀开每个盅来看看有没有宝，如果运气好的话，开门就能见宝，这种情况的概率只有 25%；如果不走运，在找到宝之前，可能不得不把所有 4 个盅都掀开一次。平均需要掀开 2 次以上才能找到宝。

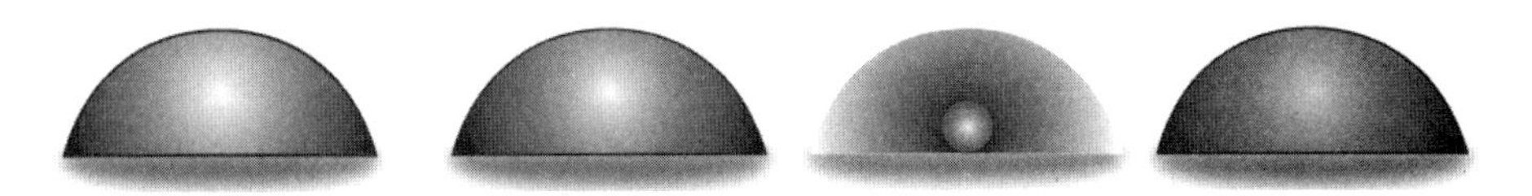

图 16.3　在押宝游戏中，参赛者必须找到下面有宝的盅

能否每次都开门见宝？以往不可能，但量子押宝游戏的情况有所不同。在量子押宝游戏中，盅换成了量子态，宝换成了“反转”目标态，只测量 1 次就能找到目标态。

4 个盅需要 2 个量子位表示，其中 $|0_1,0_2\rangle \equiv |0\rangle, |0_1,1_2\rangle \equiv |1\rangle, |1_1,0_2\rangle \equiv |2\rangle, |1_1,1_2\rangle \equiv |3\rangle$。更正式地，整个系统可表示为偏振态

$$|S\rangle = \frac{1}{2}\left[|0_1,0_2\rangle + |0_1,1_2\rangle + |1_1,0_2\rangle + |1_1,1_2\rangle\right] \tag{16.25}$$

这个偏振态如下图所示。

$\frac{1}{2}$

$|0_1, 0_2\rangle$　$|0_1, 1_2\rangle$　$|1_1, 0_2\rangle$　$|1_1, 1_2\rangle$

图中，水平轴表示双量子位偏振态 $|n,m\rangle (n,m=1,2)$，垂直轴表示幅度。对于偏振态 $|S\rangle$，所有幅度都等于 $1/2$。$|S\rangle$ 中的每项都代表一个盅。

假设有人背地里翻转了其中一个偏振态（如 $|1_1,0_2\rangle$）的符号，得到偏振态

$$|F\rangle = \frac{1}{2}\left[|0_1,0_2\rangle + |0_1,1_2\rangle - |1_1,0_2\rangle + |1_1,1_2\rangle\right] \tag{16.26}$$

图示为

1/2

$|1_1, 0_2\rangle$

$|0_1, 0_2\rangle$　$|0_1, 1_2\rangle$　$|1_1, 1_2\rangle$

−1/2

问题是能不能只测量 1 次就稳获翻转的目标偏振态？

答案居然是肯定的，这就是最著名的量子计算算法之一——格罗弗算法的基础。下面介绍怎么玩量子押宝游戏。

游戏分为 3 步：在准备步骤中，两个量子位从初始态$|0,0\rangle$开始制备$|S\rangle$态；在翻转步骤中，一个目标偏振态如$|1,0\rangle$获得相移，进入新偏振态$|F\rangle$；最终，在测量阶段仅对这两个量子位测量 1 次就能找到目标偏振态。以上步骤可通过第 15 章介绍的量子门来实现。

首先，两个量子位制备在偏振态$|0_1,0_2\rangle$，对两个量子位应用阿达玛门H_1与H_2，得

$$H_1H_2|0_1,0_2\rangle = H_1|0_1\rangle H_2|0_2\rangle = \frac{1}{\sqrt{2}}(|0_1\rangle+|1_1\rangle)\frac{1}{\sqrt{2}}(|0_2\rangle+|1_2\rangle) \tag{16.27}$$

这一步相当于准备数据基。

在第 2 步中，从以下 4 个偏振态中选择一个目标偏振态移相 π：$|0_1,0_2\rangle,|0_1,1_2\rangle,|1_1,0_2\rangle$或$|1_1,1_2\rangle$，可通过先对$|S\rangle$应用量子相位门$Q_\pi$来实现。已知量子相位门不会影响除$|1_1,1_2\rangle$外的任何偏振态，而$Q_\pi|1_1,1_2\rangle=-|1_1,1_2\rangle$，于是有

$$|C_{11}\rangle = Q_\pi|S\rangle = \frac{1}{2}\left[|0_1,0_2\rangle+|0_1,1_2\rangle+|1_1,0_2\rangle-|1_1,1_2\rangle\right] \tag{16.28}$$

如果目标偏振态是$|1_1,1_2\rangle$，那么所需偏振态就绪。如果目标偏振态是其他偏振态，如$|1_1,0_2\rangle$，那么对第二量子位应用X_2门变换$|1_2\rangle\leftrightarrow|0_2\rangle$，得到

$$|C_{10}\rangle = X_2Q_\pi|S\rangle = \frac{1}{2}\left[|0_1,0_2\rangle+|0_1,1_2\rangle-|1_1,0_2\rangle+|1_1,1_2\rangle\right] \tag{16.29}$$

类似地，

$$|C_{01}\rangle = X_1Q_\pi|S\rangle = \frac{1}{2}\left[|0_1,0_2\rangle-|0_1,1_2\rangle+|1_1,0_2\rangle+|1_1,1_2\rangle\right] \tag{16.30}$$

$$|C_{00}\rangle = X_1X_2Q_\pi|S\rangle = \frac{1}{2}\left[-|0_1,0_2\rangle+|0_1,1_2\rangle+|1_1,0_2\rangle+|1_1,1_2\rangle\right] \tag{16.31}$$

因此，任何想要的偏振态都可通过操作符X_{i}与Q_π的组合翻转获得，所得振态是C_{ij}，其中$i,j=0,1$。

现在，挑战来了！只测量一次这些量子位就能找出哪个偏振态翻转了吗？这个运算可通过求相对于均值的相反数来实现，如图 16.4 所示。游戏规则是目标偏振态未知，因此这个运算并不知道哪个偏振态被翻转。

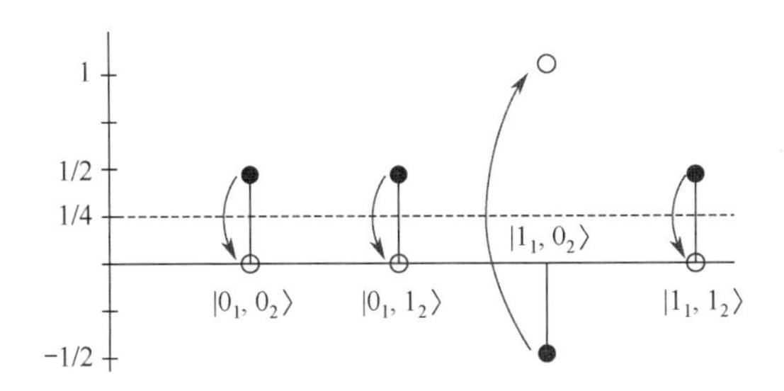

图 16.4　关于均值求相反数，所有偏振态关于平均幅度 1/4 求相反数后幅度都变为 0，除了翻转的偏振态 $\left|1_1,0_2\right\rangle$，幅度变为 1

关于均值求相反数的运算（用箭头表示）将所标记的偏振态 $\left|1_1,0_2\right\rangle$ 变成单位幅度，而将其他偏振态变为零幅度。可以证明，使用如下逻辑门序列就能实现这个任务：

$$N = H_1H_2Q_\pi H_1H_2X_1X_2 \tag{16.32}$$

可以证明

$$N\left|C_{11}\right\rangle = \left|1_1,1_2\right\rangle \tag{16.33}$$

$$N\left|C_{01}\right\rangle = \left|0_1,1_2\right\rangle \tag{16.34}$$

$$N\left|C_{10}\right\rangle = \left|1_1,0_2\right\rangle \tag{16.35}$$

$$N\left|C_{00}\right\rangle = \left|0_1,0_2\right\rangle \tag{16.36}$$

因此，测量输出就能唯一地确定翻转的那个量子位。例如，若两个量子位偏振态是 $\left|0_1,1_2\right\rangle$，就能知道目标偏振态是式（16.30）中的 $\left|C_{01}\right\rangle$。

实现押宝游戏的完整电路如图 16.5 所示。两个量子位最初处于偏振态 $\left|0_1,0_2\right\rangle$。数据库由阿达玛门 H_1 与 H_2 对两个量子位制备，如第 1 个虚线框所示。接下来，目标偏振态翻转通过量子相位门 Q_π 与 X_1 和 X_2 门的组合实现，如第 2 个虚线框所示。第 3 个虚线框中的量子门表示关于均值求相反数的运算，记为 N，如式（16.32）所示。最后测量这两个量子位。

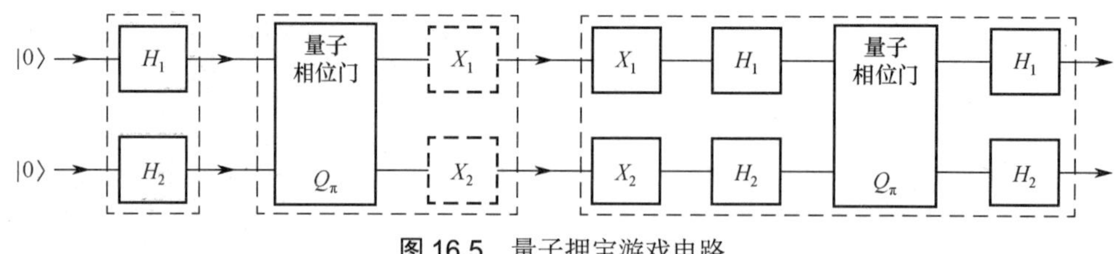

图 16.5 量子押宝游戏电路

16.5 检索无序数据库

现在介绍用于在无序数据库中检索目标的格罗弗算法。检索问题定义为：在一个由 N 项组成的数据库中，只有一项满足特定条件，检索出这一项。

数据库分为两类：有序数据库与无序数据库。电话簿中的姓名按字母顺序排列，并附有电话号码。如果知道名字，想找电话号码，就按字母顺序检索，这是有序数据库检索的例子。如果已知电话号码，想知道机主是谁，就是无序数据库检索，因为电话簿中的号码完全随机排列。在检索包含 N 项数据的无序数据库的过程中，需要一个一个地看。如果幸运的话，第一项就是要找的，但也可能要找的项是最后一个，也就是说要检索 N 次。找到目标项可能平均需要 $N/2$ 次检索。在电话簿这个例子中，如果要找某个电话号码是谁的，可能平均要翻半本电话簿才能查到与这个电话号码相匹配的姓名。这就是传统检索的本质。

接下来问题是：量子力学能提高检索速度吗？能比 $N/2$ 还快吗？可以发现对于某一类问题，检索大型无序数据库可能只需要 $\sqrt{N}$ 次而非 $N/2$ 次检索。

16.4 节介绍的量子押宝游戏中的 4 元素数据库由量子态 $|0_1,0_2\rangle\equiv|0\rangle,|0_1,1_2\rangle\equiv|1\rangle$, $|1_1,0_2\rangle\equiv|2\rangle,|1_1,1_2\rangle\equiv|3\rangle$ 组成，只需测量 1 次就能找到反相的那一项。为阐明大规模数据库为何只需要约 $\sqrt{N}$ 次而非 $N/2$ 次检索，来看 16 盅押宝的例子，即 $N=16$。

（1）第一步，制备一个由 16 个偏振态共同叠加而成的数据库，可通过将阿达玛门 H 作用在 4 个初始态为 $|0_1\rangle,|0_2\rangle,|0_3\rangle$ 和 $|0_4\rangle$ 的量子位上实现，得到

$$
\begin{aligned}
S&=H_1|0_1\rangle H_2|0_2\rangle H_3|0_3\rangle H_4|0_4\rangle\\
&=\frac{1}{\sqrt{2}}(|0_1\rangle+|1_1\rangle)\frac{1}{\sqrt{2}}(|0_2\rangle+|1_2\rangle)\frac{1}{\sqrt{2}}(|0_3\rangle+|1_3\rangle)\frac{1}{\sqrt{2}}(|0_4\rangle+|1_4\rangle) \qquad (16.37)\\
&=\frac{1}{4}\left[|0000\rangle+|0001\rangle+\cdots+|1111\rangle\right]
\end{aligned}
$$

式中，$|0000\rangle\equiv|0_1\rangle|0_2\rangle|0_3\rangle|0_4\rangle$。还可将 16 个偏振态的叠加简记为

$$\frac{1}{4}(1,1,1,1,1,1,1,1,1,1,1,1,1,1,1,1) \tag{16.38}$$

这里，括号中的每个数字代表对应偏振态的幅度，例如

$$(c_0,c_1,c_2,c_3) \equiv c_0|00\rangle + c_1|01\rangle + c_2|10\rangle + c_3|11\rangle$$

由于所有偏振态的系数如$|0000\rangle,|0001\rangle,\cdots$在叠加态（16.37）中都是 1/4，所以可以简记为式（16.38）。

在下一步中，奇迹般地反转目标偏振态（比如说）$|0011\rangle$的幅度从+1 到−1，得到

$$\frac{1}{4}(1,1,1,-1,1,1,1,1,1,1,1,1,1,1,1,1) \tag{16.39}$$

注意，如果这时测量这些量子位，那么包括目标偏振态$|0011\rangle$的每个偏振态出现的概率相等，都等于$1/16=0.0625$。我们的目的是找到目标偏振态$|0011\rangle$。

还要注意平均幅度是所有偏振态$|0000\rangle,|0001\rangle,\cdots,|1111\rangle$幅度的总和除以 16，即

$$\begin{aligned} x_0 &= \frac{1}{16}\left(\frac{1}{4}+\frac{1}{4}+\frac{1}{4}-\frac{1}{4}+\frac{1}{4}+\frac{1}{4}+\frac{1}{4}+\frac{1}{4}+\frac{1}{4}+\frac{1}{4}+\frac{1}{4}+\frac{1}{4}+\frac{1}{4}+\frac{1}{4}+\frac{1}{4}+\frac{1}{4}\right) \\ &= \frac{1}{16}\left(\frac{14}{4}\right)=\frac{7}{32} \end{aligned} \tag{16.40}$$

与押宝游戏一样，这次测量还是求关于均值的相反数，如果特定偏振态的概率幅度是x，那么关于均值x_0求相反数得到新幅度

$$x_0-(x-x_0)=2x_0-x \tag{16.41}$$

于是，

$$\frac{1}{4} \to 2\cdot\frac{7}{32}-\frac{1}{4}=\frac{6}{32}=\frac{3}{16} \tag{16.42}$$

$$-\frac{1}{4} \to 2\cdot\frac{7}{32}+\frac{1}{4}=\frac{22}{32}=\frac{11}{16} \tag{16.43}$$

最终偏振态是

$$\frac{1}{16}(3,3,3,11,3,3,3,3,3,3,3,3,3,3,3,3) \tag{16.44}$$

如果此时测量，那么得到$|0011\rangle$的概率为$(11/16)^2 = 0.39$。这比原来的概率$(1/4)^2 = 0.0625$大得多，但离100%还很远，因此不急于现在就测量，还要重复这一系列步骤。

（2）在下一次循环中，初始态是（16.44）。照例奇迹般地将目标偏振态$|0011\rangle$的幅度从11/16反转为−11/16。得到的偏振态是

$$\frac{1}{16}(3,3,3,-11,3,3,3,3,3,3,3,3,3,3,3,3) \tag{16.45}$$

平均幅度是

$$\frac{1}{(16)^2}(3\times 15-11) = \frac{17}{128} \tag{16.46}$$

求关于均值的相反数运算，得

$$\frac{3}{16} \to 2\cdot\frac{17}{128} - \frac{3}{16} = \frac{5}{64} \tag{16.47}$$

$$-\frac{11}{16} \to 2\cdot\frac{17}{128} + \frac{11}{16} = \frac{61}{64} \tag{16.48}$$

这一步以后，最终偏振态是

$$\frac{1}{64}(5,5,5,61,5,5,5,5,5,5,5,5,5,5,5,5) \tag{16.49}$$

找到目标偏振态$|0011\rangle$的概率现在上升到$(61/64)^2 = 0.91$，已经非常大了，还能更大吗？为此，我们再次重复该过程。

（3）初始态为（16.49）。重复相同的步骤（奇迹般地反转目标偏振态$|0011\rangle$并求关于均值的相反数）得到新偏振态

$$\frac{1}{256}(-13,-13,-13,251,-13,-13,-13,-13,-13,-13,-13,-13,-13,-13,-13,-13) \tag{16.50}$$

找到$|0011\rangle$的概率已经增大到$(251/256)^2=0.96$，可以进一步提升吗？

（4）重复上述步骤得

$$\frac{1}{1024}(-171,-171,-171,781,-171,-171,-171,-171,\\ -171,-171,-171,-171,-171,-171,-171,-171) \tag{16.51}$$

找到目标偏振态$|0011\rangle$的概率现在已降低到$(781/1024)^2=0.58$，这表明最佳策略是循环 3 次，此时找出目标偏振态的概率为 96%。

但是，怎样才能知道什么时候停下来呢？进一步分析表明，在 N 个偏振态中搜索目标偏振态所需的测量次数是最接近$\pi\sqrt{N}/4$的整数。例中$N=16$，因此这个整数是 3，循环 3 次就该停下来。

因此，在 N 个偏振态叠加的问题中，格罗弗算法找到目标偏振态所需的检索次数约为$\sqrt{N}$次。

习题

16.1　求函数$f(a)=5^a \bmod 4069$的周期，并用得到的周期求 4069 的因数。

16.2　考虑偏振态

$$|\psi(A,B)\rangle=\frac{1}{8}\sum_{a=0}^{7}\sum_{c=0}^{7}\mathrm{e}^{2\pi\mathrm{i}\frac{ac}{8}}|c,f(a)\rangle$$

证明对于周期$r=4$的函数$f(a)$，所允许的 c 值只有 0, 4, 8 和 16。

16.3　考虑偏振态

$$|\psi(A,B)\rangle=\frac{1}{16}\sum_{a=0}^{15}\sum_{c=0}^{15}\mathrm{e}^{2\pi\mathrm{i}\frac{ac}{16}}|c,f(a)\rangle$$

证明对于周期$r=4$的函数$f(a)$，所允许的 c 值只有 0, 2, 4 和 6。

16.4　用秀尔算法将 15 分解为质因数，令式（16.1）中的$x=11$。函数$f(a)$的周期是多少？实现该算法所需的量子位至少是多少？

16.5　详细证明

$$N|C_{11}\rangle = |1_1, 1_2\rangle$$
$$N|C_{01}\rangle = |0_1, 1_2\rangle$$
$$N|C_{10}\rangle = |1_1, 0_2\rangle$$
$$N|C_{00}\rangle = |0_1, 0_2\rangle$$

其中偏振态$|c_{ij}\rangle (i, j = 0,1)$由式（16.28）至式（16.31）给出，且$N = H_1H_2Q_\pi H_1H_2X_1X_2$。

16.6 实现$N = 32$的格罗弗算法需要多少步？最后的成功率是多少？

参考书目

[1] P. Shor, in Proceedings of the 35th Annual Symposium on Foundations of Computer Science, Santa Fe, NM, Edited by S. Goldwasser, (IEEE Computer Society Press, New York, 1994), p. 124.

[2] L. K. Grover, *Quantum mechanics helps in searching for a needle in a haystack*, Physical Review Letters **79**, 325 (1997).

[3] E. Farhi and S. Gutmann, *Analog analogue of a digital quantum computation*, Physical Review A 57, 2403 (1998).

[4] M. O. Scully and M. S. Zubairy, *Quantum optical implementation of Grover's algorithm*, Proceedings of the National Academy of Sciences (USA) **98**, 9490 (2001).

[5] A. Muthukrishnan, M. Jones, M. O. Scully, and M. S. Zubairy, *Quantum shell game: finding the hidden pea in a single attempt*, Journal of Modern Optics **16**, 2351 (2004).

[6] M. A. Nielson and I. L. Chuang, *Quantum Computation and Quantum Information* (Cambridge University Press 2000).

[7] S. M. Barnett, *Quantum Information* (Oxford University Press 2009).

[8] S. Stenholm and K.-A. Suominen, *Quantum Approach to Informatics* (John Wiley 2005).

[9] P. Lambropoulos and D. Petrosyan, *Fundamentals of Quantum Optics and Quantum Information* (Springer 2007).

第五部分

薛定谔方程

第 17 章　薛定谔方程

沃纳·海森堡的第一位博士生、1952 年诺贝尔奖得主费利克斯·布洛赫，1925 年还是苏黎世联邦理工学院的一名学生，他在量子力学创立 50 周年的回忆录中这样描述了薛定谔方程的诞生（《今日物理》1976 年 12 月号）：

> 在一次座谈会的尾声，我听德拜说："薛定谔，反正你现在也没研究什么特别重要的问题，不如花点时间来讲讲德布罗意的论文，好像有点意思。"后来在一次会议上，薛定谔精辟地阐述了德布罗意怎样将波与粒子联系起来以及怎样得到尼尔斯·玻尔的量子化规则……通过规定定态轨道上只能有整数个波。讲完后，德拜随口说他觉得这么讲比较小儿科……只有波动方程才能正确地描述波。这么说听起来没什么大不了的，也没人往心里去，但薛定谔后来显然又推敲了一番，没过几周就又做了个报告，开头这么说："我的同事德拜建议构建波动方程，我觉得我找到了！"

薛定谔找到的方程就是众所周知的"薛定谔方程"，这是有史以来物理学乃至自然科学领域最重要的方程之一，就重要性和影响而言，甚至可以和牛顿的 $F = ma$ 相媲美，提供了解决物理学中大多数问题的工具。

本章由德布罗意的物质波推导薛定谔方程，给出一些最简单的问题中薛定谔方程的解，揭示基于这些解得出的新颖又高度违反直觉的结果。

与前 16 章不同，本章要求读者具备基本的微积分知识，包括简单函数的微分与积分。本章的某些计算中将省去具体的计算步骤而直接呈现结果，这些结果的物理含义即使省略数学推导过程也应该十分清晰。

17.1　一维薛定谔方程

如第 7 章所述，德布罗意波用物质波来描述粒子，但德布罗意的这套理论并不能很好地解释波怎样生成和演化。薛定谔推导的波的控制方程与 19 世纪爱尔兰数学家威廉·哈密顿描述经典力学的方程十分相似。薛定谔方程不难由德布罗意假说直接"推导"出来。

那么，怎样由粒子的德布罗意波描述推导这个方程呢？先来看一维问题，然后推广到三维问题。这个方程的核心是波函数$\psi(x,t)$的概念，包含粒子在t时刻的位置与动量，目标是得到$\psi(x,t)$的动态方程。

根据第 4 章的介绍，沿x方向传播的频率为ν、波矢为k的波可表示为

$$\psi(x,t) = A\mathrm{e}^{\mathrm{i}(kx-\nu t)} \tag{17.1}$$

式中，A是振幅，函数$\psi(x,t)$可对x和t分别求微分如下：

$$\frac{\partial\psi(x,t)}{\partial x} = \mathrm{i}kA\mathrm{e}^{\mathrm{i}(kx-\nu t)} \tag{17.2}$$

$$\frac{\partial^2\psi(x,t)}{\partial x^2} = -k^2 A\mathrm{e}^{\mathrm{i}(kx-\nu t)} \tag{17.3}$$

$$\frac{\partial\psi(x,t)}{\partial t} = -\mathrm{i}\nu A\mathrm{e}^{\mathrm{i}(kx-\nu t)} \tag{17.4}$$

$$\frac{\partial^2\psi(x,t)}{\partial t^2} = -\nu^2 A\mathrm{e}^{\mathrm{i}(kx-\nu t)} \tag{17.5}$$

若$k=\nu/c$，与第 4 章一样，得到波动方程

$$\frac{\partial^2\psi(x,t)}{\partial x^2} - \frac{1}{c^2}\frac{\partial^2\psi(x,t)}{\partial t^2} = 0 \tag{17.6}$$

这是在自由空间以光速c传播的光波的波动方程，推导中的重要步骤在于

$$\nu = ck \tag{17.7}$$

频率和波数之间的这种关系称为**色散关系**。

对于电子这样的粒子，频率ν与波数k之间的对应关系很不一样，根据德布罗意的描述，粒子的动量由德布罗意波长λ与相应的波数k表示为

$$p = \frac{h}{\lambda} = \hbar k \tag{17.8}$$

式中，$k = 2\pi/\lambda$，$\hbar = h/2\pi$。动能E与动量p的关系服从$E = p^2/2m$，由爱因斯坦关系，

能量与频率 ν 的关系服从 $E = \hbar\nu$，因此波粒二象性意味着

$$E = \hbar\nu = \frac{p^2}{2m} \tag{17.9}$$

由式（17.8）与式（17.9）得

$$\nu = \frac{\hbar k^2}{2m} \tag{17.10}$$

由这些表达式，可将式（17.1）中的指数部分写成以下形式：

$$\mathrm{i}(kx - \nu t) = \frac{\mathrm{i}}{\hbar}(\hbar kx - \hbar\nu t) = \frac{\mathrm{i}}{\hbar}(px - Et) = \frac{\mathrm{i}}{\hbar}\left(px - \frac{p^2}{2m}t\right) \tag{17.11}$$

因此德布罗意的波函数表达式也可写成

$$\psi(x,t) = A\mathrm{e}^{\frac{\mathrm{i}}{\hbar}\left(px - \frac{p^2}{2m}t\right)} \tag{17.12}$$

函数 $\psi(x,t)$ 对 x 和 t 分别求微分得

$$\frac{\partial\psi(x,t)}{\partial x} = \frac{\mathrm{i}}{\hbar}pA\mathrm{e}^{\frac{\mathrm{i}}{\hbar}\left(px - \frac{p^2}{2m}t\right)} \tag{17.13}$$

$$\frac{\partial^2\psi(x,t)}{\partial x^2} = -\frac{p^2}{\hbar^2}A\mathrm{e}^{\frac{\mathrm{i}}{\hbar}\left(px - \frac{p^2}{2m}t\right)} \tag{17.14}$$

$$\frac{\partial\psi(x,t)}{\partial t} = -\mathrm{i}\frac{p^2}{2m\hbar}A\mathrm{e}^{\frac{\mathrm{i}}{\hbar}\left(px - \frac{p^2}{2m}t\right)} \tag{17.15}$$

所得 $\psi(x,t)$ 的波动方程为

$$-\frac{\hbar^2}{2m}\frac{\partial^2\psi(x,t)}{\partial x^2} = \mathrm{i}\hbar\frac{\partial\psi(x,t)}{\partial t} \tag{17.16}$$

即沿 x 轴移动的自由粒子如电子（或棒球等）的薛定谔方程。

已知自由粒子（受力 $F = 0$）对应的牛顿方程为 $ma = 0$，其中 $a = \mathrm{d}^2 x/\mathrm{d}t^2$ 是加速度，在牛顿力学中描述自由粒子运动的方程为

$$m\frac{\mathrm{d}^2 x}{\mathrm{d}t^2}=0 \tag{17.17}$$

即使描述同一系统，这个方程与薛定谔方程（17.16）也不像，下一节介绍怎样用薛定谔方程倒推出牛顿力学所得到的结果。

接下来，试着从能量守恒的角度来理解薛定谔方程（17.16），抛开物理量只能是数字的传统观念，将位置、动量与能量视为微分算子：

$$\hat{x}=x \tag{17.18}$$

$$\hat{p}=-\mathrm{i}\hbar\frac{\partial}{\partial x} \tag{17.19}$$

$$\hat{E}=\mathrm{i}\hbar\frac{\partial}{\partial t} \tag{17.20}$$

完成这些替换后，薛定谔方程变为

$$\frac{\hat{p}^2}{2m}\psi(x,t)=\hat{E}\psi(x,t) \tag{17.21}$$

这看起来像自由粒子的方程（$E=p^2/2m$），除了“可观测”量（如动量和能量）是对波函数运算的微分算子。这个全新的特征和经典力学不一样，以前位置与动量总是实数。

还有势能$V(x)$时，方程还能像下面这样完善。总能量为动能与势能之和，即

$$E=\frac{p^2}{2m}+V(x) \tag{17.22}$$

将E和p替换为波函数的算子，得

$$\left(\frac{\hat{p}^2}{2m}+V(x)\right)\psi(x,t)=\hat{E}\psi(x,t) \tag{17.23}$$

再代入式（17.18）至式（17.20），得

$$\left(-\frac{\hbar^2}{2m}\frac{\partial^2}{\partial x^2}+V(x)\right)\psi(x,t)=\mathrm{i}\hbar\frac{\partial\psi(x,t)}{\partial t} \tag{17.24}$$

这是一维问题的完整薛定谔方程。粒子在力的作用下运动，正确的方程不再是牛顿的 $F=ma$，而是薛定谔方程。方程（17.24）称为**含时薛定谔方程**。

在一些问题中，需要研究特征能量为 E 的系统的稳态。此时，波函数 $\psi(x,t)$ 表示为

$$\psi(x,t)=\phi(x)\mathrm{e}^{-\mathrm{i}(E/\hbar)t} \tag{17.25}$$

于是

$$\frac{\partial\psi(x,t)}{\partial t}=-\mathrm{i}\frac{E}{\hbar}\psi(x,t) \tag{17.26}$$

薛定谔方程简化成所谓定态薛定谔方程，形式为

$$\left(-\frac{\hbar^2}{2m}\frac{\partial^2}{\partial x^2}+V(x)\right)\psi=E\psi \tag{17.27}$$

后续几节将通盘考虑两种形式的薛定谔方程［式（17.24）与式（17.27）］及一些简单问题的解。

也许你马上就想问：这意味着什么？薛定谔方程的两种形式看起来相当抽象，就算能在数学上求解这些方程，那么怎么求感兴趣的量如粒子的位置、动量与能量呢？

薛定谔方程的关键是波函数 $\psi(x,t)$，所有物理量都能由它确定。已知 $\psi(x,t)$ 就能马上计算出 $|\psi(x,t)|^2$，根据马克斯·玻恩的解释，$|\psi(x,t)|^2$ 表示 t 时刻在 x 处发现粒子的概率密度。由于粒子存在于空间中的某个点上，

$$\int|\psi(x,t)|^2\,\mathrm{d}x=1 \tag{17.28}$$

这被称为**归一化条件**，所有波函数都满足。

薛定谔方程得不到明确或确定的粒子位置与动量。由玻恩为概率密度的解读 $|\psi(x,t)|^2=\psi^*(x,t)\psi(x,t)$，可计算出任意可观测量 O 的均值或期望：

$$\langle O\rangle=\int\psi^*(x,t)\hat{O}\psi(x,t)\,\mathrm{d}x \tag{17.29}$$

式中，$\psi^*(x,t)$ 是 $\psi(x,t)$ 的复共轭，$\hat{O}$ 是对应于可观测量 O 的算子。

例如，位置与动量的均值可以这么计算：

$$\langle x\rangle = \int\psi^*(x,t)\hat{x}\psi(x,t)\,\mathrm{d}x = \int\psi^*(x,t)x\psi(x,t)\,\mathrm{d}x \tag{17.30}$$

$$\langle p\rangle = \int\psi^*(x,t)\hat{p}\psi(x,t)\,\mathrm{d}x = \int\psi^*(x,t)(-\mathrm{i}\hbar\frac{\partial}{\partial x})\psi(x,t)\,\mathrm{d}x \tag{17.31}$$

类似地，粒子的均方位置与均方动量可以这么计算：

$$\langle x^2\rangle = \int\psi^*(x,t)\hat{x}^2\psi(x,t)\,\mathrm{d}x = \int\psi^*(x,t)x^2\psi(x,t)\,\mathrm{d}x \tag{17.32}$$

$$\langle p^2\rangle = \int\psi^*(x,t)\hat{p}^2\psi(x,t)\,\mathrm{d}x = \int\psi^*(x,t)(-\mathrm{i}\hbar\frac{\partial}{\partial x})^2\psi(x,t)\,\mathrm{d}x \tag{17.33}$$

位置与动量的均方根差或不确定度为

$$\Delta x = \sqrt{\langle x^2\rangle - \langle x\rangle^2} \tag{17.34}$$

$$\Delta p = \sqrt{\langle p^2\rangle - \langle p\rangle^2} \tag{17.35}$$

可以证明这些不确定度满足海森堡不确定性关系：

$$\Delta x\Delta p \geqslant \frac{\hbar}{2} \tag{17.36}$$

特定系统所允许的能量值可由求解定态薛定谔方程（17.27）得到。结果的特别之处是三维薛定谔方程的解正确得到了氢原子所允许能级中的能量值，这将在 17.5 节介绍，而没有必要像玻尔那样用量子化假设解释氢原子气体发出的光谱。此外，使用三维薛定谔方程还能解决几乎所有的粒子动力学问题。一般来说，薛定谔方程很难求出现实问题的解析解，通常不得不采取数值计算。

最后，薛定谔方程适用于所谓非相对论极限内的问题，即粒子速度远小于光速的问题；对于相对论粒子，保罗·狄拉克 1928 年推导出了另一个更一般的方程，称为**狄拉克方程**。

17.2　经典力学和量子力学中的运动学

量子力学与经典力学中粒子的动力学方程不同，薛定谔方程和牛顿第二运动定律也不一样，怎么理解两者之间的关系？日常生活中看不到量子力学关键的概率性，而牛顿力学则给出了非常准确的结果，怎么理解所见到的这些现象？

为了解答这些问题，不妨用牛顿力学与量子力学求解最简单的粒子动力学问题，然后观察两种方法的根本区别。这个简单的问题也有助于揭示基本理论是量子力学，而经典力学只是研究宏观物体时非常好的近似。

下面来看质量为 m 的粒子沿 x 轴运动的问题。设 $t=0$ 时粒子所在的位置为 x_i，其动量为 p_i，不受力。那么 t 时刻这个粒子在哪儿呢？

用牛顿力学求解这个问题的答案太简单了。根据牛顿第二运动定律 $F=ma$，其中 F 是施加的力，a 是加速度，因为外力 F 等于 0，所以 $ma=0$，即

$$ma = m\frac{\mathrm{d}^2 x}{\mathrm{d}t^2} = 0 \tag{17.37}$$

其中用到了加速度的定义式 $a=\mathrm{d}^2 x/\mathrm{d}t^2$，这个方程积分得到 t 时刻的动量：

$$p(t) = m\frac{\mathrm{d}x}{\mathrm{d}t} = p_i \tag{17.38}$$

再次积分求出 t 时刻的位置：

$$x(t) = x_{\mathrm{i}} + \frac{p_{\mathrm{i}}}{m}t \tag{17.39}$$

这的确是牛顿方程的解，可通过对 t 两次微分，结果满足式(17.37)。由式(17.39)和式（17.38）不难发现 $t=0$ 时的位置与动量分别是 x_{i} 和 p_{i}，于是已知初始时刻 t_{i} 粒子的位置与动量，可准确预测之后的位置与动量，这就是牛顿力学的特性。

在量子力学框架下怎么求解这个问题？自由粒子的波函数 $\psi(x,t)$ 对应的方程是薛定谔方程［$V(x)=0$］

$$-\frac{\hbar^2}{2m}\frac{\partial^2\psi(x,t)}{\partial x^2} = \mathrm{i}\hbar\frac{\partial\psi(x,t)}{\partial t} \tag{17.40}$$

第一个问题是，怎样描述粒子的初始位置与动量？明确的值 x_{i} 与 p_{i} 无法作为初始位置与动量，因为会违反海森堡不确定性关系。海森堡不确定性关系

$$\Delta x\Delta p \geqslant \frac{\hbar}{2}$$

不允许为位置与动量指定精确值，因此不能将粒子视为精确位于 x_{i} 并以明确动量 p_{i} 移动的点状物，而必须描述为 $t=0$ 的波函数 $\psi(x,0)$，波函数模的平方 $|\psi(x,0)|^2$ 描述在位置 x 发现粒子的概率密度，因此粒子可用中心位置在 $x=x_i$ 的波包表示，关于波包的介绍见 7.2 节。

波包由不同波长的波函数组合而成，波长由粒子的动量确定（德布罗意关系 $p=h/\lambda$），波包提供物体的位置与动量信息，但不包括任何物理量的准确值。由海森堡不确定性关系（17.36），波函数保留了粒子位置与动量的不确定性，波包法可用于研究电子的位置与动量怎样随时间演化。为此，需要求解薛定谔方程（17.40）。

一种描述 $t=0$ 时刻粒子的简单波包称为**高斯波包**，

$$\psi(x,0)=\frac{1}{\sqrt{\sqrt{2\pi}\sigma_{\mathrm{i}}}}\mathrm{e}^{-\frac{(x-x_{\mathrm{i}})^2}{4\sigma_{\mathrm{i}}^2}}\mathrm{e}^{\mathrm{i}\frac{p_{\mathrm{i}}}{\hbar}(x-x_{\mathrm{i}})} \tag{17.41}$$

在这个波包发现电子的概率是

$$\left|\psi(x,0)\right|^2=\frac{1}{\sqrt{2\pi}\sigma_{\mathrm{i}}}\mathrm{e}^{-\frac{(x-x_{\mathrm{i}})^2}{2\sigma_{\mathrm{i}}^2}} \tag{17.42}$$

这个波包以 $x=x_{\mathrm{i}}$ 为中心并关于它对称，如图 17.1 所示；物理上，这意味着粒子的位置并不在 $x=x_{\mathrm{i}}$，而服从在 $x=x_{\mathrm{i}}$ 达到最大值、距离越远概率越小的概率密度。若 σ_{i} 较小，则概率分布较窄，因此 σ_{i} 是粒子“聚集”程度的指标。重点是粒子以一定概率存在于任何 x 位置，这与前文提到的粒子的经典图景相反。

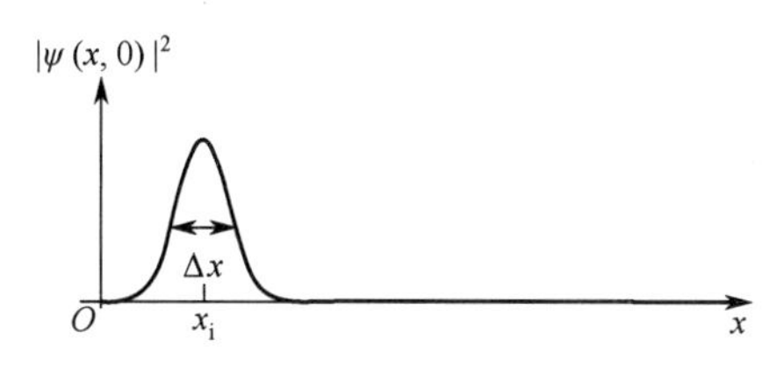

图 17.1　由式（17.42）得到的高斯波包

用积分

$$\int_{-\infty}^{\infty}\mathrm{e}^{-u^2}\,\mathrm{d}u=\sqrt{\pi} \tag{17.43}$$

归一化波函数（17.41）

$$\int_{-\infty}^{\infty}\left|\psi(x,0)\right|^{2}\mathrm{d}x=1 \tag{17.44}$$

得到粒子的平均位置为

$$\left\langle x(0)\right\rangle=\int_{-\infty}^{\infty}x\left|\psi(x,0)\right|^{2}\mathrm{d}x=x_{\mathrm{i}} \tag{17.45}$$

均方位置为

$$\left\langle x^{2}(0)\right\rangle=\int_{-\infty}^{\infty}x^{2}\left|\psi(x,0)\right|^{2}\mathrm{d}x=x_{\mathrm{i}}^{2}+\sigma_{\mathrm{i}}^{2} \tag{17.46}$$

均方根差或波包的扩散范围是

$$\Delta x=\sqrt{\left\langle x^{2}(0)\right\rangle-\left\langle x(0)\right\rangle^{2}}=\sigma_{\mathrm{i}} \tag{17.47}$$

如图 17.1 所示。

再根据薛定谔方程（17.40）求波包的演化，解得

$$\psi(x,t)=\frac{1}{\sqrt{\sigma_{\mathrm{i}}\left(1+\mathrm{i}\hbar t/2m\sigma_{\mathrm{i}}^{2}\right)\sqrt{2\pi}}}\mathrm{e}^{-\left\{\frac{(x-x_{\mathrm{i}})^{2}}{4\sigma_{\mathrm{i}}^{2}\left[1+\mathrm{i}(\hbar t/2m\sigma_{\mathrm{i}}^{2})\right]}-\frac{\mathrm{i}}{\hbar}\frac{p_{\mathrm{i}}(x-x_{\mathrm{i}})-(p_{\mathrm{i}}^{2}/2m)t}{\left[1+\mathrm{i}(\hbar t/2m\sigma_{\mathrm{i}}^{2})\right]}\right\}} \tag{17.48}$$

这个结果的完整推导非常复杂，此处略。可通过$\psi(x,t)$对x求 2 次导，对t求 1 次导，将最终表达式代入方程（17.40）验证这确实是方程（17.40）的一个解。此外，$\psi(x,t)$在$t=0$简化成式（17.41）中的$\psi(x,0)$。

粒子在t时刻的概率密度是波函数模的平方，即

$$\left|\psi(x,t)\right|^{2}=\frac{1}{\sigma_{\mathrm{i}}\sqrt{1+(\hbar t/2m\sigma_{\mathrm{i}}^{2})^{2}}\sqrt{2\pi}}\mathrm{e}^{-\frac{(x-x_{\mathrm{i}}-(p_{\mathrm{i}}/m)t)^{2}}{2\sigma_{\mathrm{i}}^{2}\left[1+(\hbar t/2m\sigma_{\mathrm{i}}^{2})^{2}\right]}} \tag{17.49}$$

这个量可用于求粒子在t时刻所处位置的可能性，t时刻的波包与初始波包（17.42）的形式相同，但平均位置坐标偏移而且波动幅度增强。由图 17.2 可见，波包传播时会逐渐扩散。

首先，波包中心在 t 时刻从 $x = x_{\mathrm{i}}$ 移动到了

$$x = x_{\mathrm{i}} + \frac{p_{\mathrm{i}}}{m} t$$

这与经典力学中得到的方程（17.39）一致。这个方程不表示粒子的位置，而描述传播中波包的中心位置。高斯波包关于中心对称，因此波包中心与粒子的平均位置相同，可通过在式（17.30）中用式（17.49）代替 $|\psi(x,t)|^2$ 并用式（17.43）积分得到，结果为

$$\langle x(t) \rangle = \int_{-\infty}^{\infty} x |\psi(x,t)|^2 \,\mathrm{d}x = x_{\mathrm{i}} + \frac{p_{\mathrm{i}}}{m} t \tag{17.50}$$

从而得到更一般的结果：波包的平均位置与经典粒子服从相同的动力学规律。

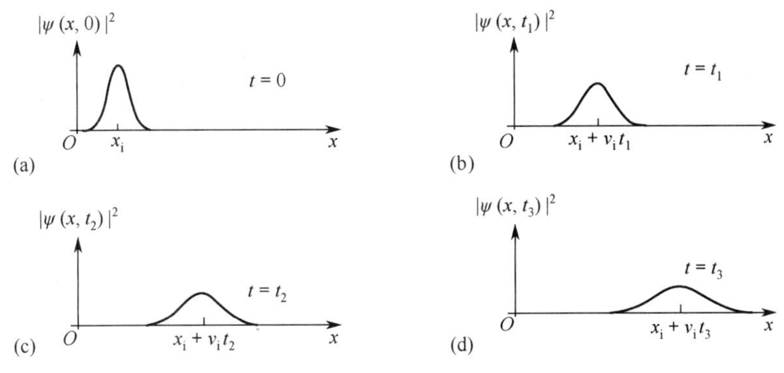

图 17.2　一维高斯波包在传播中扩散

由此证明，对于无外力作用的匀速运动的简单情况，平均位置遵循牛顿运动方程导出的公式。这个结果其实非常普遍，有势函数 $V(x)$ 时也成立，这个结果称为**埃伦费斯特定理**，它建立了牛顿描述与薛定谔描述之间的桥梁。

从上述结果看，一个非常窄的随时间几乎不扩散的波包应该是对牛顿力学粒子动力学很好的描述，窄波包对应于定域粒子，不扩散对应于精确轨迹。

下面研究波包传播中的扩散。波包的扩散由 t 时刻波包的均方根宽度 $\sigma_{\mathrm{f}}(t)$ 给出。由式（17.49），有

$$\sigma_{\mathrm{f}}(t) = \Delta x = \sqrt{\langle x^2(t) \rangle - \langle x(t) \rangle^2} = \sigma_i \sqrt{1 + \left(\frac{\hbar t}{2m\sigma_{\mathrm{i}}^{\,2}} \right)^2} \tag{17.51}$$

波包表示随时间扩散的粒子，这种扩散对于大质量粒子来说非常缓慢，波包扩散到两倍初始宽度［$\sigma_{\mathrm{f}}(t)=2\sigma_{\mathrm{i}}$］时，有

$$1+\left(\frac{\hbar t}{2m{\sigma_{\mathrm{i}}}^{2}}\right)^{2}=4 \tag{17.52}$$

或

$$t=\frac{2\sqrt{3}m{\sigma_{\mathrm{i}}}^{2}}{\hbar} \tag{17.53}$$

例如，质量为 1g（10^{-3} kg）的弹球描述为大小相仿的 1mm（10^{-3} m）的波包，扩散到两倍初值（2mm）的时间长达

$$t_{弹球}=\frac{2\sqrt{3}m{\sigma_{\mathrm{i}}}^{2}}{\hbar}=\frac{2\sqrt{3}\times10^{-3}\times10^{-6}}{1.1\times10^{-34}}\mathrm{s}\approx10^{25}\,\mathrm{s}\approx10^{15}\,\mathrm{a} \tag{17.54}$$

这大约是已知宇宙年龄的 10000 倍。

又如，质量为 $m=9.1\times10^{-31}$ kg、尺寸在 1 μm 内的电子对应的波包的扩散时间为

$$t_{电子}=\frac{2\sqrt{3}m{\sigma_{\mathrm{i}}}^{2}}{\hbar}=\frac{2\sqrt{3}\times9.11\times10^{-31}\times10^{-12}}{1.1\times10^{-34}}\mathrm{s}\approx10^{-8}\,\mathrm{s} \tag{17.55}$$

由此可见电子的波包快速扩散。

接下来问题是 t 时刻粒子在哪？对此问题没有确切答案（像牛顿力学中那样），只能说粒子在 t 时刻位于 x 处的概率分布见式（17.49），粒子最可能出现的位置与牛顿运动定律的预测相同，但也可能在远离经典轨迹处出现，即使概率非常小。随着粒子运动，对应波包扩散，粒子可能出现的区域越来越大。

波包扩散可由海森堡不确定性关系理解。根据不确定性关系，波包在空间中扩散也会相应地在动量上扩散，因此波包包含不同动量、不同速度的波，造成波包扩散。波包空间越窄，动量分布越宽，导致扩散速度更快，这与严谨计算的结论一致。

波包的扩散可直接由海森堡不确定性关系推导出来，而不需要借助薛定谔方程。首先，初始波包内的每个点都遵循如下路径：

$$x = x_{\mathrm{i}} + \frac{p_{\mathrm{i}}}{m} t \tag{17.56}$$

平均位置遵循如下轨迹：

$$\langle x \rangle = \langle x_{\mathrm{i}} \rangle + \frac{\langle p_{\mathrm{i}} \rangle}{m} t \tag{17.57}$$

均方位置是

$$\langle x^2 \rangle = \left\langle \left(x_{\mathrm{i}} + \frac{p_{\mathrm{i}}}{m} t \right)^2 \right\rangle = \langle x_{\mathrm{i}}^2 \rangle + 2 \langle x_{\mathrm{i}} \rangle \frac{\langle p_{\mathrm{i}} \rangle}{m} t + \frac{\langle p_{\mathrm{i}}^2 \rangle}{m^2} t^2 \tag{17.58}$$

位置分布定义为

$$\sigma_{\mathrm{f}}(t) = \Delta x = \sqrt{\langle x^2(t) \rangle - \langle x(t) \rangle^2} = \sqrt{(\Delta x_{\mathrm{i}})^2 + \frac{(\Delta p_{\mathrm{i}})^2}{m^2} t^2} \tag{17.59}$$

将式（17.57）与式（17.58）分别代入$\langle x \rangle$与$\langle x^2(t) \rangle$，由海森堡不确定性关系，最理想情况下有

$$\Delta p_{\mathrm{i}} = \frac{\hbar}{2 \Delta x_{\mathrm{i}}} \tag{17.60}$$

将式（17.59）中的Δp_{i}代入上式，再代入$\sigma_{\mathrm{i}} \equiv \Delta x_{\mathrm{i}}$还原波包的扩散关系（17.51），就能推导出不确定性关系与波包扩散间的密切联系，由此深入理解量子动力学的起源。

17.3　势箱中的粒子

量子力学最简单的问题之一是限制在长度为L的一维势箱中的单个自由粒子，势箱中的势能为零，而边界$x=0$与$x=L$处的势能无穷大。势箱内的薛定谔方程是

$$\left[-\frac{\hbar^2}{2m} \frac{\mathrm{d}^2}{\mathrm{d} x^2} + V(x) \right] \psi = E \psi \tag{17.61}$$

化简为

$$-\frac{\hbar^2}{2m} \frac{\mathrm{d}^2 \psi}{\mathrm{d} x^2} = E \psi \tag{17.62}$$

由于边界势垒无穷大，粒子只能留在势箱内，在势箱外发现粒子的可能性为 0，即势箱外$\psi=0$。由于波函数在势阱的边界$x=0$与$x=L$处必须连续，波函数满足边界条件

$$\psi(0)=\psi(L)=0 \tag{17.63}$$

薛定谔方程（17.62）根据上述边界条件求解。

方程（17.62）可改写成

$$\frac{\mathrm{d}^2\psi}{\mathrm{d}x^2}+k^2\psi=0 \tag{17.64}$$

式中，

$$k=\sqrt{\frac{2mE}{\hbar^2}} \tag{17.65}$$

这个方程与简谐运动方程类似，这类方程的通解为

$$\psi(x)=A\sin kx+B\cos kx \tag{17.66}$$

式中，A和B是由边界条件与归一化条件确定的常数。

由已知条件$\psi(0)=0$得$B=0$，因此

$$\psi(x)=A\sin kx \tag{17.67}$$

条件$\psi(L)=0$表明

$$A\sin kL=0 \tag{17.68}$$

这个等式成立有两种可能。第一种是$A=0$，但这样一来$\psi(x)=0$，表明粒子出了势箱，与已知条件矛盾。另一种可能是

$$kL=n\pi \tag{17.69}$$

式中，$n=1,2,\cdots$为整数，波函数的解是

$$\psi_n(x)=A\sin\left(\frac{n\pi}{L}x\right) \tag{17.70}$$

常数 A 可由粒子在势箱内这一条件求得，即

$$\int_0^L \left|\psi_n(x)\right|^2 \mathrm{d}x = 1 \tag{17.71}$$

所以

$$A^2 \int_0^L \sin^2\left(\frac{n\pi}{L}x\right)\mathrm{d}x = A^2\frac{L}{2} = 1$$

归一化常数 A 等于 $\sqrt{2/L}$，波函数为

$$\psi_n(x) = \sqrt{\frac{2}{L}}\sin\left(\frac{2\pi}{\lambda_n}x\right) \tag{17.72}$$

图 17.3 画出了不同 n 值的波函数 $\psi_n(x)$。相应的概率密度是

$$\left|\psi_n\right|^2 = \frac{2}{L}\sin^2\left(\frac{n\pi}{L}x\right) \tag{17.73}$$

如图 17.4 所示。

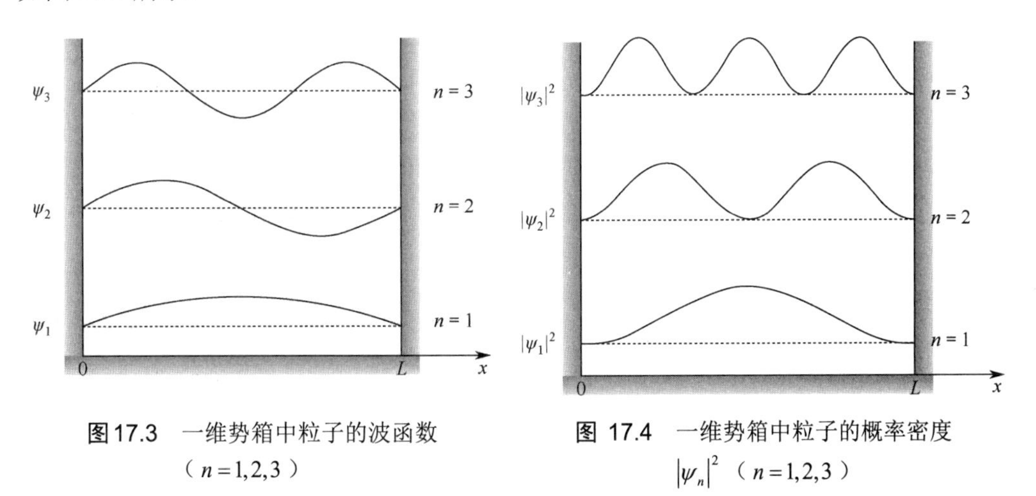

图 17.3　一维势箱中粒子的波函数（$n=1,2,3$）

图 17.4　一维势箱中粒子的概率密度 $\left|\psi_n\right|^2$（$n=1,2,3$）

粒子在量子态 $\psi_n(x)$ 的能量有多大？将式（17.65）中的 k 值代入式（17.69），得

$$E_n = \frac{n^2\pi^2\hbar^2}{2mL^2} \tag{17.74}$$

式中，$n=1,2,\cdots$。由此又得出一个反直觉的结果：粒子的能量量子化了，只能由式（17.74）取值，更令人惊讶的是粒子的位置也量子化了，只能由式（17.73）对应的概率密度取值。如图 17.4 所示，对于特定的能量，有些地方就不会有粒子存在。

为会么日常生活中没见过这么奇怪的行为？能够见到粒子（如网球）有任意能量、在两面墙之间的任何地方。为解释这种矛盾现象，注意到式（17.73）中的波函数与式（17.74）中的能量方程所描述的量子化行为只在量子数n较小时才能观察到，这发生在

$$\frac{2mL^2E_n}{\pi^2}\sim\hbar^2 \tag{17.75}$$

例如，质量为$m=9.1\times10^{-31}$ kg、能量为 7eV $=7\times1.6\times10^{-19}$ J 的电子，在长度$L=4\times10^{-10}$ m 的范围内，对应的量子态为$n\approx1\sim2$，这种情况大致对应于金属内移动的自由电子。金属由占据晶格位置的原子组成，自由电子受环绕原子的电子云的斥力。斥力足够大时，这种情况就像限制在两面墙之间的电子。

随着粒子能量或质量的增加，量子数n显著增加，能级逐渐接近。以速度 5m/s 运动的 50g 网球的能量为$\frac{1}{2}mv^2=0.625$ J，如果限制在相距 10m 的两面墙之间，则

$$n=\frac{\sqrt{2mL^2E_n}}{\pi\hbar}\sim10^{34} \tag{17.76}$$

也就是说，波函数在短短 1m 距离内有10^{33}个节点（相邻两个节点之间的距离为10^{-33} m），基本形成连续体，意味着这是自由粒子，可以出现在两面墙之间的任何位置，能量也可以连续取值，没有必要再用量子力学模型，仅用经典模型得到的结果就足够准确。

17.4 势垒贯穿

本节解决粒子穿过势垒这一问题。势垒就像一面高h_0的墙，根据牛顿力学，当质量为m的粒子以速度v运动时，仅在总能量（动能与势能之和）大于能量mgh_0时才能跨越势垒到达墙的另一边。粒子不受任何摩擦力时，总能穿过去，一旦总能量E小于所需能量，即

$$E<mgh_0 \tag{17.77}$$

就穿不过去了，这是随处可见的常识。

在量子力学中会怎么样？长为L且高为V_0的一维势垒

$$V(x)=\begin{cases}0, & x<0\\ V_0, & 0\leqslant x\leqslant L\\ 0, & x>0\end{cases} \tag{17.78}$$

如图 17.5 所示，问题是，能量为

$$E<V_0 \tag{17.79}$$

的粒子入射到势垒上会发生什么？是像以往那样被反弹回来［见图 17.6(a)］，还是“隧穿”出现在另一边［见图 17.6(b)］？令人惊讶的是，这个粒子还真有一定概率贯穿势垒。下面来看怎样通过求解如下薛定谔方程来计算隧穿概率：

$$\left(-\frac{\hbar^2}{2m}\frac{\mathrm{d}^2}{\mathrm{d}x^2}+V(x)\right)\psi=E\psi \tag{17.80}$$

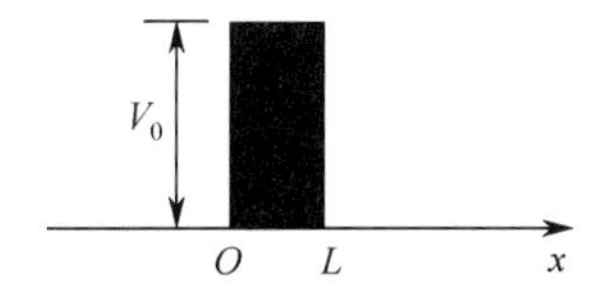

图 17.5　一个长度为 L 且高度为 V_0 的势垒

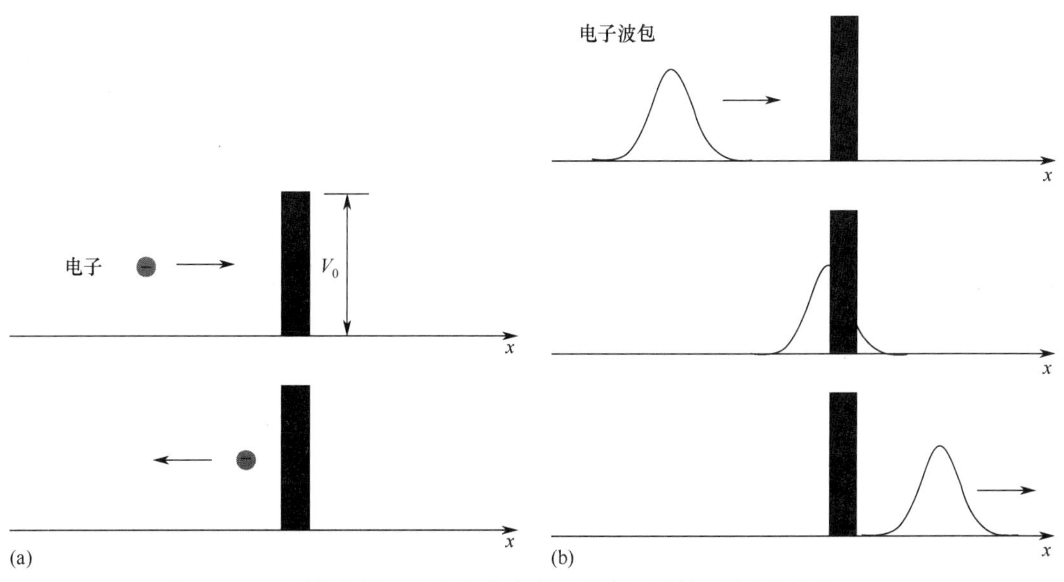

图 17.6　(a)以往能量 E 小于势垒高度 V_0 被完全反射，没有机会到达右边；(b)在量子世界，同一个粒子被视为波包，有一定概率隧穿势垒

方法如下：粒子的波函数$\psi(x)$应分布在从$x=-\infty$到$x=\infty$的整个一维空间中，在整个空间均匀分布，不存在扭结或不连续点。为找到这样的波函数，首先列出并求解3个区域各自的薛定谔方程：势垒前（$x<0$）的波函数$\psi_{\mathrm{I}}(x)$，势垒内（$0\leqslant x\leqslant L$）的波函数$\psi_{\mathrm{II}}(x)$，以及势垒后（$x>L$）的波函数$\psi_{\mathrm{III}}(x)$。为了确保总波函数在整个一维空间内平滑，令势能边界处的波函数与其导数相等。例如，在边界$x=0$处为匹配波函数并确保平滑性，要求

$$\psi_{\mathrm{I}}(0)=\psi_{\mathrm{II}}(0) \tag{17.81}$$

$$\left.\frac{\mathrm{d}\psi_{\mathrm{I}}(x)}{\mathrm{d}x}\right|_{x=0}=\left.\frac{\mathrm{d}\psi_{\mathrm{II}}(x)}{\mathrm{d}x}\right|_{x=0} \tag{17.82}$$

在边界$x=L$处也有类似的条件，即

$$\psi_{\mathrm{II}}(L)=\psi_{\mathrm{III}}(L) \tag{17.83}$$

$$\left.\frac{\mathrm{d}\psi_{\mathrm{II}}(x)}{\mathrm{d}x}\right|_{x=L}=\left.\frac{\mathrm{d}\psi_{\mathrm{III}}(x)}{\mathrm{d}x}\right|_{x=L} \tag{17.84}$$

这些边界条件与薛定谔方程在3个区域内的解足够用来计算粒子透射和反射的概率。

在区域I（$-\infty<x<0$）中，势能$V(x)$为零，波函数$\psi_{\mathrm{I}}(x)$的薛定谔方程为

$$-\frac{\hbar^2}{2m}\frac{\mathrm{d}^2\psi_{\mathrm{I}}(x)}{\mathrm{d}x^2}=E\psi_{\mathrm{I}}(x) \tag{17.85}$$

在区域II（$0\leqslant x<L$）中，势能$V(x)=V_0$，波函数$\psi_{\mathrm{II}}(x)$的薛定谔方程为

$$\left(-\frac{\hbar^2}{2m}\frac{\mathrm{d}^2}{\mathrm{d}x^2}+V_0\right)\psi_{\mathrm{II}}(x)=E\psi_{\mathrm{II}}(x) \tag{17.86}$$

在区域III（$L\leqslant x<\infty$）中，势能为零，波函数$\psi_{\mathrm{III}}(x)$的薛定谔方程为

$$-\frac{\hbar^2}{2m}\frac{\mathrm{d}^2\psi_{\mathrm{III}}(x)}{\mathrm{d}x^2}=E\psi_{\mathrm{III}}(x) \tag{17.87}$$

接下来求这些方程的通解，先求方程（17.85）的解，改写为

$$\frac{\mathrm{d}^2\psi_{\mathrm{I}}(x)}{\mathrm{d}x^2}+k^2\psi_{\mathrm{I}}(x)=0 \tag{17.88}$$

式中，

$$k=\sqrt{\frac{2mE}{\hbar^2}} \tag{17.89}$$

这个方程的通解之一是

$$\psi_{\mathrm{I}}(x)=A\mathrm{e}^{\mathrm{i}kx}+B\mathrm{e}^{-\mathrm{i}kx} \tag{17.90}$$

式中，常数 A 和 B 可由前文所述的边界条件确定。

$\psi_{\mathrm{III}}(x)$ 的方程（17.87）也可以这么求解，结果是

$$\psi_{\mathrm{III}}(x)=F\mathrm{e}^{\mathrm{i}kx}+G\mathrm{e}^{-\mathrm{i}kx} \tag{17.91}$$

式中，F 和 G 也是常数。

最后，$\psi_{\mathrm{II}}(x)$ 的方程（17.86）可改写为

$$\frac{\mathrm{d}^2\psi_{\mathrm{II}}(x)}{\mathrm{d}x^2}-\beta^2\psi_{\mathrm{II}}(x)=0 \tag{17.92}$$

式中，

$$\beta=\sqrt{\frac{2m(V_0-E)}{\hbar^2}} \tag{17.93}$$

这个方程的解是

$$\psi_{\mathrm{II}}(x)=C\mathrm{e}^{\beta x}+D\mathrm{e}^{-\beta x} \tag{17.94}$$

其中常数 C 和 D 由边界条件确定。

在沿用边界条件之前，先想想这些解的物理本质。区域 I 中的波函数 $\psi_{\mathrm{I}}(x)$ 由两项组成：第一项是 $A\exp(\mathrm{i}kx)$，它对应于向右传播的波，其中 A 是该波的幅度；第二项是 $B\exp(-\mathrm{i}kx)$，它对应于向左传播的波，其中 B 是反射波的幅度，因此 B/A 是反射幅度，而

$$R = \left|\frac{B}{A}\right|^2 \tag{17.95}$$

是粒子反射的概率，如果粒子行为经典，应有 $R=1$。

再看区域 III 的解。式（17.91）中 $\psi_{\text{III}}(x)$ 的第一项 $F\exp(\text{i}kx)$ 对应于向右传播的波，其中 F 是透射波的幅度；第二项 $G\exp(-\text{i}kx)$ 对应于向左传播的波，但在区域 III 中，粒子只能沿 $+x$ 方向移动，不存在反射波，所以 G 应等于零，传输系数定义为

$$T = \left|\frac{F}{A}\right|^2 \tag{17.96}$$

这里 T 表示粒子以某种方式穿透势垒的概率，反射系数与传输系数的和应等于 1，即

$$R + T = 1 \tag{17.97}$$

将方程的通解（17.90）、（17.91）和（17.94）代入边界条件（17.81）～（17.84），得到（其中 $G=0$）

$$A + B = C + D \tag{17.98}$$

$$\text{i}k(A - B) = \beta(C - D) \tag{17.99}$$

$$C\,\text{e}^{\beta L} + D\,\text{e}^{-\beta L} = F\,\text{e}^{\text{i}kL} \tag{17.100}$$

$$\beta(C\,\text{e}^{\beta L} - D\,\text{e}^{-\beta L}) = \text{i}kF\,\text{e}^{\text{i}kL} \tag{17.101}$$

这 4 个方程中有 5 个未知数 A, B, C, D 与 F，如果未知数定义为 $B/A, C/A, D/A$ 和 F/A，就能将未知数数量减少到 4 个，由于只对反射系数与传输系数感兴趣，所以只需要求 B/A 和 F/A。

经过冗长的简单计算（略），得

$$\frac{B}{A} = \frac{-\text{i}(k^2 + \beta^2)\sinh(\beta L)}{2k\beta\cosh(\beta L) + \text{i}(\beta^2 - k^2)\sinh(\beta L)} \tag{17.102}$$

$$\frac{F}{A} = \frac{2k\beta\,\text{e}^{-\text{i}kL}}{2k\beta\cosh(\beta L) + \text{i}(\beta^2 - k^2)\sinh(\beta L)} \tag{17.103}$$

反射系数 R 与传输系数 T 为

$$R=\left|\frac{B}{A}\right|^2=\frac{(k^2+\beta^2)^2\sinh^2(\beta L)}{4k^2\beta^2+(k^2+\beta^2)^2\sinh^2(\beta L)} \tag{17.104}$$

$$T=\left|\frac{F}{A}\right|^2=\frac{4k^2\beta^2}{4k^2\beta^2+(k^2+\beta^2)^2\sinh^2(\beta L)} \tag{17.105}$$

图 17.7 画出了粒子穿过宽 $L=0.5\lambda(kL=\pi)$ 的势垒的反射系数 R 与透射系数 T，其中 λ 是德布罗意波长。R 与 T 的表达式化简后得

$$R=\frac{V_0^2\sinh^2\left(\sqrt{(V_0/E)-1}\pi\right)}{4E(V_0-E)+V_0^2\sinh^2\left(\sqrt{(V_0/E)-1}\pi\right)}$$

$$T=\frac{4E(V_0-E)}{4E(V_0-E)+V_0^2\sinh^2\left(\sqrt{(V_0/E)-1}\pi\right)}$$

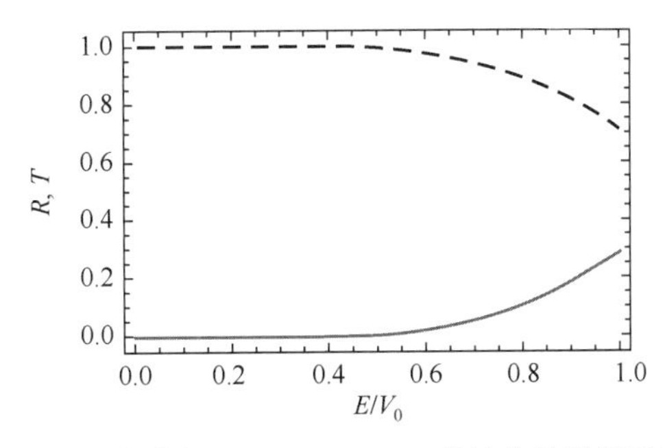

图 17.7　粒子穿过宽 $L=0.5\lambda(kL=\pi)$ 的势垒的反射系数 R（虚线）与传输系数 T（实线），是入射粒子的能量 E 与势垒高度 V_0 的比值的函数，其中 λ 是德布罗意波长

可见，当入射粒子的能量 E 远小于势垒高度 V_0 时，反射系数 R 等于 1，而透射系数 T 等于 0，与经典力学的预测一致。与直觉完全相反的量子特征在 $E/V_0>0.5$ 时开始显现，此时入射粒子的能量仍然远小于势垒高度 V_0，但透射系数 T 不为零，于是粒子有未消失的“隧穿”势垒的概率。这一重要结果已应用于许多量子器件中，如晶体管和高精度显微镜。

17.5　三维薛定谔方程与氢原子

以往，量子力学最重要的成功是推导出了氢原子能级，这套完整理论的有效性得

到了验证。薛定谔成功地求解了氢原子的薛定谔方程，通过分析重现了当时与氢原子光谱有关的所有已知结果，这远远超过了借助无端假设在实验结果上凑出氢原子光谱的玻尔模型。

首先将一维定态薛定谔方程（17.27）推广到三维薛定谔方程：

$$\left[-\frac{\hbar^2}{2m}\left(\frac{\partial^2}{\partial x^2}+\frac{\partial^2}{\partial y^2}+\frac{\partial^2}{\partial z^2}\right)+V(x,y,z)\right]\psi=E\psi \tag{17.106}$$

简记后，式（17.106）可重写为

$$\left[-\frac{\hbar^2}{2m}\nabla^2+V(r)\right]\psi=E\psi \tag{17.107}$$

式中，$r\equiv(x,y,z)$，

$$\nabla^2=\frac{\partial^2}{\partial x^2}+\frac{\partial^2}{\partial y^2}+\frac{\partial^2}{\partial z^2} \tag{17.108}$$

微分算子 ∇^2 被称为**拉普拉斯算子**。

对于许多球对称的问题，用球坐标系(r,ϕ,θ)代替直角坐标系(x,y,z)更方便。如图 17.8 所示，两个坐标系之间通过如下关系相互转化：

$$x=r\sin\theta\cos\phi \tag{17.109}$$

$$y=r\sin\theta\sin\phi \tag{17.110}$$

$$z=r\cos\theta \tag{17.111}$$

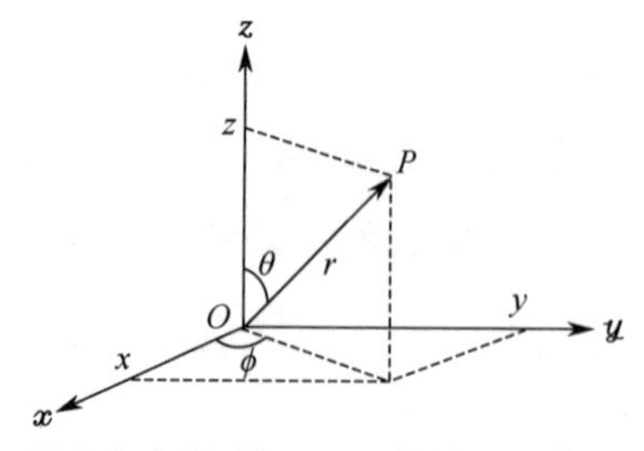

图 17.8　从直角坐标系 (x,y,z) 转换成球坐标系 (r,ϕ,θ)

上述变换可由图 17.8 验证。

球坐标系中的拉普拉斯算子是

$$\nabla^2\psi = \frac{1}{r^2}\frac{\partial}{\partial r}\left(r^2\frac{\partial\psi}{\partial r}\right) + \frac{1}{r^2\sin\theta}\frac{\partial}{\partial\theta}\left(\sin\theta\frac{\partial\psi}{\partial\theta}\right) + \frac{1}{r^2\sin^2\theta}\frac{\partial^2\psi}{\partial^2\phi} \tag{17.112}$$

那么球坐标系中的薛定谔方程可以写为

$$\left[-\frac{\hbar^2}{2m}\left(\frac{1}{r^2}\frac{\partial}{\partial r}\left(r^2\frac{\partial}{\partial r}\right) + \frac{1}{r^2\sin\theta}\frac{\partial}{\partial\theta}\left(\sin\theta\frac{\partial}{\partial\theta}\right) + \frac{1}{r^2\sin^2\theta}\frac{\partial^2}{\partial^2\phi}\right) + V(r,\phi,\theta)\right]\psi = E\psi \tag{17.113}$$

再看氢原子问题，求解薛定谔方程得出能量值与相应的波函数。

氢原子由一个质子和一个电子组成，在卢瑟福和玻尔模型中，质子组成原子核而电子围绕它旋转，从而目标是求电子的能量与波函数。质子一电子系统的势能为

$$V(r) = -\frac{e^2}{4\pi\varepsilon_0 r} \tag{17.114}$$

式中，r 是原子核中的质子与电子间的距离。这个问题由于势能只取决于球坐标 r 而球对称，用球坐标系的薛定谔方程，再将势能公式（17.114）代入薛定谔方程（17.113），得

$$\left[-\frac{\hbar^2}{2m}\left(\frac{1}{r^2}\frac{\partial}{\partial r}\left(r^2\frac{\partial}{\partial r}\right) + \frac{1}{r^2\sin\theta}\frac{\partial}{\partial\theta}\left(\sin\theta\frac{\partial}{\partial\theta}\right) + \frac{1}{r^2\sin^2\theta}\frac{\partial^2}{\partial\phi^2}\right) - \frac{e^2}{4\pi\varepsilon_0 r}\right]\psi = E\psi \tag{17.115}$$

这个方程可精确求得所允许能量值 E 和相应的波函数 ψ ，推导过程复杂，此处略，只概括解的显著特征。

量子力学发展之初的一大成果是方程（17.115）可解并且所允许的能量值只有

$$E_n = -\frac{me^4}{2(4\pi\varepsilon_0)^2\hbar^2}\frac{1}{n^2} \tag{17.116}$$

式中，$n = 1,2,3,\cdots$ 是主量子数，这些电子能量值与氢原子光谱的实验观测值完全一致。

例如，$n = 1$ ，对应的波函数是

$$\psi_1 = \frac{1}{\sqrt{\pi}}\left(\frac{1}{a_B}\right)^{3/2} e^{-(r/a_B)} \tag{17.117}$$

式中，

$$a_B = \frac{\hbar^2}{m}\left(\frac{4\pi\varepsilon_0}{e^2}\right) \tag{17.118}$$

是式（6.20）给出的玻尔半径，很容易证明ψ_1是薛定谔方程的解，相应的能量

$$E_1 = -\frac{me^4}{2(4\pi\varepsilon_0)^2\hbar^2} \tag{17.119}$$

首先注意到波函数ψ_1只取决于径向坐标r而不取决于ϕ与θ，因此可忽略（17.115）中有关ϕ和θ的项，简化薛定谔方程为

$$-\frac{\hbar^2}{2m}\left[\frac{1}{r^2}\frac{\partial}{\partial r}\left(r^2\frac{\partial}{\partial r}\right)\right]\psi_1 - \frac{e^2}{4\pi\varepsilon_0 r}\psi_1 = E_1\psi_1 \tag{17.120}$$

这个方程可通过分别将式（17.119）和式（17.117）代入E_1与ψ_1验证，注意到

$$\frac{1}{r^2}\frac{\partial}{\partial r}\left(r^2\frac{\partial\psi_1}{\partial r}\right) = \frac{\partial^2\psi_1}{\partial r^2} + \frac{2}{r}\frac{\partial\psi_1}{\partial r}$$

由式（17.117）得

$$\frac{\partial\psi_1}{\partial r} = -\frac{1}{\sqrt{\pi}}\left(\frac{1}{a_B}\right)^{5/2} e^{-(r/a_B)} \tag{17.121}$$

$$\frac{\partial^2\psi_1}{\partial r^2} = \frac{1}{\sqrt{\pi}}\left(\frac{1}{a_B}\right)^{7/2} e^{-(r/a_B)} \tag{17.122}$$

其中，玻尔半径a_B见式（17.119），再将式（17.121）与式（17.122）代入式（17.120）得

$$-\frac{\hbar^2}{2m}\left[\frac{1}{r^2}\frac{\partial}{\partial r}\left(r^2\frac{\partial}{\partial r}\right)\right]\psi_1 - \frac{e^2}{4\pi\varepsilon_0 r}\psi_1 = -\frac{me^4}{2(4\pi\varepsilon_0)^2\hbar^2}\psi_1$$

能量E_1见式（17.119）。

结果表明，对于 $n=1$，波函数 ψ_1 只允许 1 个能级；对于 $n>1$，n 的每个取值对应于不止 1 个能级，所允许的能级数量随 n 增加而增加。这里只关注 $n=1$ 的情况，可见薛定谔方程可解，能正确地求出电子的能量值。

但电子的位置呢？玻尔理论预测了确切的轨道，半径 r 等于玻尔半径 a_{B}，而从完整的量子力学图景看来却大相径庭。

图 17.9 中画出了

$$|\psi_1(r)|^2=\frac{1}{\pi}\left(\frac{1}{a_{\mathrm{B}}}\right)^3\mathrm{e}^{-(2r/a_{\mathrm{B}})} \tag{17.123}$$

这个方程表示原子中电子出现的概率密度，这种分布显然不像轨道，可见氢原子图像与经典或准经典（玻尔）设想很不一样。在最低能级氢原子的量子力学图像中，质子组成原子核，电子并不在确定的位置或轨道上，而需要由代表发现电子概率的云描述，越靠近原子核，发现电子的概率越大，越远离原子核，发现电子的概率越小。对于更高的 n 值，概率云的形状更复杂，但基本规律保持不变。

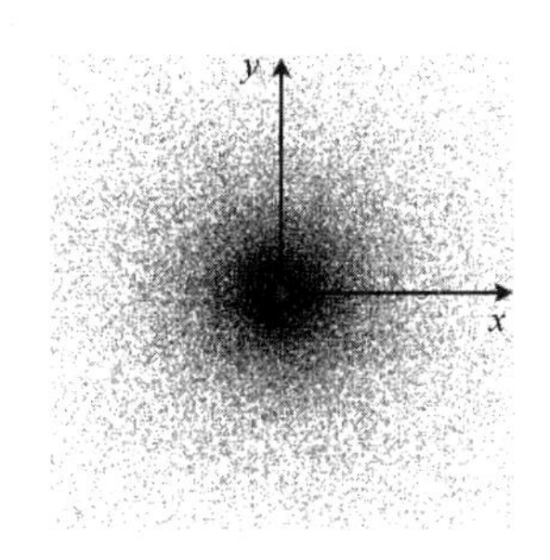

图 17.9　最低能级（$n=1$）电子的概率密度 $|\psi_1(r)|^2$，原子核位于原点（$r=0$）

习题

17.1　证明

$$\psi(x,t)=\frac{1}{\sqrt{\sigma_{\mathrm{i}}\left[1+\mathrm{i}\hbar t/2m\sigma_{\mathrm{i}}{}^2\right]\sqrt{2\pi}}}\mathrm{e}^{-\left\{\frac{(x-x_{\mathrm{i}})^2}{4\sigma_{\mathrm{i}}^2\left[1+\mathrm{i}(\hbar t/2m\sigma_{\mathrm{i}}^2)\right]}-\frac{\mathrm{i}}{\hbar}\frac{p_{\mathrm{i}}(x-x_{\mathrm{i}})-(p_{\mathrm{i}}^2/2m)t}{\left[1+\mathrm{i}(\hbar t/2m\sigma_{\mathrm{i}}^2)\right]}\right\}}$$

是如下薛定谔方程的解：

$$-\frac{\hbar^2}{2m}\frac{\partial^2\psi(x,t)}{\partial x^2}=\mathrm{i}\hbar\frac{\partial\psi(x,t)}{\partial t}$$

初始条件为

$$\psi(x,0)=\frac{1}{\sqrt{\sqrt{2\pi}\sigma_i}}\mathrm{e}^{-\frac{(x-x_i)^2}{4\sigma_i^2}}\mathrm{e}^{\mathrm{i}\frac{p_i}{\hbar}(x-x_i)}$$

17.2 对于 17.5 节中入射宽度 L、高度 V_0 的势垒的能量为 E 的电子，求证当 $E>V_0$ 时，反射率并不像经典力学中那样等于 0。

17.3 证明波函数

$$\psi_2=\frac{1}{4\sqrt{2\pi}}\left(\frac{1}{a_\mathrm{B}}\right)^{3/2}\left(2-\frac{r}{a_\mathrm{B}}\right)\mathrm{e}^{-(r/2a_\mathrm{B})}$$

满足氢原子的薛定谔方程［式（17.115）］，其中能量

$$E_2=-\frac{me^4}{2(4\pi\varepsilon_0)^2\hbar^2}\frac{1}{4}$$

参考书目

[1] D. J. Griffiths and D. F Schroeter,*Introduction to Quantum Mechanics* (Cambridge University Press 2018).

[2] M. G. Raymer, *Quantum Mechanics*: *What Everyone Needs to Know* (Oxford University Press 2018).

[3] L. Susskind, *Quantum Mechanics: The Theoretical Minimum* (Basic Books 2015).